LUXURY TRADES AND CONSUMERISM IN *ANCIEN RÉGIME* PARIS

Studies in the History of the Skilled Workforce

'La Mechanique' painted by Jean Jouvenet and engraved by Louis Simonneau for Charles & Claude Perrault, *Le Cabinet des Beaux Arts* ..., Paris, 1690, 39–40.

The illustration underlines how, in the period covered by this book, the fine and applied arts were increasingly indebted to applied science. It does so by depicting the colonnades of the Louvre (designed by Claude Perrault) and the fine fabric with intricate design constituting the muse *Mechanica*'s robe. The stocking loom behind the water-lifting wheel is that which the *mercier* Jean-Claude Hindret had brought back from England and which Claude Perrault had studied, while the new pendulum clock illustrates the archetypal marriage of mechanics and furniture design. The books in the foreground symbolise the essential role that theory was coming to play in the advancement of the arts in general. That the relevance of Perrault's book, which covers all the liberal and applied arts, was felt by practitioners of the skilled trades themselves is perhaps indicated by the fact that it was sold not only by the engraver G. Edelinck but also by André-Charles Boulle, the master inlay-worker, at the Galeries du Louvre.

LUXURY TRADES AND CONSUMERISM IN *ANCIEN RÉGIME* PARIS

Studies in the History of the Skilled Workforce

edited by

Robert Fox and Anthony Turner

Ashgate

Aldershot • Brookfield USA • Singapore • Sydney

Published by

Ashgate Publishing Limited
Gower House, Croft Road
Aldershot, Hampshire GU11 3HR
Great Britain

Ashgate Publishing Company
Old Post Road
Brookfield, Vermont 05036–9704
USA

ISBN 0–86078–664–1

British Library Cataloguing in Publication Data
Luxury trades and consumerism in *ancien régime* Paris
1. Consumer goods—France—History—17th century 2. Consumer goods—France—History—18th century 3. Skilled labour—France—History—17th century 4. Skilled labour—France—History—18th century 5. Luxuries—France—History—17th century 6. Luxuries—France—History—18th century 7. France—Economic conditions—17th century 8. France—Economic conditions—18th century
I. Fox, Robert II. Turner, A.J.
330.9'44'03

US Library of Congress Cataloging in Publication Data
Luxury trades and consumerism in *ancien régime* Paris: studies in the history of the skilled workforce/edited by Robert Fox and Anthony Turner.
1. Manufacturing industries—France—Paris—History—Congresses. 2. Luxuries—France—Paris—History—Congresses. 3. Skilled labour—France—Paris—History—Congresses. 4. Consumption (Economics)—France—Paris—History—Congresses. 5. Affluent consumers—France—Paris—History—Congresses. I. Fox, Robert. II. Turner, Anthony John.
HD9732.8.P37L88 1998 97–35615
331.11'422—dc21 CIP

This book is printed on acid-free paper

Typeset by Bournemouth Colour Press, 262 Ringwood Road, Parkstone, Poole, Dorset BH14 0RS.
Printed and bound in Great Britain by The University Press, Cambridge.

Contents

List of illustrations vii
List of contributors xi
Foreword xii
Penelope Gouk
Publications arising from the Achievement Project xiv
Acknowledgements xv
Introduction xvi
Robert Fox and Anthony Turner

Part One Making

1. Les relieurs et doreurs de Paris au XVIe siècle 3
Fabienne Le Bars
2. L'influence flamande sur l'orfèvrerie parisienne au XVIe siècle 31
Michèle Bimbenet-Privat
3. The Parisian fine binding trade in the last century of the *ancien régime* 43
Giles Barber
4. Mathematical instrument-making in early modern Paris 63
Anthony Turner

Part Two Marketing

5. The manufacture and marketing of luxury goods: the *marchands merciers* of late 17th- and 18th-century Paris 99
Carolyn Sargentson
6. Paris–Lyon–Paris: dialogue in the design and distribution of patterned silks in the 18th century 139
Lesley Ellis Miller
7. Noël Gérard (1685–1736) et le Magasin Général à l'Hôtel Jabach 169
Jean-Dominique Augarde

Part Three Consuming
8. L'imaginaire comme support du luxe: les fêtes royales de Versailles de mai 1664 191
Jean-Jacques Gautier
9. Between a 'moral economy' and a 'consumer economy': clothes and their function in the 17th and 18th centuries 219
Daniel Roche
10. Fashion's empire: trade and power in early 18th-century France 231
Michael Sonenscher

Part Four Reflections
11. Luxury trades and consumerism 257
Joan Thirsk
12. Some remarks on the *métiers d'art* 263
François Crouzet
13. Producers, suppliers, and consumers: reflections on the luxury trades in Paris *c*.1500–*c*.1800 287
Gillian Lewis

Index 299

List of illustrations

1.1 Reliure en veau brun à décor estampé à froid et argenté, à l'emblème (porc-épic) de Louis XII, roi de France (1498–1515), aux armes de France (rehaussées de couleur) et de Bretagne (plat supérieur). Sur: Stoa (Giovanni F. Conti, dit Guinziano), *De Celeberrimae Parrhisiorum urbis laudibus sylva…*, Paris, J. de Gourmont, 1514. In-4°. Bibliothèque nationale de France. Réserve des Livres rares, Rés. Vélins 2125 9

1.2 Reliure en maroquin olive à décor doré composé d'entrelacs géométriques avec motifs de fers pleins et titre doré au centre, exécutée pour Jean Grolier (1479–1565) dont l'ex-libris est doré au bas du plat (plat supérieur). Sur: Pio (Giovanni Baptista), *Annotamenta linguae latinae graecaeque*, Bononiae, J. A. Platonicus de Benedictis, 1505. In-fol. Bibliothèque nationale de France. Réserve des Livres rares, Rés. Z 546 9

1.3 Reliure *alla greca* en maroquin brun clair à décor de rinceaux peints sur un fond pointillé doré, aux armes de Henri II, roi de France (1547–1559), pour la bibliothèque de Fontainebleau (plat supérieur et dos). Sur: Schöner (Johann), *Opera mathematica…*, Norimbergae, J. van Berg et U. Neuber, 1551. In-fol. Bibliothèque nationale de France. Réserve des Livres rares, Rés. J 75 11

1.4 Reliure en maroquin orange à décor doré, semé de lis et de flammes avec colombes du Saint-Esprit, aux armes et au chiffre de Henri III, roi de France (1574–1589), exécutée par Nicolas Ève. Sur: *Le Livre des statuts et ordonnances du benoist Sainct Esprit*, [Paris, F. Morel, 1578]. In-4°. Bibliothèque nationale de France. Réserve des Livres rares, Rés. Vélins 1181 11

1.5 Reliure en maroquin rouge orné d'un décor à la fanfare dense, exécutée pour Jacques-Auguste de Thou (1553–1617) et Marie de Barbançon-Cany, sa première femme (plat supérieur et dos). Sur: Mattioli (Pietro Andrea), *I Discorsi …*, Venetia, V. Valgrisi, 1568. In-fol. Bibliothèque nationale de France. Réserve des Livres rares, Rés. Fol. Te138.57 A 26

2.1 Coupe de saint Michel, Anvers, 1532. Vienne, Kunsthistorisches Museum 34
2.2 Coupe à cupules, Paris, Thibaut de Vauzelles, 1584–5. Ecouen, Musée national de la Renaissance 36
2.3 Coupe de saint Michel: détail du saint Michel. Vienne, Kunsthistorisches Museum 36
2.4 Signatures des lapidaires parisiens en 1587. Paris, Archives nationales 38
2.5 Couvert pliant, Paris, 1605–6. Collection privée 38
2.6 Coupe provenant de la collection du cardinal de Joyeuse, Paris, 1583–4. Rome, Bibliothèque Vaticane, Museo Sacro, inv. 1823 41
3.1 L. Bretez, *Plan de Paris*, 1739, area around the Sorbonne 45
3.2 D. Diderot *et al.*, *Encyclopédie*, plate volume VIII (1771), plate 5, showing finishers at work 49
3.3 Longus, *Les Amours pastorales de Daphnis et de Chloe*, Paris, 1718, 8°. Mosaic binding with the arms of the Regent. Waddesdon Manor, National Trust. 51
3.4 G. Bruno, *Spaccio della bestia trionfante*, London, 1584, 8°. Compartment mosaic. Waddesdon Manor, National Trust 53
3.5 Close-up of mosaic binding with decorated silver work and the painted arms of Deume de la Chesnaie, both under mica. Waddesdon Manor, National Trust 55
3.6 *Eucologue*, Paris, 1712, 12°. Floral mosaic binding. Waddesdon Manor, National Trust 57
3.7 [Anne de Bourbon, Duchesse du Maine], 'Les grandes nuits de Sceaux', 8°. Manuscript 1715, dentelle style binding *c.* 1780. Waddesdon Manor, National Trust 58
3.8 'Derome bird'. Waddesdon Manor, National Trust 58
3.9 Du Perron, *Discours sur la peinture*, Paris, 1757, 8°. Plaque binding with the arms of Madame de Pompadour. Waddesdon Manor, National Trust 60
3.10 *Le Sacre de Louis XV*, Paris, 1731, folio. Corner and side blocks. Waddesdon Manor, National Trust 60
4.1 Proportional parts instrument by Philippe Danfrie 1589 as drawn in two positions by A. Laussedat, *Recherches sur les instrumets, les méthodes et le dessin topographiques*, 2 vols, Paris, 1898, i. 81. The instrument which, at the time that he published it, may have belonged to Laussedat, still survives. 71
4.2 Broadsheet advertisement (second state) by Daniel Chorez for his binocular telescope. Reproduced from Mme A. Heymann, *Lunettes et lorgnettes de jadis*, Paris, 1911, pl 1 76
6.1 Joubert, *Le Dessinateur pour les fabriques d'étoffes d'or, d'argent et de soie*, Paris, 1765, 58 153

6.2 Joubert, *Le Dessinateur* ..., 62 155
6.3 Joubert, *Le Dessinateur* ..., 70 158
6.4 Joubert, *Le Dessinateur* ..., 72 161
7.1 Armoire à trophée, début XVIIIe siècle, Versailles 183
7.2 Commode en secrétaire, par Jacques-Philippe Carel 184
8.1 Gravure d'Israel Sylvestre. Le château, côté orangerie 194
8.2 Dessin du Char. Costumes d'Henry Gissey. BN Estampes, Oa 37 197
8.3 Gravure d'Israel Sylvestre. Comparse des quatre saisons 199
8.4 Gravure d'Israel Sylvestre. Course de bague 201
8.5 Pan et Diane. Voûte de la galerie Farnèse à Rome. Annibal Carrache, vers 1600 203
8.6 Gravure de Israel Sylvestre. *La Princesse d'Elide* 205
8.7 Dessin: Louis XIV, costume d'Henry Gissey. BN Estampes Oa 37 207
8.8 Tapisserie de la première tenture de l'histoire de Don Quichotte. Gobelins, vers 1714–1718. Collection privée. Détail 209
8.9 Tapisserie de la première tenture de l'histoire de Don Quichotte. Gobelins, vers 1714–1718. Collection privée 211

Contributors

Jean-Dominique Augarde is a founder-member of the Centre de Recherches Historiques sur les Maîtres Ebénistes, Paris

Giles Barber was Librarian, Taylor Institution, Oxford, and is an Emeritus Fellow of Linacre College, Oxford

Michèle Bimbenet-Privat is a Conservateur en chef in the Archives de France, Paris

François Crouzet is Emeritus Professor of Modern History at the University of Paris-Sorbonne

Robert Fox is Professor of the History of Science at the University of Oxford

Jean-Jacques Gautier is Inspecteur au Mobilier National, Paris

Penelope Gouk is a Research Fellow and Lecturer at the Wellcome Unit for the History of Medicine, University of Manchester

Fabienne Le Bars is a Conservateur at the Bibliothèque Nationale, Paris

Gillian Lewis is Fellow and Tutor in Modern History at St Anne's College, Oxford

Lesley Ellis Miller is Lecturer in History of Textiles at Winchester School of Art, University of Southampton

Daniel Roche is Professor of Modern History at the Sorbonne (Paris I) and Director of the Institut d'Histoire Moderne et Contemporaine (CNRS)

Carolyn Sargentson is Assistant Curator, Furniture and Woodwork, Victoria and Albert Museum, London

Michael Sonenscher is a Fellow of King's College, Cambridge

Joan Thirsk, now retired, was formerly Reader in Economic History at the University of Oxford

Anthony Turner is a freelance historian, exhibition organizer and antiquarian bookseller

Foreword

This book has its origins in two conferences on 'The Skilled Workforce in Paris, 1500–1800' that were held in Paris and Oxford in April and November 1993. These highly enjoyable and stimulating occasions were themselves part of a series of meetings on issues arising from a three-year research project based at the Centre for Metropolitan History in the University of London (1991–4) on the theme of 'The Growth of a Skilled Workforce in London *c.*1500–1750'. The research project was designed to analyse and explain the growth of the London skilled workforce, from the period when the capital city was a relatively small conurbation to its recognition as a 'super-metropolis' in the middle of the eighteenth century and a leading centre for the production and consumption of capital goods and high-quality manufactures. Other meetings in this series explored 'The English Consumer and the World of Goods' (May 1992) and 'Women's Initiatives in Early Modern England' (June 1994).

All these meetings and other activities associated with the 'London Skilled Workforce Project' at the CMH were sponsored by the Achievement Project, a five-year programme of collaborative research, funded by the Renaissance Trust, that ran from 1990 to 1995. Since its foundation in 1968, the long-term goal of the Renaissance Trust has been to encourage the understanding and interpretation of human achievement in all its diversity. Taking as its focus material and intellectual culture in Europe since the Middle Ages, the aim of the Achievement Project was to stimulate broad comparative thinking about these larger questions among an informally co-ordinated group of scholars from different areas of the humanities and social and human sciences, and from different national traditions. During its five years, the Project ran eight two- to four-day symposia, five one-day and six half-day meetings, and about twenty discussion seminars. These events mostly took place in England, more specifically the south of England, and of a total of about 150 colleagues who gave papers at our various meetings, only about one sixth were non-native English speakers.

The Paris conference on the luxury trades and the one that followed in Oxford therefore represented a welcome extension of the Achievement Project's activities. To follow up the comparative issues that emerged from these ventures, the Achievement Project sponsored two further meetings, both devoted to the theme of 'Clusters of Achievement: Cities in their Golden Ages', held in Amsterdam in March 1994 and Antwerp in May 1995. These ambitious symposia attempted a comparison extending to five groups of activities (economy and technology, architecture and urban space, fine and decorative arts, literature and the performing arts, science and thought) across three cities in their so-called 'Golden Ages'. In the event, the cities chosen for systematic comparison were Antwerp *c.*1500–85, Amsterdam *c.*1580–1650, and London *c.*1660–1730. The essays in this book, however, provide the starting-point for adding Paris to this comparative and interdisciplinary model of change within and between great European cities.

Thanks to the efforts of my colleagues Robert Fox in Oxford and Anthony Turner in Le Mesnil-le-Roi, *Luxury Trades and Consumerism in Ancien Régime Paris* is the fourth of six major publications that are planned to come out of the Achievement Project.

Penelope Gouk

Publications arising from the Achievement Project

The following volumes arising from research conducted in the context of the Achievement Project have been published:

Margaret Boden (ed.), *Dimensions of Creativity* (Cambridge, MA, and London: MIT Press), 1994
Penelope Gouk (ed.), *Wellsprings of Achievement. Cultural and Economic Dynamics in Early Modern England and Japan* (Aldershot: Variorum, 1995)
Robert Fox and Anthony Turner (eds), *Luxury Trades and Consumerism in Ancien Régime Paris. Studies in the History of the Skilled Workforce* (Aldershot: Ashgate Publishing, 1998)
David Mitchell (ed.) *Goldsmiths, Silversmiths and Bankers. Innovation and Transfer of Skill, 1550–1750* [Centre for Metropolitan History Working Papers, no. 2] Stroud: Alan Sutton Publishing, and London: Centre for Metropolitan History, 1995

The following volumes are in preparation:

Patrick O'Brien, Derek Keene, and Marjolein 't Hart (eds), *Urban Achievement in Early Modern Europe. Golden Ages in Antwerp and London* (Cambridge: Cambridge University Press, to appear in 1998)
Michael Berlin, Robert Iliffe, Derek Keene, and David Mitchell (eds), *The Growth of the Skilled Workforce in London 1500–1750* [Massachusetts Studies in Early Modern Culture], awaiting publication by the University of Massachusetts Press

Acknowledgements

On behalf of all the contributors to *Luxury Trades and Consumerism in Ancien Régime Paris*, we should like to express our special thanks to Gerry Martin, whose generous support, through the Renaissance Trust, made possible the conferences in Paris and Oxford for which the papers in the volume were originally written. In Paris, Emmanuel le Roy Ladurie kindly placed one of the handsome conference rooms of the Bibliothèque Nationale at our disposal, and in Oxford Maurice Lévy, Director of the Maison Française, not only offered us a meeting place and material support but also associated the initiative with the Maison Française's programme of Franco-British cultural activity. At a later stage, Stephanie Jenkins in the Modern History Faculty in Oxford gave us invaluable help with the preparation of the typescripts for publication.

R.F./A.J.T.

Introduction

Skill, highly developed skill worthy to be deployed on the noblest, richest and rarest of materials, is a prerequisite of the making of luxury goods. An examination of the structure of the luxury trades therefore, and of how they related to the rising consumer economies of the more advanced European societies between the 16th and 18th centuries, is inevitably a part of any investigation of skill, of how it develops and is deployed, and of how it is favoured or retarded in the society in which it is exercised. The papers assembled in this book are a large, but substantially revised, selection from the communications presented in two meetings held in Paris and Oxford under the ægis of the Achievement Project to examine aspects of the skilled workforce in Paris. Although intended in part to complement the parallel studies of skilled manufacture in London that were already under way, they were nonetheless organized quite separately from these, drawing for the most part on work in progress and supplying a forum where scholars from different disciplines could meet and air common problems and divergent views.

The content of the two meetings was wide without being exhaustive. The range of possible subjects for discussion far exceeds the possibilities offered by four days of presentations and debate or the bounds of a single volume. Variety is typical of the skilled trades of international cities, and neither of the meetings sought to be comprehensive. Nor in consequence are the essays in this volume. Rather, the studies collected here represent research on the skilled trades and the commerce of luxury that has yet to bear its full fruit; they are stepping stones, in fact, towards a more complete depiction of an area of economic and social life that has been relatively neglected by historians. Since the several papers stem from the individual researches of their authors, they show a wide variety of approaches. Not all the agendas are the same, but this diversity shows the interest of the subject for wider historical analysis.

'Ancien Régime' or 'Early Modern'? It would be easy to sink into arid debates about precisely what period these terms delimit. While recognizing that other possibilities are defensible, we have opted for the convenience of considering the terms as synonyms designating the period from the early 16th to the late 18th centuries. Use of these terms, however, should not be taken to imply that we, or the contributors to the volume, consider the period to be static or all of a piece. As Joan Thirsk emphasizes in her contribution, quite the opposite is true. There was change and development throughout the two and a half centuries with which we are concerned, just as there were underlying constants. It is in tacit recognition of this that contributors generally present specific moments in the history of the trades they study rather than surveys of their development over the whole period.

And indeed there is justification for this. Not all the stages even in the institutional development of the different trades are yet fully plotted, still less the niceties of their technical and stylistic evolution. Because skill is personal, as is taste, both supply and demand in the skilled and/or luxury trades are highly idiosyncratic. The successful entrepreneur therefore is someone like Noël Gérard who finds a way to orchestrate the individualities of taste and style within a large-scale administrative and economic structure. Such an organization, however, requires large numbers of customers prepared to accept constraints on their choice. The courtly and aristocratic market served by 16th-century skilled craftsmen was hardly amenable to such constraints. The much larger bourgeois markets that developed in the later 17th and 18th centuries were. But to be fully exploited they required the development of a whole new range of commercial skills on the part of their suppliers. From the bespoke to the ready-made might sum up this move of predominance in the luxury markets from court and aristocracy to an educated and acquisitive bourgeoisie.

But is such a shift in consumerism consonant with the concepts of luxury and skill? For the latter perhaps, yes, for skill entails adeptness and adaptation to situation; commercial skill is shown in adapting product and manufacture to different market conditions even if this may be to the detriment of other skills (such as those deployed in manufacture) or to the quality of the product. The question concerning luxury, however, is less evident, a matter of standpoint and necessity. The luxury silk designs of the 1750s became the everyday patterns of the 1760s, the inaccurate, jewel-like, unnecessary but expensive clock or watch of the 16th-century courtier became the essential co-ordinating instrument of the workshop, counting-house and public carriage systems of the later 18th century. The marine chronometers of Ferdinand Berthoud were every bit as expensive as his finest domestic bracket or long-case clocks. But although we should easily include the latter among the products of the luxury trades, we should hesitate so to designate the former. Luxury is in the eye and mind of the beholder or user. Skill is essential to it but does not define it.

The three elements of our title – luxury trades, skill, and consumerism –

offer a spectacle of shifting relations and influences one upon the other as varied as the colours in a kaleidoscope. The essays in the present volume seek to fix these patterns at particular moments so that they may be compared with those found at other times and in other places. If in due course broader, overarching patterns emerge, forming corner- or key-stones in the construction of general laws describing the phenomena, such as would have appealed to those enlightened 18th-century consumers who are their subject, then the efforts involved in the preparation of the book will have been amply justified. Whatever level of generalization emerges, however, the venture will not have been vain, since the essays that follow will add to our understanding of the complexity and character of earlier societies. Research on such matters as we are here concerned with is at an early stage; we still need to know more about individuals and their particularities if we are to give conviction to our interpretations of the past. Such interpretations must always be rooted in evidence derived from events, objects, and people. Hence it is the main purpose of this volume to contribute to the articulation of theory and generalization by laying some of the essential empirical foundations on which such articulation must rest.

Robert Fox
Anthony Turner
Oxford and Le Mesnil-le-Roi
March 1998

Part One

Making

1
Les relieurs et doreurs de Paris au XVIe siècle

*Fabienne Le Bars**

Au XVIe siècle, Paris fait figure de centre européen de la reliure et tous les amateurs de belles reliures se doivent de passer dans la cité royale pour faire relier leurs livres par ceux que l'on considère alors comme les meilleurs artisans du moment. On trouve mention de cette réputation prestigieuse des relieurs parisiens dès 1537 dans le *Cymbalum mundi*, ouvrage polémique longtemps attribué à Bonaventure Des Périers.[1] Dans ce récit dont les héros sont des personnages allégoriques, Mercure est chargé par Jupiter de faire relier à neuf le 'Livre d'immortalité' et il s'interroge en ces termes sur le lieu le plus approprié pour faire réaliser ce travail:

> Où est-ce que l'on relie le myeulx ? À Athenes, en Germanie, à Venise ou à Romme ? Il me semble que c'est à Athenes. Il vault mieulx que j'y descende.[2]

Athènes, c'est ici Paris, la *nouvelle* Athènes. La ville doit ce qualificatif prestigieux à la toute récente installation en son sein des lecteurs royaux, créés en 1530 par François Ier à l'instigation de l'helléniste Guillaume Budé. Ces

---

*L'article suivant est basé sur la thèse que nous avons soutenue en mars 1992 à l'Ecole nationale des Chartes (Paris). Ce travail a été encouragé et suivi par Mme Annie Charon, MM. Jean Toulet et Henri-Jean Martin ; qu'ils trouvent ici l'expression de notre reconnaissance pour leurs conseils et leur disponibilité à notre égard.

[1] L'édition originale parut en 1537 à Paris, sans nom d'auteur, chez l'imprimeur Jean Morin et une seconde édition, également anonyme et avec quelques variantes, en 1538, à Lyon, chez Benoit Bonnyn. *Cf.* B. Des Périers, *Cymbalum mundi.* Texte établi et présenté par P.-H. Nurse, préf. par M. A. Screech, 3e éd., Genève, 1983 (*Textes littéraires français, 318*). Dans sa préface, Screech conteste l'attribution du texte à Des Périers (14–16).

[2] *Ibid.*, 5 (édition du texte).

érudits, qui ne seront regroupés officiellement en un 'Collège royal' qu'au début du XVIIe siècle, offrent en effet pour la première fois aux étudiants parisiens la possibilité de suivre des cours de grec, ainsi que des cours d'hébreu et de mathématiques, matières ignorées jusqu'alors par la Sorbonne.[3]

Le premier dialogue du *Cymbalum mundi* s'ouvre donc sur cette longue tirade d'un Mercure inquiet:

> Il est bien vray qu'il [Jupiter] m'a commandé que je luy feisse relier ce livre tout à neuf; mais je ne scay s'il le demande en aix de bois ou en aix de papier. Il ne m'a point dict s'il le veult en veau ou couvert de veloux. Je doubte aussi s'il entend que je le face dorer et changer la façon des fers et des cloux, pour le faire à la mode qui court. J'ay grand peur qu'il ne soit pas bien à son gré.[4]

Ce texte, d'autant plus précieux qu'il est contemporain, fait ici explicitement allusion aux grands changements qui se sont produits en France au XVIe siècle en matière de reliure: d'abord, l'élimination progressive des ais, en bois, au profit des plats de carton, le plus souvent constitués de feuilles de papier contrecollées; puis, la disparition du tissu pour les reliures de luxe, au profit du cuir – veau dans un premier temps et maroquin à partir des années 1535–40 environ; ensuite, l'apparition de la dorure, qui remplace peu à peu l'estampage à froid et entraîne la création de nouveaux fers, la réalisation de décors d'un genre nouveau; enfin, la suppression des éléments métalliques hérités des usages médiévaux (boulons, cornières et fermoirs).

En ce qui concerne les ais, on les trouve encore dans la deuxième moitié du siècle mais presque exclusivement sur les livres liturgiques. Cet usage est attesté par les reliures parvenues jusqu'à nous et confirmé par les inventaires après décès de libraires ou relieurs spécialisés dans le commerce des livres d'Heures.[5] Les ais furent également utilisés dans un cadre très précis, au milieu du siècle, lorsque Henri II (1547–59) poursuivit le programme de reliures *alla greca* lancé par François Ier (1515–47) pour les textes grecs de la bibliothèque de Fontainebleau.[6] Ces reliures somptueuses, qui doivent cette appellation à la nature de leur structure, imitée de celle des artisans byzantins, offrent un certain nombre d'élements caractéristiques parmi lesquels un dos long (obtenu par le logement des nerfs de couture dans des entailles prévues à cet effet), des coiffes débordantes et des ais qui ont la

[3]Le latin sera également enseigné par les lecteurs royaux mais seulement à partir de 1534. *Cf.* A. Lefranc, *Histoire du Collège de France, depuis ses origines jusqu'à la fin du Premier Empire*, Paris, 1893, 108–13.

[4]Des Périers, *op. cit.* (n. 1), 5 (édition du texte).

[5]C'est par exemple le cas des libraires et relieurs Guillaume Godard (inventaire dressé en 1545) et Jean Syonneau (inventaire dressé en 1582). *Cf. infra.*

[6]*Cf.* J. Toulet, 'Les Reliures' in H.- J. Martin et R. Chartier (dir.), *Histoire de l'édition française. Tome 1: le livre conquérant*, Paris, 1983, 534. A propos du fonds de manuscrits grecs, voir H. Omont, *Catalogues des manuscrits grecs de Fontainebleau sous François Ier et Henri II*, Paris, 1889.

particularité d'être creusés sur trois côtés, ce qui permet d'y fixer les pièces métalliques destinées soit à soutenir le volume (sabots en queue) soit à faciliter sa fermeture (embouts pour maintenir les lanières de cuir tressé).[7] Quelques reliures de ce type, derniers exemples du genre, furent encore réalisées sous le règne de Henri IV (1589–1610). Mais ce sont là deux cas exceptionnels car le XVIe siècle marque bien la disparition définitive des 'ais à relier' dans le domaine français.

À Paris, au début du XVIe siècle, la reliure de cuir à décor doré n'en est encore qu'à ses débuts. Sans en être exclusivement à l'origine, ce qui va modifier sensiblement le cours des choses, ce sont les expéditions royales menées en Italie de 1494 à 1525 par Charles VIII (1483–98), Louis XII (1498–1515) et François Ier. À l'occasion de leur périple guerrier, les souverains français découvrent aussi les bibliothèques des princes italiens, qu'ils ne tardent pas à inclure dans leur butin de guerre. En 1495, Charles VIII, éphémère conquérant de Naples, distrait 1140 volumes de la prestigieuse bibliothèque des rois aragonais de Naples pour les rapporter au château d'Amboise; quatre ans plus tard, Louis XII satisfait ses ambitions milanaises et s'empare par la même occasion à Pavie d'une partie de la bibliothèque des Visconti-Sforza, qu'il fait transférer au château de Blois.[8] Or dans ces bibliothèques princières italiennes, nombreux sont les volumes qui portent des reliures de cuir à décor doré, réalisations inconnues en France à la même époque.

Jusqu'à une date relativement avancée dans le siècle, la reliure de luxe française reste en effet la reliure de tissu,[9] notamment faute de cuirs de bonne qualité, et, plus exceptionnellement car surtout réservée aux clients d'Eglise, la reliure d'orfèvrerie dite aussi d'apparat.[10] J'en veux pour preuve les listes fournies par les catalogues de la bibliothèque royale dans la première moitié du XVIe siècle. Le premier catalogue de la librairie royale,

[7]Sur cette technique, voir les deux articles suivants : B. Van Regemorter, 'La Reliure des manuscrits grecs', *Scriptorium*, viii, 1954, 3–23 et 'La reliure byzantine', *Revue belge d'archéologie et d'histoire de l'art*, xxxvi, 1967, 99–142.

[8]*Cf.* D. Bloch, 'La Formation de la Bibliothèque du roi' in C. Jolly (dir.), *Histoire des bibliothèques françaises. Les bibliothèques médiévales : du VIe siècle à 1530*, Paris, 1989, 314–20. Voir également le catalogue publié par U. Baurmeister et M.-P. Laffitte, *Des Livres et des rois: la bibliothèque royale de Blois. Exposition, Château de Blois, 20 juin–30 août 1995 et Paris, Bibliothèque nationale, 15 octobre 1992–17 janvier 1993*, Paris, 1992, 129–55 et 205–19.

[9]*Cf.* L.- M. Michon, *La Reliure française*, Paris, 1951, 39–40 et J. Toulet, 'Reliures' in *L'Ecole de Fontainebleau. Exposition, Paris, Grand Palais, 17 octobre 1972–15 janvier 1973*, Paris, 1972, 470. Voir également S. Coron, M. Lefèvre (dir), *Livres en broderies. Reliures françaises du Moyen Age à nos jours. Exposition, Paris, Bibliothèque nationale de France, Bibliothèque de l'Arsenal, 30 novembre 1995–25 février 1996*, Paris, 1995, 24–25.

[10]Rappelons ici que ces chefs-d'oeuvre étaient réalisés, à l'exception du corps d'ouvrage proprement dit, par des orfèvres, seuls habilités au travail des métaux précieux. *Cf.* M.- P. Laffitte, V. Goupil, *Reliures précieuses*, Paris, 1991, 24 et M. Bimbenet-Privat, *Les Orfèvres parisiens de la Renaissance (1506–1620)*, Paris, 1992, 212-14, 242–3 et 314–16.

alors installée à Blois, est dressé en 1518 et offre un état à peu près complet de la librairie à la mort de Louis XII.[11] Les indications de reliures y sont malheureusement très sommaires et le document n'est donc guère exploitable sur ce plan. C'est en fait le second inventaire de la librairie royale, dressé en 1544 lors du transfert des collections de Blois à Fontainebleau, qui fournit *a posteriori* les renseignements escomptés.[12] En effet, ce nouveau catalogue donne une description des couvrures, distinguant les 'livres couverts de velours' des 'livres couverts de cuir'. En outre, il ne recense que deux cent soixante-dix articles supplémentaires par rapport à 1518 et ces ajouts concernent surtout les volumes de la bibliothèque des rois aragonais de Naples, soit environ deux cents volumes entrés dès 1495 mais omis dans le premier catalogue. Autrement dit, pratiquement tous les livres listés dans l'inventaire de 1518 se retrouvent dans celui de 1544 et l'on y compte finalement très peu de volumes entrés sous François Ier.[13]

Dans ce second inventaire, les reliures en cuir sont globalement majoritaires avec mille cent un volumes, pour sept cent cinquante-huit volumes recouverts de tissu. Mais une étude attentive des listes et notamment des provenances de chaque volume permet de dresser un tableau plus contrasté, révélateur des usages en cours en France et en Italie à la fin du XVe siècle et au début du XVIe siècle. Ainsi la plupart des volumes provenant des collections françaises, donc de Charles VIII et Louis XII, celui-ci héritier des Orléans et acquéreur d'une partie de la bibliothèque de Louis de Bruges, sont recouverts de tissu. La diversité des tissus employés et la variété de leurs couleurs donnent de cet ensemble une image particulièrement colorée, avec ses velours incarnat, rouge ou bleu, damas vert, satin cramoisi, toiles d'or et taffetas jaune ou encore ses velours brodés de lis ou à motifs de carreaux polychromes.

A contrario, la majorité des reliures en cuir proviennent des collections italiennes, donc des bibliothèques de Pavie et de Naples, celle-ci riche en maroquins dorés mais aussi estampés à froid et celle-là comportant davantage de reliures en cuir à décors dorés. La variété de ces couvrures réside moins

---

[11]Cet inventaire, composé de 1626 articles, fut établi par Guillaume Petit, chargé de la librairie royale jusqu'à sa mort en 1536. Ce document a fait l'objet de deux publications : P. Arnauldet, 'Inventaire de la librairie du château de Blois en 1518', *Le Bibliographe moderne*, vi-xviii, 1902–17, *passim* (édition restée inachevée) et H. Omont (éd.), *Anciens inventaires et catalogues de la Bibliothèque nationale*, 4 vol., Paris, 1908–9, i. 1–154 (édition complète). Pour une analyse plus récente du document, se reporter à Bloch, *art. cit.* (n. 8), 323–8.

[12]L'inventaire de 1544, établi par Jean Grenaisie et Nicolas Dux, maîtres des comptes du roi à Blois, recense 1896 articles (*Ibid.*, 323–4). Pour l'édition complète de cet inventaire, voir H. Omont, *op. cit.* (n. 11), i. 155–264.

[13]*Cf.* Bloch, *art. cit.* (n. 8), 326–7 et A. Coron, 'The first libraries, Blois, Fontainebleau, Paris' in *Creating French culture : Treasures from the Bibliothèque nationale de France. [Exhibition, Washington, Library of Congress, 7 September–31 December 1995]*, Washington, 1995, 154.

ici dans la couleur de leurs cuirs (brun, noir, rouge et plus rarement vert) que dans l'élégance de leurs décors, dont nous connaissons la qualité grâce aux exemplaires parvenus jusqu'à nous. Dans ce groupe de reliures en cuir, on compte un certain nombre de réalisations françaises, exécutées essentiellement pour Louis XII et François Ier, preuve manifeste de l'intérêt nouveau porté à ce type de couvrure.[14]

C'est vers 1540–50 que la reliure de luxe en tissu est abandonnée et disparaît peu à peu, certes en raison de sa fragilité, mais également parce qu'elle est souvent défaite pour que le livre reçoive une nouvelle couvrure, qui satisfait le goût du jour, ce qui explique que si peu d'entre elles soient conservées.[15] En effet, à la même époque, la qualité et la teinture des veaux employés s'améliorent. Surtout le maroquin, de plus en plus fréquent en France, séduit par la qualité de son grain et ses couleurs chatoyantes qui offrent une variété jusqu'alors uniquement permise par les étoffes; il s'impose dès lors rapidement comme la matière de couvrure de prédilection pour les livres de luxe et cela d'autant plus que son aptitude à recevoir la dorure est excellente.[16]

Si le modèle italien a une influence non négligeable dans ce passage du tissu au cuir pour les reliures de luxe, son rôle est encore plus sensible dans le passage du décor estampé à froid au décor doré. Cette technique ornementale, réalisée au moyen de feuilles d'or sur lesquelles sont appliqués des fers préalablement chauffés, s'est en effet développée en Italie dans la deuxième moitié du XVe siècle, sous l'influence des modèles arabes, notamment à Venise, cité marchande ouverte par ses relations politiques et commerciales aux influences turques et persanes, mais aussi à Naples, ville dirigée par les souverains aragonais et donc davantage marquée par des sources d'inspiration mauresque. Cette question de l'apparition du décor doré dans le monde occidental, qui intervient au même moment que la redécouverte de l'Antiquité romaine, a été magnifiquement commentée et illustrée par Anthony Hobson: ces différentes sources d'inspiration mêlant Antiquité et monde islamique entraînent les humanistes italiens dans la conception de nouveaux décors qui se déclinent dans tous les modes d'expression artistique, y compris la reliure.[17]

C'est donc à l'imitation des pratiques péninsulaires que le décor doré est progressivement adopté en France, en premier lieu dans les deux grands

---

[14] *Cf.* Bloch, *art. cit.* (n. 8), 326–7. Sur la bibliothèque de Louis de Bruges, voir Baurmeister et Laffitte, *op. cit.* (n. 8), 193–202. Ces précisions nous ont été fournies par Ursula Baurmeister que nous remercions ici pour ses conseils.

[15] *Cf.* Coron, Lefèvre (dir), *op. cit.* (n. 9), 24.

[16] *Cf.* J. Toulet, 'L'École lyonnaise de reliure' in *Le Siècle d'or de l'imprimerie lyonnaise*, Paris, 1972, 141; voir également, du même auteur, *art. cit.* (n. 6), 532.

[17] A.R.A. Hobson, *Humanists and bookbinders. The origins and diffusion of the humanistic bookbinding, 1459–1559*, Cambridge, 1989.

centres de reliure que sont Paris et Lyon.[18] À Paris, signalons plus particulièrement l'atelier identifié comme le premier à utiliser en France cette technique, celui de Simon Vostre, actif de 1503 à 1520.[19] Les premières reliures de ce genre qui sortent de son officine sont faites d'un veau clair et sur les plats se mêlent à l'estampage à froid traditionnel, structuré selon la mode parisienne en un strict décor de bandes verticales, des fers français mais aussi italiens, poussés plus ou moins adroitement sur une feuille d'argent ou d'or. C'est sur ce modèle encore archaïque que furent réalisées les premières reliures à décor doré exécutées pour Louis XII et l'immédiat entourage royal (voir Figure 1.1).[20] Le début des années 1520 marque une date charnière dans la diffusion du décor doré, restée jusque là encore très limitée. En 1523, Pierre Roffet, libraire et relieur-juré en l'Université, rachète le matériel de Simon Vostre, mort en 1521. Ses réalisations s'émancipent bientôt des contraintes fixées par les décors antérieurs pour donner naissance à un nouveau style parisien, d'abord imité des modèles vénitiens avec leurs encadrements de fers italiens, puis réellement original avec de fines compositions d'arabesques ornées de fleurons à motif plein. Ce dernier style est surtout développé à partir de 1535–37 par Etienne Roffet, successeur de son père Pierre, mort en 1533; il est caractéristique des premiers groupes de reliures à décor doré, en veau très brun d'une qualité encore médiocre, qui sont exécutées pour François Ier.[21]

Ce changement sans précédent est particulièrement flagrant au début des années 1540 et l'on mesure alors sans peine la distance parcourue depuis les reliures dites de la pré-Renaissance, réalisées quelque quinze ans plus tôt. Le grand trésorier de France Jean Grolier (1479–1565), initiateur averti de cet engouement pour les reliures de cuir à décor doré aux conceptions ornementales italianisantes, est définitivement de retour en France à partir

---

[18]Au début du XVIe siècle, Lyon est encore un centre de reliure relativement modeste mais dès les années 1530–40 la reliure s'y développe de façon notable pour créer bientôt un style de décor original. *Cf.* Toulet, *art. cit.* (n. 16), 131–58.

[19]L'identification de ce premier atelier a suscité beaucoup d'interrogations en raison de l'incertitude sur sa localisation : Blois ou Paris. Il est désormais établi qu'il s'agit de celui du libraire et relieur Simon Vostre, installé à Paris. Sur ce sujet, voir les articles suivants : J. Guignard, 'Premières reliures parisiennes à décor doré : de l'atelier des reliures de Louis XII à l'atelier du Maître d'Estienne ou de Simon Vostre à Pierre Roffet', in *Humanisme actif: mélanges d'art et de littérature offerts à Julien Cain*, 2 vol., Paris, 1968, ii. 229–49 ; du même auteur, 'L'Atelier des reliures Louis XII (Blois ou Paris ?) et l'atelier de Simon Vostre' in *Studia bibliographica in honorem Herman de La Fontaine Verwey*, Amsterdam, 1966 [i.e. 1968], 202–39. L'article le plus récent est celui de J.- M. Chatelain, 'Reliures parisiennes de l'atelier de Simon Vostre', *Bulletin du bibliophile*, i, 1993, 99–111.

[20]Voir les deux études de Guignard, *art. cit.* (n. 19), *passim* et Baurmeister et Laffitte, *op. cit.* (n. 8), 178–81 et 228–9.

[21]*Cf.* Guignard, *art. cit.* (n. 19), ii. 244–9 ; Toulet, *art. cit.* (n. 6), 532–3 et Hobson, *op. cit.* (n. 17), 174–6.

1.1 Reliure en veau brun à décor estampé à froid et argenté, à l'emblème (porc-épic) de Louis XII, roi de France (1498–1515), aux armes de France (rehaussées de couleur) et de Bretagne (plat supérieur). Sur: Stoa (Giovanni F. Conti, dit Guinziano), *De Celeberrimae Parrhisiorum urbis laudibus sylva…*, Paris, J. de Gourmont, 1514. In-4°. Bibliothèque nationale de France, Réserve des Livres rares, Rés. Vélins 2125

1.2 Reliure en maroquin olive à décor doré composé d'entrelacs géométriques avec motifs de fers pleins et titre doré au centre, exécutée pour Jean Grolier (1479–1565), dont l'ex-libris est doré au bas du plat (plat supérieur). Sur: Pio (Giovanni Baptista), *Annotamenta linguae latinae graecaeque*, Bononiae, J. A. Platonicus de Benedictis, 1505. In-fol. Bibliothèque nationale de France, Réserve des Livres rares, Rés. Z 546

de 1525–30, quand prend fin l'aventure italienne de François Ier.[22] Contraint en 1536 de vendre une large partie de sa bibliothèque car convaincu de malversations, il entreprend de reconstituer une nouvelle collection. Il cesse de s'adresser aux relieurs italiens, ses fournisseurs habituels tant qu'il résidait à Milan, pour faire désormais réaliser ses reliures à Paris, marquant ainsi définitivement de son empreinte l'histoire de la reliure française.[23] Dès 1538–40, il fait réaliser sur des maroquins de couleur de savants décors d'entrelacs géométriques d'une extrême rigueur et d'une exécution parfaite, ornés de fers pleins, portant son ex-libris et sa devise (voir Figure 1.2). Claude Picques fut longtemps considéré comme le réalisateur virtuose de ces élégantes compositions. Mais, à la lumière de nouveaux documents d'archives, Anthony Hobson propose désormais l'attribution de cet ensemble à deux autres libraires et relieurs: Jean Picard, agent de la maison aldine à Paris jusqu'en 1547 environ, puis Gomer Estienne, qui lui succède à partir de cette date.[24]

À partir de 1544, sous l'influence de François Ier puis de Henri II (dont près de huit cents reliures sont aujourd'hui conservées à la Bibliothèque nationale de France), les commandes se multiplient, dans le cadre du développement de la librairie royale de Fontainebleau, qui marque traditionnellement l'apothéose de la reliure française émancipée de ses modèles italiens. C'est dans un premier temps Etienne Roffet, premier relieur à porter le titre de relieur du roi, de 1539 à 1547, qui est sollicité. Sous Henri II se succèdent les deux nouveaux relieurs du roi: Gomer Estienne, nommé libraire du roi en 1548 mais relieur du roi dès 1547, qui exerce son talent jusqu'en 1557 environ, puis Claude Picques, qui ne fut avec certitude titulaire de cette fonction qu'à partir de 1559 et ce jusqu'en 1578. Tous réalisent des reliures *alla greca*, initialement prévues pour les manuscrits grecs, puis étendues à pratiquement tous les volumes, qu'ils

---

[22]Les études et articles consacrés à la bibliothèque de J. Grolier sont extrêmement nombreux. Aussi me contenterai-je de citer les trois travaux qui font référence : A.- J.- V. Le Roux de Lincy, *Recherches sur Jean Grolier, sur sa vie et sa bibliothèque*, Paris, 1886 (rééd. Hildesheim, 1970) – cet ouvrage a fait l'objet d'une traduction anglaise par C. Shipman, *Researches concerning Jean Grolier, his Life and his Library*, 2 vol., New York, 1907 ; H.M. Nixon, *Bookbindings from the Library of Jean Grolier. A loan exhibition, London, The British Museum, 23 September–31 October 1965*, Oxford, 1965 et G. Austin, *The Library of Jean Grolier. A Preliminary Catalogue*, New York, 1971.

[23]Toulet, *Art. cit.* (n. 6), 532–3 et P. Needham, *Twelve centuries of bookbinding: 400–1600*, New York, 1979, 144–50 (n° 42 et 43).

[24]*Cf.* Hobson, *op. cit.* (n. 17), 267–71 (appendix 7 'Jean Grolier's binders'); A. Parent, *Les Métiers du livre à Paris au XVIe siècle (1535-1560)*, Genève, 1974 *(Histoire et civilisation du livre, 6)*, 153–6 et A. Parent-Charon, 'Nouveaux documents sur les relieurs parisiens au XVIe siècle', *Revue française d'histoire du livre, n. s. : La Reliure*, xxxvi, 1982, 394–400. Ce dernier article analyse également des documents relatifs à Claude Picques ; sur celui-ci, voir notamment M.M. Foot, *The Henry Davis Gift. A Collection of Bookbindings*, 2 vol., London, 1978, i. 170–81.

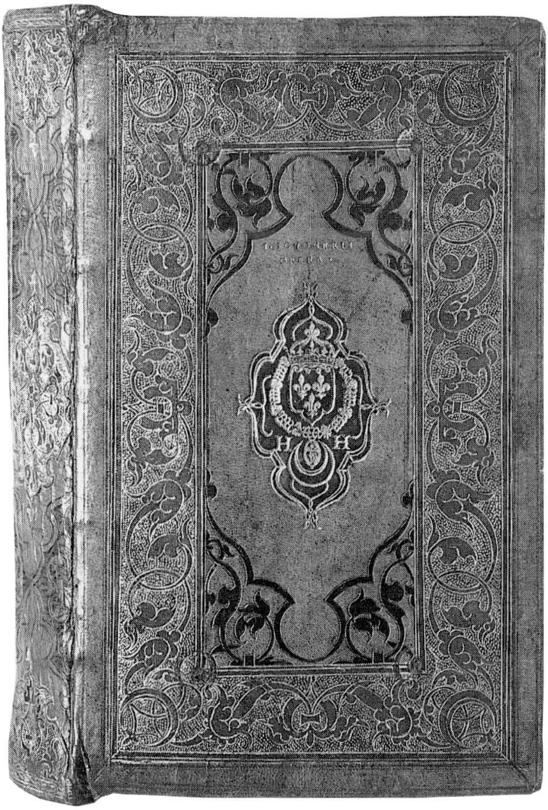

1.3 Reliure *alla greca* en maroquin brun clair à décor de rinceaux peints sur un fond pointillé doré, aux armes de Henri II, roi de France (1547–1559), pour la bibliothèque de Fontainebleau (plat supérieur et dos). Sur: Schöner (Johann), *Opera mathematica* ..., Norimbergae, J. van Berg et U. Neuber, 1551. In-fol. Bibliothèque nationale de France. Réserve des Livres rares, Rés. J 75

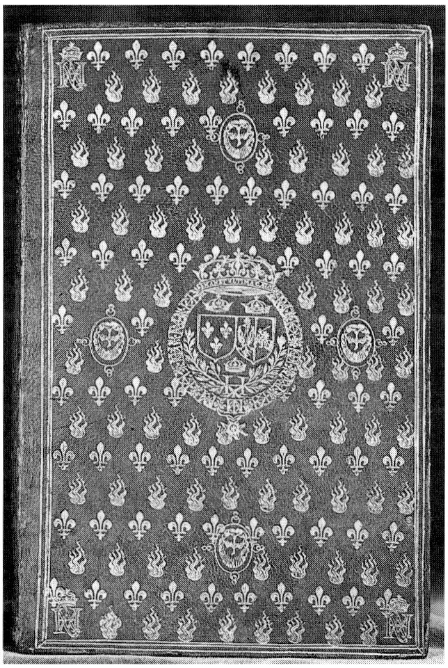

1.4 Reliure en maroquin orange à décor doré, semé de lis et de flammes avec colombes du Saint-Esprit, aux armes et au chiffre de Henri III, roi de France (1574–1589), exécutée par Nicolas Ève. Sur: *Le Livre des statuts et ordonnances du benoist Sainct Esprit*, [Paris, F. Morel, 1578]. In-4°. Bibliothèque nationale de France. Réserve des Livres rares, Rés. Vélins 1181

fussent latins ou français.[25] À l'utilisation de superbes maroquins colorés, ces artistes allient une excellente technique de dorure qui autorise la réalisation de décors dorés et argentés exceptionnels, faits de réseaux complexes d'entrelacs courbes, rinceaux et arabesques, agrémentés de fers pleins, évidés ou azurés, souvent peints ou mosaïqués (voir Figure 1.3). À compter de cette date, les nouveaux motifs se succèdent; à l'imitation de la cour et de l'entourage royal, les amateurs de reliure se multiplient. Par conséquent, relieurs et doreurs se font eux aussi plus nombreux.

Mais si les reliures du XVIe siècle ont fait l'objet de larges et nombreuses études afin d'identifier, par un examen minutieux des fers utilisés pour les décors, les ateliers où elles furent exécutées, les artisans qui les créèrent, qu'il s'agisse des relieurs ou des doreurs, restent en revanche mal connus, méconnaissance principalement due au fait qu'ils ne signaient jamais leurs réalisations.

Le but essentiel de notre travail était donc de mieux connaître ces relieurs et doreurs,[26] à l'étude desquels on ne s'était intéressé que fort modestement depuis la parution à la fin du siècle dernier de l'ouvrage fondateur de E. Thoinan[27] et des divers répertoires de Ph. Renouard[28] ou encore de celui de J. Pichon et G. Vicaire.[29] Ces artisans semblent d'ailleurs être les seuls parmi les gens du livre à avoir été victimes de cette absence d'intérêt tandis que libraires et imprimeurs faisaient l'objet de nombreux travaux, notamment

---

[25]Sur le programme de reliures exécutées dans le cadre de la bibliothèque de Fontainebleau, *cf.* Hobson, *op. cit.* (n. 17), 172–213 et 263–6, plus particulièrement 206–13 concernant les relieurs du roi. Sur Etienne Roffet, voir également H. Omont, 'Etienne Roffet, relieur de François Ier', *Bibliothèque de l'École des Chartes*, lxxxvii, 1926, 461–2 et Guignard, *Art. cit.* (n. 19), 244–6.

[26]F. Le Bars, 'L'Activité de reliure-dorure à Paris au XVIe siècle (1560–1585)', *Position des thèses de l'École nationale des Chartes : Promotion 1992*, 129–35.

[27]E. Thoinan (pseud. de E. Rocquet), *Les Relieurs français (1500–1800) : biographie critique et anecdotique*, Paris, 1893 (rééd. Genève, 1970).

[28]Les travaux de Ph. Renouard ont porté sur l'imprimerie parisienne du XVIe siècle, mais celui-ci a également rassemblé au cours de ses recherches des documents sur toutes les professions du livre. *Cf.* Ph. Renouard, *Documents sur les imprimeurs, libraires, cartiers, graveurs, fondeurs de lettres, relieurs, doreurs de livres [...] ayant exercé à Paris de 1450 à 1600*, Paris, 1901. Cet ouvrage avait fait l'objet d'une deuxième édition augmentée, parue sous forme d'articles dans la *Revue des bibliothèques*, entre 1922 et 1934, articles qui ont été revus, mis à jour et réunis dans la réédition suivante : B. Moreau et J. Veyrin-Forrer, *Répertoire des imprimeurs parisiens, libraires, fondeurs de caractères et correcteurs d'imprimerie jusqu'à la fin du XVIe siècle*, Paris, 1965. D'autre part, les travaux de publication d'après les papiers manuscrits de Ph. Renouard se poursuivent et la série par imprimeurs comporte quelques références d'actes notariés relatifs aux relieurs et doreurs (cinq tomes alphabétiques parus à ce jour, auxquels s'ajoutent les fascicules consacrés à Breyer, Brumen, Cavellat et Loys. Le volume Corrozet est en voie d'achèvement).

[29]J. Pichon, G. Vicaire, *Documents pour servir à l'histoire des libraires de Paris : 1486–1600*, Paris, 1895. Cet ouvrage comporte également des articles sur les relieurs et doreurs.

sous l'impulsion de H.- J. Martin.[30] Il faut dire que ces derniers forment des corps mieux constitués, dont quelques membres ont acquis aisance et reconnaissance sociales, et qu'ils sont plus facilement identifiables, notamment grâce aux impressions portant leur nom, que bien des relieurs et doreurs restés anonymes à la même époque. D'autre part, ceux-ci sont souvent considérés – à raison – comme les parents pauvres des métiers du livre. Les documents les concernant risquaient donc de faire défaut pour mener à bien une étude.

Pourtant, les relieurs formaient déjà un groupe relativement important. En effet, outre les raisons déjà évoquées plus haut, l'invention de l'imprimerie a également contribué à l'essor de la profession de relieur, dans la mesure où les livres deviennent plus maniables et d'un usage plus courant: le nombre de volumes susceptibles d'être reliés s'est ainsi considérablement accru.[31] Cette multiplication du livre entraîne une forme de 'démocratisation' de la reliure et l'on voit se développer les reliures courantes, plus modestes, faites de matériaux souvent médiocres (parchemin, basane ou mauvais veau), qui constituent en fait le lot quotidien de la majorité des ateliers.[32] Les particuliers fortunés, quant à eux, ont pu acquérir les livres en plus grand nombre et ils ont ensuite souhaité les voir tous relier à leur goût, conformément à la mode du temps.[33] C'est ainsi que pour la période 1560–85, période au cours de laquelle la reliure de cuir à décor doré connaît son plein épanouissement, nous avons pu dénombrer plus de 200 artisans ayant exercé la reliure ou la dorure ou les deux. Ce nombre est relativement important et marque une forte croissance des effectifs de relieurs par rapport au début du siècle, le chiffre – sans doute sous-évalué – d'une quarantaine de relieurs étant généralement avancé pour la période 1490–1535.[34]

---

[30] *Cf.* H.- J. Martin, *Livres, pouvoirs et société à Paris au XVII*e *siècle (1598-1701)*, 2 vol., Genève, 1969 (*Histoire et civilisation du Livre, 3-4*). Pour l'histoire des métiers du livre au XVIe siècle, voir notamment les deux travaux suivants : A. Parent, *op. cit.* (n. 24) et D. Pallier, *Recherches sur l'imprimerie à Paris pendant la Ligue (1585–1594)*, Genève, 1975 (*Histoire et civilisation du livre, 9*).

[31] Thoinan, *op. cit.* (n. 27), 4. *Cf.* également L. Febvre et H.- J. Martin, *L'Apparition du livre*, Paris, 1958 (rééd. Paris, 1971), 156–7.

[32] *Cf.* F. Le Bars, 'L'activité de reliure-dorure à Paris au XVIe siècle (1560–1585)', *Thèse pour l'obtention du diplôme d'archiviste paléographe*, 1992, 149–50.

[33] J. Grolier a ainsi fait réaliser pour ses collections de médailles des cassettes en cuir doré dont le décor était très proche sinon identique à celui réalisé sur ses reliures. *Cf.* L.- M. Michon, *Bulletin de la Société des Antiquaires de France*, 1931, 128 et A. Charon-Parent, 'Les grandes collections du XVIe siècle' in C. Jolly (dir.), *Histoire des bibliothèques françaises. Les bibliothèques sous l'Ancien Régime: 1530–1789*, 86–7. Signalons également, dans le même ordre d'idées, les coffrets de cuir ornés de décors aux petits fers exécutés pour Marie de Médicis au début du XVIIe siècle. *Cf. Bibliothèque de Madame G. Whitney Hoff*, 2 vol., Paris, 1933, i. 75–7 (n° 121, pl. XLVII).

[34] *Cf.* Toulet, *art. cit.* (n. 6), 531. Voir également le dictionnaire des libraires et relieurs établi en annexe de notre travail (notes biographiques, accompagnées des documents relatifs à ces artisans, inédits et publiés).

Si la profession voit son nombre d'artisans progresser, il faut néanmoins attendre 1618 pour voir apparaître les premiers textes corporatifs officiels précisant la situation professionnelle des differents métiers du livre; bien plus, ce n'est que par le règlement du 7 septembre 1686 que relieurs et doreurs de livres seront séparés de la communauté des imprimeurs et libraires et que leur métier sera élevé au rang de métier-juré.[35] Jusqu'à cette date tardive, relieurs et doreurs de livres se confondent donc dans la masse des gens du livre.

Cette situation est héritée du Moyen Age, période pendant laquelle naît une certaine solidarité entre artisans du livre et où les professions de libraire et de relieur sont tour à tour distinctes et confondues.[36] Placés dès 1307 sous la protection de l'Université, les gens du livre sont distingués des autres artisans parisiens; suppôts de l'Université, ils sont exemptés d'impôts et font l'objet de règlements universitaires qui leur sont propres.[37] Ceux-ci sont relativement fréquents au cours des XIVe et XVe siècles mais ils sont rarement à but professionnel. Quand c'est le cas, seul l'aspect commercial du métier est abordé et les relieurs n'apparaissent jamais en tant que tels dans ces textes avant 1368: seuls sont mentionnés les 'libraires'. Toutefois, la lecture des serments prêtés par ces derniers afin d'intégrer l'Université et d'exercer légalement leur métier nous apprend qu'ils ont parfois plusieurs activités. La règle est finalement bien plus la fusion entre les métiers du livre ou la possibilité de glisser de l'un à l'autre, au gré de la conjoncture économique, que la spécialisation dans tel ou tel domaine. Cette mobilité professionnelle est d'ailleurs parfaitement tolérée par l'Université. Enlumineurs, parcheminiers et relieurs: c'est finalement la librairie qui constitue le dénominateur commun pour tous ces artisans peu ou prou spécialisés.[38]

La situation déjà confuse au Moyen Age l'est encore plus au XVIe siècle, en l'absence de toute réglementation nouvelle, qu'elle émane de l'Université, traditionnelle protectrice des métiers du livre depuis le début du XIVe siècle et fort attachée à ses prérogatives, ou du pouvoir royal,

---

[35]*Cf.* B. Barbiche, 'Le Régime de l'édition' in Martin et Chartier (dir.), *op. cit.* (n. 6), 369 ; Thoinan, *op. cit.* (n. 27), 60–4 et G. Barber, 'Les Reliures' in H.- J. Martin et R. Chartier (dir.), *Histoire de l'édition française. Tome 2 : le livre triomphant*, Paris, 1984, 162.

[36]Pour toutes les questions relatives au cadre législatif et corporatif des relieurs et doreurs à la fin du Moyen Age et au XVIe siècle, *cf.* Le Bars, *op. cit.* (n. 32), 47–71. En ce qui concerne le Moyen Age, voir plus précisément les deux articles de K. Fianu, 'Familles et solidarités dans les métiers du livre parisiens au XIVe siècle', *Médiévales*, xix, automne 1990, 83–90 et 'Les Professionnels du livre à la fin du XIIIe siècle : l'enseignement des registres fiscaux parisiens', *Bibliothèque de l'École des Chartes*, cl, 2, 1992, 185–222.

[37]R. Lespinasse et F. Bonnardot, *Les Métiers et corporations de la ville de Paris*, 3 vol., Paris, 1886–97, iii. 700 *et seq.* Les premières lettres du recteur de l'Université concernant les artisans du livre datent de 1275.

[38]Cf. Fianu, *art. cit.* (n. 36), 89–90.

désireux quant à lui d'affirmer son autorité en matière d'organisation des métiers pour mieux répondre aux tensions sociales croissantes et limiter le nombre des suppôts de l'Université.[39] À partir de 1513, les gens du livre ne sont plus que trente parmi ceux-ci et, dans leur grande majorité, ils ne dépendent donc plus directement de l'Université. Dès les années 1530, édits et arrêts relatifs à l'impression et au commerce des livres sont promulgués,[40] mais il faut attendre l'arrêt du Parlement du 27 juin 1577 pour voir apparaître les relieurs aux côtés des libraires. Ce texte ne fait que reconnaître *officiellement* la confusion qui existe entre les deux activités puisque le commerce du livre y est clairement présenté comme une activité commune aux deux professions: le libraire est habilité à exercer la reliure, et le relieur, à faire commerce du livre. D'ailleurs, libraires et relieurs semblent à cette occasion plus soucieux de défendre des intérêts communs, en l'occurrence contre les merciers auxquels ils refusent le droit d'exercer le commerce du livre, que de séparer leurs activités en deux corps de métier distincts.[41]

La Confrérie de Saint-Jean-l'Evangéliste, qui réunit tous les artisans du livre, est fondée au début du XVe siècle, en 1401.[42] Ses statuts sont confirmés au cours du XVIe siècle. En 1582, le transfert du siège de la confrérie en l'église des Mathurins entraîne la nomination, par les membres de la confrérie, de procureurs chargés de représenter la communauté dans cette affaire. Ceux-là semblent montrer à l'occasion de cet événement une prise de conscience de leur spécialisation dans la chaîne de fabrication du livre, au-delà de leur appartenance à un groupe homogène 'métiers du livre'. En effet, les artisans désignés comme procureurs sont distingués en cinq catégories: libraires (quarante-cinq), libraires-relieurs (onze), relieurs (trente), papetiers (huit) et écrivains (quatorze).[43] Mais cette prise de conscience reste toute relative car si l'on compare les déclarations d'activité des artisans faites à l'occasion de cet emménagement à celles qu'ils ont passées devant notaire dans le cadre de leur vie quotidienne, il est rare que les données concordent. Par exemple, tel artisan qui s'est déclaré relieur lors de l'élection de 1582 se dit systématiquement libraire dans les actes de la pratique et inversement.

Finalement, ce ne sont pas les relieurs, artisans qui exerceraient uniquement une activité de reliure, mais plutôt les 'libraires et relieurs de livres' qui forment le groupe le plus représentatif. Il s'agit d'artisans qui diversifient leur activité, souvent en raison d'un contexte économique

[39] *Cf.* Barbiche, *art. cit* (n. 35), 368 et Le Bars, *op. cit.* (n. 32), 56–9.

[40] Quatre textes relatifs au commerce des livres sont promulgués dans la première moitié du XVIe siècle, en 1537, 1539, 1542 et 1564. *Cf.* Barbiche, *art. cit* (n. 35), 368–9.

[41] *Cf.* Le Bars, *op. cit.* (n. 32), 60–2. Pour l'édition du texte de l'arrêt, voir Lespinasse et Bonnardot, *op. cit.* (n. 37), iii. 711.

[42] Thoinan, *op. cit.* (n. 27), 7–8.

[43] *Cf.* Pallier, *op. cit.* (n. 30), 549–50 et Le Bars, *op. cit.* (n. 32), 63–7.

difficile, ce qui leur autorise des revenus plus substantiels. Ainsi, sur les deux cent quatre artisans ayant exercé une activité de reliure que nous avons pu identifier, seule une petite quinzaine, formant d'ailleurs le groupe le plus pauvre, exerce exclusivement la reliure et se trouve dans une situation souvent précaire. Tous les autres sont soit des libraires qui pratiquent la reliure ou possèdent à tout le moins du matériel de reliure, soit des relieurs qui font également commerce de livres. Tout libraire peut donc se révéler relieur et réciproquement, ce qui complique quelque peu la recherche.

Le même problème d'identification se pose pour les doreurs de livres, qui n'obtiennent un statut particulier avec les relieurs qu'en 1686, comme nous l'avons déjà vu. Au XVIe siècle, ils sont eux aussi difficiles à repérer, ce qui n'a pas manqué de susciter certaines polémiques entre historiens de la reliure, les uns les recherchant exclusivement parmi les doreurs sur cuir, les autres parmi les relieurs, la réunion de ces deux professions semblant à tous rarissime.[44] C'est en fait dans deux catégories de métiers qu'il faut les rechercher: parmi les artisans du livre, qu'il s'agisse des libraires ou plus fréquemment des relieurs, et parmi les doreurs sur cuir.[45] Ce dernier cas est un peu particulier mais non moins intéressant car ces artisans n'ont *a priori* aucun lien avec le livre; or ce sont eux qui maîtrisent la technique de la dorure sur cuir. En effet, au cours des premières décennies du XVIe siècle, la seule dorure sur cuir connue à Paris se résume aux ornements des tentures, meubles, coffrets, miroirs et étuis.

À l'inverse des doreurs de livres *stricto sensu*, les doreurs sur cuir bénéficient de statuts particuliers et ce dès 1559 en raison des multiples conflits les opposant aux gainiers, autres artisans parisiens travaillant le cuir.[46] L'existence de ces statuts permet de connaître les règles précises qui régissent l'accès au métier (cinq années d'apprentissage sont exigées et un maître ne peut recevoir qu'un seul apprenti à la fois) ainsi que les types de travaux réalisés par les uns et les autres.

Les doreurs sur cuir comptent parmi les artisans les plus reconnus dans leur domaine puisqu'eux seuls travaillent 'le cuir de maroquin de toutes couleurs et le veau bien tanné et teint aussi de toutes couleurs', toutes peaux également employées pour la reliure. En revanche, les gainiers ne peuvent travailler que les cuirs médiocres ('cuir fort et bollu') qu'ils ne sont de surcroît pas autorisés à dorer. Les doreurs sur cuir pratiquent leur art de couvrure et de dorure sur deux types d'objets: des meubles (buffets, bancs, chaises) ou des petites pièces tant à vocation utilitaire que décorative, aux formes

---

44 *Cf.* Marius-Michel, *La Reliure française depuis l'invention de l'imprimerie jusqu'à la fin du XVIIIe siècle*, 2 vol., Paris, 1880–1, i. 45 ; E. Bosquet, *La Reliure. Etude d'un praticien*, Paris, 1894, 124–8; Thoinan, *op. cit.* (n. 27), 126.

45 Pour tout le développement relatif aux doreurs, voir Le Bars, *op. cit.* (n. 32), 169–82.

46 Lespinasse et Bonnardot, *op. cit.* (n. 37), ii. 121–33.

proches de celles des livres (boîtes et étuis divers) ainsi que des écritoires. Pour ces menus objets, ils sont habilités à réaliser l'ensemble du travail, de la couvrure à la dorure. Une réalisation particulièrement intéressante est la confection par ces artisans de 'mirouers à façon de livres', fermant avec des rubans, analogie explicite avec la reliure. Quant aux décors réalisés par ces doreurs, la description qui en est fournie dans le texte de l'ordonnance est également limpide puisqu'il s'agit de décors 'de toutes belles façons de moresques', réalisés à la feuille d'or, autrement dit de compositions semblables à celles réalisées sur les reliures à la même époque.

Toutefois, l'ordonnance de 1559, pas plus que celles de 1575 et 1594, n'évoque le droit pour les doreurs sur cuir de réaliser les décors de reliure. Ce n'est donc qu'occasionnellement et *toujours à titre individuel* qu'ils pratiquent la dorure des livres. Dans les cinq cas attestés qui ont été répertoriés, il s'agit de doreurs sur cuir qui s'intitulent comme tels et continuent d'exercer leur premier métier, tenant même une place suffisamment importante au sein de leur communauté pour être candidats aux élections de maîtres-jurés doreurs sur cuir. Ce sont en fait des artisans qui élargissent leur activité en se faisant également libraires; dès lors, à défaut de relier eux-mêmes, ils réalisent la dorure des livres qu'ils vendent reliés, au même titre que les boîtes et étuis qu'ils ont fabriqués et ornés.

Le groupe professionnel réunissant le plus de doreurs de livres reste celui des libraires et relieurs. Les documents d'archives livrent en effet le nom d'une dizaine d'entre eux qui exercent une activité de dorure au cours des années 1560 à 1595. Mais ils ne semblent pratiquer l'art de la dorure qu'afin de diversifier, là encore, leurs activités principales qui restent la reliure et la librairie. Cela explique qu'ils n'évoquent pas de façon systématique leur spécialisation de dorure. Ce n'est que lors de circonstances professionnelles bien particulières que tel relieur ou libraire se qualifie explicitement de 'doreur de livres', notamment dans les contrats d'apprentissage, où il est fait mention d'un enseignement de la dorure dans l'atelier. Les inventaires après décès se révèlent également précieux lorsqu'ils fournissent des listes voire des descriptions de matériels de dorure dans l'atelier d'un libraire ou d'un relieur. L'analyse de ces documents requiert néanmoins davantage de prudence car certains libraires ou relieurs peuvent posséder des outils de dorure, équipement relativement onéreux, mais, faute de dorer eux-mêmes, faire appel à des artisans spécialisés.

En effet, à côté des deux catégories de métiers mentionnées ci-dessus, quelques doreurs de livres au sens restreint du terme font leur apparition au cours du XVIe siècle, notamment dans la seconde moitié du siècle.[47] Il est

---

[47]Le Bars, *op. cit.* (n. 32), 181. Quelques rares cas ont pu être repérés au début du XVIe siècle, mais il faudrait mener une étude plus approfondie sur la première moitié du siècle pour mieux approcher la réalité.

intéressant de noter que, dans les années 1555 à 1565, ces artisans très spécialisés se sont formés concurremment auprès de deux corps de métiers. Certains ont été apprentis chez les 'libraires et relieurs de livres' évoqués *supra* qui leur ont enseigné l'art de dorer mais aussi celui de relier; leur spécialisation dans le strict domaine de la dorure n'a donc pas été immédiate. D'autres en revanche ont reçu leur formation chez des doreurs sur cuir. Il est d'ailleurs possible que les libraires et relieurs qui enseignent la dorure dans les années 1555 aient eux aussi reçu semblable formation auprès de doreurs sur cuir, dans les années 1530 à 1540, mais cela reste à ce jour hypothétique, faute de documents. C'est en tout cas un signe que la profession de doreurs de livres s'est également développée hors du cadre restreint des seuls traditionnels métiers du livre.

Quelle que soit leur formation d'origine, l'émancipation de ces nouveaux artisans doreurs de livres n'en est pas moins rapide puisque dès les années 1570, ils prennent à leur tour des apprentis et la fin du XVIe siècle voit la naissance des grandes familles de doreurs des XVIIe et XVIIIe siècles: les Morice, les Giffard ou encore les Nyon.

Si les artisans, aussi bien relieurs que doreurs, sont eux-mêmes difficiles à identifier, leurs relations avec les commanditaires de reliures ou les concepteurs de décors le sont tout autant et même davantage, malgré le nombre croissant d'amateurs. Parmi ces derniers, les plus connus restent pour le XVIe siècle français Jean Grolier, Thomas Mahieu, Anne de Montmorency ou encore Jacques-Auguste de Thou, à côté des amateurs étrangers que furent Thomas Wotton, le cardinal de Granvelle, Marcus Fugger, Pierre-Ernest de Mansfeld ou encore Pietro Duodo. Malheureusement, aucun d'entre eux n'a laissé d'informations précises sur ses commandes de reliures, pas plus d'ailleurs que sur le nom des artisans relieurs et doreurs auxquels ils firent appel. Le même constat s'impose pour les reliures royales, qu'elles fussent réalisées pour François Ier, Henri II ou son épouse Catherine de Médicis, François II (1559–60), Charles IX (1560–74) ou Henri III (1574–89). Hormis les actes déjà connus et publiés relatifs à des commandes royales passées auprès d'Etienne Roffet, Richard Breton, Claude Picques ou Nicolas et Clovis Ève, nous n'avons pu trouver de documents évoquant cet aspect commercial du métier qu'est la commande de reliure.[48]

Un seul acte inédit, datant de 1558, a pu être découvert; encore ne s'agit-il que d'une commande de reliure *sans* décor, exécutée de surcroît sur des livres liturgiques donc dans un style quelque peu daté: reliures sur ais de bois, avec cornières, boulons et fermoirs. Ce document reste néanmoins instructif sur les exigences d'un commanditaire qui prend soin de préciser le

48Ne sont pas ici prises en considération les commandes de reliures faites par des administrations comme le Parlement de Paris ou la Chambre des Comptes (*Ibid.*, 158–61).

style de reliures qu'il souhaite obtenir et fournit des détails techniques parfois surprenants dans leur précision comme le mode de collage, la qualité des ais et de la peau à employer, la taille des ferrures; on apprend également que le relieur, Jean Syonneau, spécialisé dans ce type de reliure si l'on en croit son fonds de commerce, dispose de cinquante jours pour réaliser le travail, payé quarante livres tournois.[49]

Si l'on fait abstraction de ce document, les mentions de commandes de reliures restent exceptionnelles dans les actes notariés. Deux hypothèses peuvent être avancées pour expliquer cette discrétion. Le coût relativement modeste des reliures par rapport à d'autres réalisations artisanales, comme par exemple l'orfèvrerie,[50] peut dispenser les parties de se porter devant notaire pour notifier par écrit leur engagement. D'autre part, il est permis de penser que tel amateur faisait confiance à un petit nombre d'artisans et que l'accord était passé tacitement entre eux.

Dans ces conditions, il est donc très difficile de faire le lien entre l'atelier, dans lequel peuvent travailler plusieurs artisans, et les reliures, et ce d'autant plus que celles-ci ne portent jamais à l'époque de signature. C'est d'ailleurs la raison pour laquelle, faute de noms de relieurs ou de doreurs à citer, les ateliers sont souvent désignés par des dénominateurs conventionnels tels que 'Atelier de l'Arc de Cupidon' ou, pour prendre l'exemple des reliures à décor de petits fers dites 'reliures à la fanfare' réalisées à partir des années 1565–70, 'Atelier de la première palmette', 'Atelier au coeur empanaché', etc.[51] A défaut d'apporter des éléments inédits, je ferai donc simplement ici un bref rappel des principaux documents déjà connus et publiés.

Le premier d'entre eux concerne Etienne Roffet dit Le Faulcheur, premier relieur du roi, titulaire de cette fonction de 1537 à 1547. En 1538, il est payé cent trente huit livres tournois et dix sous pour avoir 'rabillé, relié et doré plusieurs livres pour le roi en la forme et maniere d'ung evangelier ja relié et doré par icelluy Faucheux, escript de lettres d'or et d'ancres'. Cette dernière reliure a été identifiée sur le manuscrit latin 257 de la Bibliothèque nationale: elle porte un décor très simple de semé composé d'une alternance de F et de lis. Les termes du paiement permettent donc de connaître la nature du travail réalisé puisqu'il s'agit de réaliser des reliures semblables à celle de l'évangéliaire, en une quantité relativement importante si l'on en

[49]La commande porte sur la reliure d'un antiphonaire, d'un graduel à l'usage de Langres et d'un Office de Jésus (*Ibid.*, 154-8 et annexe 1 : analyse et édition complète du document).

[50]Cf. Bimbenet-Privat, *op. cit.* (n. 10), 110-5.

[51]*Cf.* G. D. Hobson, *Les Reliures à la fanfare. Le problème de l'S fermé*, London, 1935; 2e éd. augm. par A.R.A. Hobson, Amsterdam, 1970.

croit la somme totale versée à Roffet.[52] On peut aussi entrevoir le rôle joué par Claude Chappuis, libraire ordinaire de François Ier, vraisemblablement chargé de passer la commande car il a personnellement avancé les sommes d'argent dues à Roffet.[53] Mais aucun élément plus précis n'est fourni sur les modalités de la commande: c'est à partir du seul document comptable qu'il faut l'imaginer.

Le même problème se pose dans l'analyse d'un fragment de compte, datable du début des années 1560, faisant état de sommes perçues par Richard Breton en paiement de reliures réalisées pour les princesses Elisabeth, Claude et Marguerite, filles de Henri II et Catherine de Médicis.[54] Il reçoit vingt livres huit sols tournois pour 'le blanc et la rellieure' d'une vingtaine de volumes, c'est-à-dire pour le prix des volumes eux-mêmes, la réalisation des reliures (en vélin et maroquins divers) et le travail de dorure, amalgame qui empêche de connaître le coût exact de la façon. Dans ce cas précis, seul le travail terminé est signalé, sans que l'on connaisse non plus les termes exacts de la commande ni le rôle joué par le commanditaire, le relieur ou le doreur dans la conception de la reliure et de son décor. De plus, aucun des livres reliés dont fait mention cet acte n'a été à ce jour identifié avec certitude.

Les paiements versés à Claude Picques en 1571 et 1572 pour ses travaux de reliure et dorure réalisés sur des exemplaires de l'entrée du roi Charles IX (imprimée par Denis Dupré pour Olivier Codoré) sont plus exploitables, exception faite de la première quittance, datée de décembre 1571, qui constitue une forme d'avance sur les versements suivants et ne fournit aucun détail sur les travaux réalisés.[55] En revanche, les deux documents datés du 28 février et du 2 avril 1572 renseignent davantage: Claude Picques est payé successivement vingt-cinq livres tournois pour avoir 'relié en vélin et doré vingt livres de l'*Entrée du Roy*, iceulx lavez et reiglez, fourny de cordon et soye, tant pour donner au roy, la royne mere, la royne, [...]' puis dix livres tournois pour avoir 'relié en vélin, reiglé, lavé et doré dix autres livres de l'*Entrée*' destinés à plusieurs notabilités. Certes, il ne s'agit là encore que de documents comptables, qui ne donnent aucun détail sur les modalités des

---

[52] *Cf.* L. de Laborde, *La Renaissance des arts à la cour de France. Etudes sur le XVIe siècle*, 2 vol., Paris, 1850, i. 925 et L. Delisle, *Le Cabinet des Manuscrits de la Bibliothèque impériale [- nationale]*, 4 vol., Paris, 1868–81, i. 182–3. Voir également Michon, *op. cit.* (n. 9), 50–3, qui a avancé le nombre de cent soixante-quinze volumes reliés à cette occasion, se basant sur un prix moyen de quinze sous tournois l'unité.

[53] Les termes exacts de l'acte stipulent en effet que ce versement de cent trente huit livres tournois dix sous est fait à Claude Chappuis 'pour son remboursement de semblable somme qu'il a desboursée de ses deniers'. *Cf.* Laborde, *op. cit.* (n. 52), i. 925.

[54] H. Omont, 'Richard Breton, libraire et relieur parisien, fournisseur de la cour', *Bulletin de la Société de l'histoire de Paris et de l'Ile-de-France*, xxvii, 1900, 41–3.

[55] Pour l'édition de ces documents, voir Renouard, *op. cit.* (n. 28), 220–1.

commandes, mais, à l'inverse du cas précédent, la localisation d'un certain nombre d'exemplaires de cet ouvrage, reliés en vélin, ornés de décors dorés et portant des armes, a permis de se faire une idée plus précise des différents décors réalisés et de leur qualité (semé de lis ou de flammes, écoinçons azurés ou simple médaillon central azuré).[56]

En fin de compte, les documents les plus précis et les plus complets restent à ce jour les actes relatifs aux groupes de reliures réalisées pour l'Ordre du Saint-Esprit, créé par Henri III le 31 décembre 1578. Outre le fait que bon nombre de ces reliures sont parvenues jusqu'à nous, le nom des relieurs qui les créèrent à la fin du XVIe siècle nous est également connu avec certitude: il s'agit des Ève. Onze documents datés de 1579 à 1633 sont en effet conservés dans la collection Clairambault: ce sont les commandes et paiements faits successivement à Nicolas Ève, relieur du roi de 1578 à 1581, à Noëlle Heuqueville, sa veuve, puis à Clovis Ève, leur fils, relieur du roi de 1584 à 1635, pour des travaux de réglure, reliure et dorure effectués sur les exemplaires du *Livre des Statuts et ordonnances* de l'Ordre du Saint-Esprit et les livres d'Heures de cet Ordre.[57]

En décembre 1579, soit un an après la création de l'Ordre du Saint-Esprit, Nicolas Ève est ainsi payé par le seigneur de Villeroy, grand trésorier de l'Ordre qui joue ici le rôle d'intermédiaire, 'quarante-sept escus et demy pour avoir lavé, doré et reglé sur tranche quarante-deux livres des *Statuts et ordonnances* de l'Ordre du Saint-Esprit, reliés et couverts de maroquin orangé du Levant, enrichis d'un costé des armoiries de S. M. pleines, dorées, et de l'autre de France et de Pologne et aux quatre coins des chiffres et le reste de flames, avec leurs fermoirs de ruban orangé et bleu.'[58] En 1582, c'est sa veuve, Noëlle Heuqueville, qui reçoit cinquante écus pour de semblables travaux réalisés par elle sur douze livres des *Statuts* et soixante paires d'Heures du Saint-Esprit, puis, en 1584, quatre-vingt écus pour soixante nouveaux exemplaires des Statuts et quarante paires d'Heures exécutés en 1583. Ce dernier compte précise que chaque reliure des *Statuts* a été payée un écu et celle des Heures, un demi écu. C'est à partir de cette même année 1584 – et ce jusqu'en 1633 – que les paiements sont faits selon les mêmes

---

56À titre d'exemple, voir *Trésors de la Bibliothèque de l'Arsenal. Exposition, Paris, Bibliothèque nationale, Bibliothèque de l'Arsenal, 26 mars–22 juin 1980*, 85–6 (n° 158, aux armes de Charles IX) et M.M. Romme, 'Foreign bookbindings X : a binding by Claude de Picques', *Book Collector*, xx, 1971, 226–7 (reliure aux armes peintes de Catherine de Médicis).

57La collection Clairambault est conservée à la Bibliothèque nationale de France, Département des Manuscrits, division occidentale; voir F. Mazerolle, 'Documents sur les relieurs des ordres royaux de Saint-Michel et du Saint-Esprit', *Bulletin du bibliophile*, 1895, 109–25. F. Mazerolle distingue deux Clovis Ève; on s'accorde désormais à penser qu'il ne s'agit que d'un seul et même personnage. *Cf.* Le Bars, *op. cit.* (n. 30), article 'Ève' du dictionnaire.

58*Cf.* Mazerolle, *art. cit.* (n. 57), 112–3. Le texte original de la commande a pu être retrouvé aux Archives nationales de France. *Cf.* Le Bars, *op. cit.* (n. 32), article 'Eve' du dictionnaire.

modalités à Clovis Ève, nouveau relieur du roi, qui réalise à son tour les reliures destinées aux membres de l'Ordre.[59]

Grâce à ces documents comptables qui décrivent précisément les travaux de reliure et dorure, trois groupes de reliures de la fin du XVIe siècle, en maroquin orange à décor de semé comportant en leur centre les armes de Henri III (plat supérieur) et les armes de France (plat inférieur), exécutées sur les livres de l'Ordre du Saint-Esprit, ont donc pu être attribuées sans grand risque d'erreur à la famille Ève. On peut ainsi regrouper dans une première série les reliures exécutées par Nicolas Ève en 1579 et Noëlle Heuqueville en 1582 qui, outre les deux plaques d'armes, portent un décor de semé alternant les lis et les flammes, avec quatre petites colombes et le chiffre du roi aux angles (voir Figure 1.4); une deuxième série rassemble les reliures faites en 1583 et payées en 1584, comportant les mêmes plaques aux armes, mais plus simples de conception puisque le décor de semé a disparu; enfin, dans une troisième série sont regroupées les reliures exécutées par Clovis Ève dès 1584, comportant deux nouvelles plaques d'armes, plus grandes que les précédentes et ornées d'un semé de flammes et de lis avec de larges écoinçons représentant une grande colombe du Saint-Esprit.[60]

De même, le graveur des armes royales et des fers utilisés pour la réalisation du décor de ces reliures de luxe nous est connu – cas qui reste tout à fait exceptionnel – grâce à la même série de comptes. Il s'agit de Philippe Danfrie (1532 – ca. 1604), qui exerça durant sa vie plusieurs métiers dont la gravure fut le trait commun. Orfèvre de formation, il se tourne rapidement vers la gravure, art dans lequel il donne toute la mesure de son talent puisqu'il est tour à tour 'graveur en l'imprimerie' (1561), 'tailleur de caractères' (1565), 'graveur en mathématiques' (1573), 'graveur d'armoiries' (1579), 'tailleur général des monnaies' (1582–98), 'orfèvre et joaillier, valet de chambre du roi' (1598) pour terminer sa carrière 'tailleur général des poinçons de sa Majesté' (1602).[61]

En juillet 1579, il est payé dix-huit écus pour la gravure de deux fers aux armes de Henri III, l'un aux armes de France et l'autre aux armes de France et de Pologne, 'en circuits de l'ordre du Saint-Esprit pour aposer aux livres

---

[59] *Cf.* Mazerolle, *art. cit.* (n. 57), 118–24.

[60] *Cf.* H. M. Nixon, *Sixteenth-century gold-tooled Bookbindings in the Pierpont Morgan Library*, New York, 1971, 222–5 (n° 57) et Needham, *op. cit.* (n. 23), 290–3 (n° 94).

[61] Pour une synthèse récente sur Philippe Danfrie, voir l'article d'A. J. Turner, 'Paper, print and mathematics Philippe Danfrie and the making of mathematical instruments in late 16th century Paris', in C. Blondel, F. Parot, A.J. Turner and M. Williams (éd.), *Études sur l'histoire des instruments scientifiques. Actes du VIIe Symposium de la Commission 'Instruments scientifiques' de l'Union internationale d'histoire et de philosophie des sciences, Paris du 15 au 19 septembre 1987*, London et Paris, 1989, 22–41. Voir également F. Mazerolle, *Les Médailleurs français du XVe siècle au milieu du XVIIe siècle*, Paris, 1902, *passim*. Pour les actes publiés, voir Pichon et Vicaire, *op. cit.* (n. 29), 60–4 et Renouard, *op. cit.* (n. 28), 65–6.

des Statuts dudit Ordre.'[62] En 1583, il est payé trente écus pour la gravure de deux nouveaux fers armoriaux 'en fort grand volume', destinés à remplacer les précédents jugés 'trop petitz pour mectre sur iceulx grands livres', et quinze écus pour la gravure des fers 'où est la mission du Sainct Esprit, pour servir et mectre sur les encoignures des couvertures desdicts grandz livres'.[63]

Ce document est essentiel dans la mesure où l'une des questions les plus délicates à résoudre en matière de décoration des reliures est celle de la fourniture des fers nécessaires à sa réalisation. Or, si la fabrication de tels fers ne peut être que le résultat d'un travail de graveurs, habiles et rompus à l'art difficile de la ciselure des métaux, Philippe Danfrie reste à ce jour le seul graveur connu à Paris pour avoir également taillé des 'fers à marquer la couverture des livres'[64] et avoir entretenu des relations professionnelles suivies avec des gens du livre, comme le libraire et relieur Richard Breton[65] ou l'enlumineur Guillaume Richardière.[66] Il est évident que Danfrie n'a pas été le seul graveur parisien à tailler des fers de reliures mais en l'état actuel de nos recherches, les documents qui en apporteraient la preuve font défaut. À tout le moins peut-on donner comme exemple la ville de Lyon, où un certain nombre de tailleurs d'histoires et graveurs ayant taillé des fers de reliures au cours du XVIe siècle ont pu être identifiés grâce à des documents d'archives.[67]

Si les termes d'une commande et les relations entretenues à cette occasion entre l'amateur, le relieur et le doreur ne nous sont connues que très rarement, il reste néanmoins possible d'identifier quelques ateliers dans lesquels ont été réalisés, outre le travail de reliure courante, des travaux de reliure et de dorure destinés à une clientèle fortunée. Il est notable qu'aucun

---

62 *Cf.* Pichon et Vicaire, *op. cit.* (n. 29), 61–2.

63 *Cf.* Mazerolle, *art. cit.* (n. 57), 115–8 ; l'ordre de paiement et la quittance sont datés de janvier 1584. Le fer d'angle cité ici est la colombe du Saint-Esprit, que l'on retrouve dans le troisième groupe des reliures attribuées aux Ève (*cf. supra*).

64 Cette expression est retenue par deux libraires et relieurs interrogés à l'occasion d'une information faite sur la personne de Philippe Danfrie. *Cf.* Pichon et Vicaire, *op. cit.* (n. 29), 62–3.

65 Voir à ce sujet E. Droz, 'La Société Hamon, Danfrie & Le Royer (1561)', *Gutenberg Jahrbuch*, 1965, 43–7. Il n'est pas exclu que Danfrie ait également taillé des fers de reliures pour Richard Breton, dont l'inventaire après décès révèle la présence d'un important matériel de dorure. *Cf.* G. Wildenstein, 'L'Imprimeur-libraire Richard Breton et son inventaire après décès', *Bibliothèque d'humanisme et renaissance*, xi, 1959, 364–79.

66 On a ainsi émis l'hypothèse que la reliure qui recouvre le *Missel romain*, publié par Jacques Kerver en 1583 et enluminé en 1586 par Guillaume Richardière, gendre de Philippe Danfrie, était orné d'un fer gravé par ce dernier. *Cf.* E. Picot, 'Note sur l'enlumineur parisien Guillaume Richardière et son beau-frère Philippe Danfrie', *Bulletin de la Société de l'Histoire de Paris et de l'Ile-de-France*, xvi, 1889, 36–7.

67 N. Rondot, 'Graveurs de fers et relieurs à Lyon au XVIe siècle', *Bulletin du bibliophile*, 1897, 15–7.

atelier ne soit spécialisé dans un seul type de production: les inventaires après décès sont alors particulièrement précieux grâce aux listes de fournitures, de matériel de reliure et de dorure qui y sont consignées. Toutefois, il faut garder à l'esprit que ces inventaires ne donnent de l'atelier qu'une image ponctuelle, une forme d'instantané qui peut fournir des éléments d'information ou en dissimuler, le plus souvent par omission.[68]

La description des cuirs entreposés dans les ateliers peut apporter quelques renseignements. La présence relativement fréquente de parchemin est souvent équivoque.[69] En effet, nombreuses sont les reliures courantes de parchemin ivoire à plats souples, toutes réalisées selon un modèle unique au cours du XVIe siècle et même au-delà; mais c'est une peau qui a également été très employée dès la deuxième moitié du XVIe siècle pour des reliures d'amateurs, avec l'apposition au centre des plats d'une plaque dorée ornementale ou aux armes. Destinées aussi bien à des reliures courantes qu'à des reliures d'amateurs, ces peaux ne peuvent donc constituer à elles seules une information satisfaisante sur les réalisations d'un atelier.

Un constat un peu semblable s'impose en ce qui concerne l'utilisation du veau mais il faut cependant noter que les amateurs choisissent cette peau plus fréquemment que le parchemin pour leurs reliures, comme le révèlent d'ailleurs les inventaires de leurs bibliothèques.[70] De plus, le veau est largement utilisé pour couvrir les livres d'église et de piété, tendance confirmée par la prisée conjointe, dans certains ateliers, de fermoirs, coins de métal ou clous, toutes fournitures généralement fixées sur des volumes d'Heures, missels ou bréviaires: ces ouvrages constituent alors souvent l'essentiel du fonds de librairie du relieur.[71] La présence du veau dans un atelier peut donc être davantage significative d'un certain type de clientèle que celle du parchemin mais elle recoupe aussi plusieurs niveaux de réalisations.[72]

Quant aux maroquins, leur présence dans un atelier prouve

68Trente-quatre inventaires après décès, dont vingt-neuf inédits et retrouvés aux Archives nationales de France (Minutier central des notaires parisiens), ont été étudiés ; le plus ancien est daté de 1517 et le plus récent, de 1610. *Cf.* Le Bars, *op. cit.* (n. 32), 148–54, 211—23 et liii–lvi.

69Treize des vingt-quatre inventaires après décès étudiés mentionnent la présence de cuirs dans l'atelier ; sur ces treize inventaires, le parchemin est prisé à neuf reprises (*Ibid.*, 150).

70*Cf.* A. Labarre, *Le Livre dans la vie ammiénoise du seizième siècle. L'enseignement des inventaires après décès, 1503–1576*, Paris, Louvain, 1971. Les inventaires après décès de particuliers que nous avons étudiés confirment cette tendance, avec une nette prédominance des veaux de couleur rouge et noire.

71C'est par exemple le cas du libraire et relieur Guillaume Godard, dont l'inventaire est dressé en 1545 – *Cf.* Parent, *op. cit.* (n. 24), 209–16 – ou encore du libraire et relieur Jean Syonneau (*cf. supra*).

72Cinq ateliers au moins, d'après les inventaires cités ci-dessus, possèdent ce cuir en stock. *Cf.* Le Bars, *op. cit.* (n. 32), 151–2.

indéniablement l'existence de travaux de reliure pour amateurs beaucoup plus fortunés, séduits par la qualité et la diversité de couleurs de ces peaux de chèvre venues d'Orient et seuls capables de s'offrir le luxe de ces cuirs onéreux. Dans les années 1580, une pièce de maroquin est en effet prisée deux à trois livres tournois tandis que veaux et parchemins ne valent que trois à quatre sous tournois l'unité.[73] Autant dire que ces cuirs constituent un investissement relativement lourd pour les relieurs, ce qui explique le petit nombre d'inventaires où ils apparaissent (trois cas répertoriés). À la fin du XVIe siècle, le libraire et relieur Jean Heuqueville, beau-frère de Nicolas Ève, dirige vraisemblablement l'un des ateliers les plus réputés et les plus importants de Paris puisqu'il possède, lors de l'inventaire de ses biens, un stock de trente-huit maroquins de diverses couleurs. Ce n'est donc pas un hasard si c'est précisément dans son atelier que l'on trouve également un important matériel de dorure, indispensable à la réalisation de grands décors.[74]

Analyser les fers de dorure est l'autre moyen d'identifier les types de travaux réalisés dans les ateliers et les inventaires après décès restent là encore une source irremplaçable, en dépit de leur caractère lacunaire. Dans la première moitié du XVIe siècle, la description des fers se borne trop souvent à une liste des outils classés en trois catégories traditionnelles: roulettes, plaques (appelées 'platines') et fleurons (désignés sous les termes 'fers' ou 'petits fers'), typologie sommaire insuffisante pour dresser un tableau précis des productions d'un atelier. À tout le moins peut-on noter, d'après leur nombre, que les roulettes sont utilisées de préférence dans tel atelier, les plaques dans tel autre. Il est difficile de tirer davantage de conclusions car roulettes et plaques sont utilisées communément pour le décor des reliures courantes et des reliures d'amateur ordinaires, mais elles peuvent aussi bien s'intégrer dans un décor plus riche, élaboré à la demande d'un client. Signalons simplement ici l'inventaire des biens de Jeanne Cassot, veuve du libraire et relieur Pierre Roffet, dressé en 1537, qui souligne l'utilisation conjointe dans un même atelier d'un matériel d'estampage à froid et d'outils de dorure, à une date où la dorure l'emporte définitivement sur l'estampage à froid.[75]

Dans la seconde moitié du XVIe siècle, les mentions de roulettes se font plus rares dans les inventaires tandis qu'apparaît une quatrième catégorie de fers, les coins, destinés à orner les angles des plats de reliure. Mais trop souvent, faute de détails, il n'est guère possible de connaître précisément les

[73] *Ibid.*, 143–4.

[74] L'inventaire après décès de Jean Heuqueville est exceptionnellement riche en informations sur l'activité de reliure et de dorure de cet atelier, ce qui nous a permis d'en dresser une étude plus approfondie (*Ibid.*, 227–75).

[75] *Cf.* Parent-Charon, *art. cit.* (n. 24), 389–93.

1.5 Reliure en maroquin rouge orné d'un décor à la fanfare dense, exécutée pour Jacques-Auguste de Thou (1553–1617) et Marie de Barbançon-Cany, sa première femme (plat supérieur et dos). Sur: Mattioli (Pietro Andrea), *I Discorsi* ..., Venetia, V. Valgrisi, 1568. In-fol. Bibliothèque nationale de France. Réserve des Livres rares, Rés. Fol. Te138.57 A

motifs des fers de dorure, par exemple de savoir s'il s'agit de roulettes à filet simple, filet double ou ornées, de plaques courantes à motif floral (couronne de lauriers, par exemple), religieux (Crucifixion ou Annonciation, pour ne citer que les plus fréquentes) ou de plaques plus sophistiquées, à décor de rinceaux ou d'entrelacs, de coins à motifs azurés ou de feuillage. En revanche, les listes de petits fers ornementaux peuvent davantage témoigner de la production d'un atelier. Ce n'est pas tant le détail de leurs dessins, là encore trop rarement décrits, que leur nombre qui peut fournir des données intéressantes, notamment à partir des années 1570, époque du plein épanouissement des décors entièrement composés à l'aide de petits fers. Se dégagent ainsi quelques ateliers comme celui de Richard Breton ou de Jean Duval, pour la période 1565–1575, ateliers auxquels on peut ajouter celui de Claude Picques – dont l'inventaire après décès n'a pu être retrouvé – ou encore, pour les années suivantes, ceux de Michel Nyon et Jean Heuqueville.

L' inventaire des biens du doreur de livres Michel Nyon, dressé à la fin des années 1580, est particulièrement instructif et montre un atelier où sont entreposés quelques roulettes, des plaques et des coins de formes diverses, six alphabets différents et près d'une centaine de petits fers. Le détail ornemental de ces outils est quelquefois donné: décor 'frisé' ou 'à l'antique', chapeaux, chérubins, Crucifixion, feuillages, lauriers, etc.; autant de dessins que l'on retrouve sur bon nombre de reliures d'amateurs de l'époque (voir Figure 1.5).[76]

De plus, fait rarissime, l'inventaire s'achève par la liste des créanciers de Michel Nyon. Ce document montre l'intense activité de ce dernier puisque ses dettes actives pour travaux de dorure s'élèvent à quatre cent trente-six livres tournois. Dans cette liste sont consignés les noms de dix-huit artisans, tous libraires et relieurs. Parmi ceux-ci, on retient surtout le nom de Georges Drobet, mentionné comme 'relieur du roi', dont les dettes se montent à près de quatre-vingt-six livres tournois. Cette information laisse à penser que Michel Nyon fut certainement le doreur attitré de Georges Drobet et que c'est donc à lui qu'il faudrait attribuer un certain nombre de décors exécutés sur les reliures royales au cours des années 1580–85 et même plus tôt.[77]

Mais l'inventaire le plus exceptionnel reste sans conteste celui de l'atelier de Jean Heuqueville, libraire, relieur et doreur de livres. Dressé à la même époque que le précédent, il liste, à côté d'un fonds de librairie de près de dix-huit mille volumes et d'un imposant matériel de reliure, près de quatre cent quarante petits fers, auxquels s'ajoutent une vingtaine de coins, quelques roulettes, six plaques, six alphabets et près de cent soixante-dix chiffres, soit

---

[76] *Cf.* Le Bars, *op. cit.* (n. 32), 276–81.

[77] *Ibid.*, dictionnaire, article 'Drobet' ; voir également Nixon, *op. cit.* (n. 60), 226–30 (n° 58) qui le signale comme relieur du roi seulement à partir de 1592.

un ensemble considérable de plus de cinq cent cinquante fers, toutes catégories confondues.[78] Ce document est d'autant plus précieux que les formes de plusieurs fers y sont mentionnées (carrés, ovales, targes ou couronnes), de même que leurs dessins (décor frisé, feuillages, lauriers, trèfles, rouleaux, Crucifixion, Annonciation). Le fait que l'on retrouve ici des motifs très proches de ceux des fers de Michel Nyon n'est pas le simple fruit du hasard mais plutôt la confirmation que ces deux ateliers ont vraisemblablement travaillé pour la même clientèle d'amateurs fortunés.

C'est en tout cas une certitude en ce qui concerne l'atelier de Jean Heuqueville puisque l'on y recense la présence d'armoiries 'de divers seigneurs', de 'fers servant de devise à plusieurs' ainsi que de très nombreux chiffres. Parmi ce matériel particulier, plusieurs fers aux armes et aux chiffres royaux confirment encore plus l'importance de cet atelier dans lequel furent donc exécutés sinon les reliures tout au moins les riches décors aux petits fers des reliures créées pour Henri III, Louise de Lorraine et Catherine de Médicis. Dans ce dernier cas, la description très précise de fers utilisés pour la reine mère a même permis l'identification d'une reliure selon toute vraisemblance sortie de l'atelier de Jean Heuqueville.[79]

Reste à expliquer la présence de tels fers armoriaux dans l'atelier d'un artisan qui, comme c'est le cas de Jean Heuqueville, ne porte pas le titre de relieur du roi. Une explication plausible est sans doute le lien de parenté qui l'unit à la famille Ève. En effet, sa soeur Noëlle est l'épouse de Nicolas Ève et la mère de Clovis Ève, tous deux relieurs du roi à la fin du XVIe siècle, comme nous l'avons vu. Il n'est donc pas impossible d'imaginer que les travaux de dorure de ces derniers étaient réalisés dans l'atelier de Jean Heuqueville, qui disposait de l'ensemble du matériel ou encore que l'atelier des Ève et celui de Heuqueville ne faisaient qu'un, au moins pendant une certaine période. Ces incertitudes expliquent que toute nouvelle attribution des reliures exécutées pour Henri III et Louise de Lorraine reste à ce jour aléatoire. Il en effet nécessaire de faire d'importantes études comparatives pour proposer, à la lumière de ces documents inédits, un nouveau classement des reliures royales de cette époque, jusqu'à présentes toutes attribuées aux Ève.[80]

Qu'il s'agisse de l'inventaire de l'atelier de Michel Nyon ou de celui de Jean Heuqueville, tous deux montrent clairement à quel point les documents d'archives, longtemps négligés, peuvent se révéler indispensables dans l'étude des reliures. Ils témoignent de l'existence d'ateliers très importants

---

[78]Pour l'étude détaillée des fers de l'atelier Heuqueville, *cf.* Le Bars, *op. cit.* (n. 32), 240–75 ainsi que le glossaire, xxxix–lvi.

[79]Sur l'identification de cette reliure, *ibid.*, 258–63.

[80]*Ibid.*, 269-74. Sur les reliures attribuées aux Ève, notamment celles à décor de fanfare, et sur les différents ateliers de dorure de cette époque, voir également Hobson, *op. cit.* (n. 51), 51–63.

qu'on ne pourrait identifier par le seul examen des reliures elles-mêmes – celui-ci restant bien sûr primordial – et fournissent des noms d'artisans. Certes, ces documents ne permettent pas de connaître le rôle précis de l'amateur de reliures lorsqu'il passe commande ni ses exigences pas plus qu'on ne peut cerner la part d'initiative du relieur ou du doreur dans de tels travaux.[81]

À ce jour et en l'absence d'autres documents, il faut donc rechercher les probables sources d'inspiration des décors de reliures exécutées au XVIe siècle dans les divers recueils de planches parus à cette époque, comme les patrons de broderie de l'artiste florentin Francisco Pellegrino réunis dans *La Fleur de la science de pourtraicture* (1530), les dessins de Fausto Sabeo dans ses *Epigrammata* ou ceux de Hans Rudolf Deutsch dans le *Maureskenbuch* de Peter Flötner (1549) ou encore les séries ornementales dues à Jacques Androuet du Cerceau.[82] Mais il est permis d'espérer trouver encore des documents qui viendront confirmer ces hypothèses et renseigneront sur le déroulement précis d'une commande de reliure par un amateur et les modèles que ce dernier peut fournir au doreur pour la réalisation du décor.

---

[81]Toulet, *Art. cit.* (n. 9), 470.

[82]Ces diverses sources d'inspiration et leurs influences respectives ont fait l'objet de nouvelles analyses par Hobson, *op. cit.* (n. 17), 186–96.

2

L'influencc flamande sur l'orfèvrerie parisienne au XVIe siècle

Michèle Bimbenet-Privat

I.

A l'époque de la Renaissance, le monde de l'orfèvrerie parisienne est loin, tant s'en faut, d'être limité aux seuls natifs de la capitale française. Le milieu des orfèvres parisiens est largement vaguant, souvent voyageur (le voyage à Rome, dès cette époque, n'est pas rare[1]), volontiers inspiré par les hommes, les modes ou les goûts venus de l'étranger. Paris, ville royale, est par définition une cité cosmopolite, siège des principaux organes politiques du royaume comme des légations ou représentations étrangères; la présence de la cour, grande consommatrice des produits de luxe, assure aux orfèvres parisiens la garantie d'un volume stable de commandes, même aux époques de récession. Pour ces raisons sans doute, Paris abrite la plus importante des communautés d'orfèvres du royaume: 300 maîtres, nombre fixe, inchangé tout au long du XVIe siècle (à la même époque, on compte 100 maîtres à Lyon, 40 à Troyes, 8 à Nantes). L'orfèvrerie parisienne jouit d'un grand prestige depuis le XIVe siècle, et la corporation française peut, à ce titre, rivaliser avec celles de Nuremberg ou d'Anvers.[2]

Le volume du marché parisien vaut également à la communauté locale d'attirer un grand nombre d'orfèvres venus des quatre coins de l'Europe, et particulièrement des grands centres d'orfèvrerie étrangers: pour ne citer que

[1]M. Bimbenet-Privat, 'Les orfèvres français à Rome, 1500-1620', dans *Mélanges de L'Ecole française de Rome. Italie et Méditerranée*, civ, 2, 1992, 455–78.

[2]En 1557, Anvers compte 57 maîtres en activité (P. Baudouin, P. Colman, D. Goethals, *Orfèvrerie en Belgique*..., Paris, 1988, 26).

From *Luxury Trades and Consumerism in Ancien Régime Paris: Studies in the History of the Skilled Workforce*, ed. Robert Fox and Anthony Turner. Published by Ashgate Publishing Ltd, Gower House, Croft Road, Aldershot, Hampshire, GU11 3HR, Great Britain.

quelques noms connus autres que celui de Benvenuto Cellini, rappelons que le fils aîné de Wenzel Jamnitzer, venu à Paris pour affaires, y trouva la mort lors de la Saint-Barthélemy, en 1572;[3] qu'en 1578, le célèbre orfèvre miniaturiste anglais Nicolas Hilliard, de passage à Paris, se distingua par une vigoureuse 'rébellion' envers les gardes de l'orfèvrerie de Paris, qui voulaient visiter le contenu de sa chambre.[4] On pourrait citer beaucoup d'autres cas semblables, mais c'est l'exemple anversois et plus généralement flamand qui offre la démonstration la plus frappante des rapports entretenus par les orfèvres parisiens avec les communautés étrangères au cours du XVIe siècle et des curieux sentiments de rivalité, de jalousie, d'admiration et de xénophobie qu'ils ont pu générer.

Les sources d'archives judiciaires et notariales fournissent en ce domaine les documents les plus évocateurs: les interrogatoires menés par les commissaires de la Cour des monnaies de Paris[5] transcrivent les paroles exactes des orfèvres flamands lorsqu'on les appréhende pour des délits professionnels; les minutes notariales précisent l'identité, la filiation et la ville d'origine de l'orfèvre, détaillent les clauses des contrats d'association ou d'apprentissage, retracent parfois le *curriculum vitae* des artistes.

Ces archives sont relativement rares pour la première moitié du siècle: on relève alors peu de noms flamands au sein de la corporation parisienne, mais ce ne sont pas les moindres. Par exemple celui de Pierre Vezeler,[6] né en 1513 à Anvers, signalé à Paris dès 1534, attesté comme maître parisien à partir de 1550. Pierre Vezeler est le neveu de Josse ou Joris Vezeler (1493–1570), grand orfèvre d'Anvers, puis exportateur d'orfèvrerie et de tapisseries, marchand de carrure internationale[7] et fournisseur de la cour de France dans les années 1525–40. Le neveu joue en quelque sorte le rôle de 'comptoir' pour son oncle, et lui tient souvent lieu de procureur pour le recouvrement des sommes dues par le roi ou d'autres débiteurs.[8] Bien que davantage tourné vers l'Italie, François Ier demeure un grand amateur de belle argenterie flamande, comme le montrent ses inventaires récemment découverts. Une des livraisons d'orfèvrerie les plus importantes de Josse Vezeler est intervenue en 1532, à l'occasion de l'entrevue de Boulogne entre François Ier et Henry VIII;[9] Vezeler avait alors porté d'Anvers à Boulogne, au nom du roi,

---

[3] J. F. Hayward, *Virtuoso Goldsmiths and the Triumph of Mannerism*, Londres, 1976, 212.

[4] Archives nationales (AN), Z^{1b} 492, 16 novembre 1578: 'Nicolas Heliart, compagnon orfevre anglois, dem. au faubourg de Saint-Germain des Prés, près le jeu de paume des Canettes'.

[5] Sous-série Z^{1b} des Archives nationales.

[6] M. Bimbenet-Privat, *Les Orfèvres parisiens de la Renaissance (1506–1620)*, Paris, 1992, 610.

[7] E. Coornaert, *Les Français et le commerce international à Anvers, fin du XVe–XVIe siècle*, 2 vol., Paris, 1961, 343–44.

[8] Voir notamment AN, Minutier Central (MC), XX, 42, 5 mars 1550.

[9] Bibliothèque nationale de France, Ms. fr. 15628, n° 426 (*Catalogue des actes de François Ier*, Paris, 1887, II, 262).

31 lots de vaisselle d'or et d'argent composés en majorité de coupes d'apparat destinées à orner le réfectoire de l'abbaye de Notre-Dame de Boulogne, lieu de la rencontre franco-anglaise. Au moins un de ces objets a été conservé, c'est une coupe d'or non poinçonnée qui a pu récemment être identifiée par un document retrouvé à Paris aux Archives nationales:[10] il s'agit de la 'coupe de saint Michel', aujourd'hui conservée au Kunsthistorisches Museum de Vienne[11] (Figure 2.1).

La coupe de Vienne est une démonstration complète des spécificités du travail flamand. Pour ce qui est de sa structure, elle s'inspire de celle du 'Pokal' de l'orfèvrerie allemande: une coupe très haute, reposant sur un pied circulaire, de silhouette étirée en longueur, avec des effets de noeuds et de délicates consoles plus ornementales qu'utilitaires. Ainsi construit, l'objet semble défier les lois de l'équilibre tant sa base est étroite en comparaison du diamètre de sa coupe, située aux deux-tiers de sa hauteur. En matière de décor, la coupe de saint Michel offre une démonstration parfaite de l'incroyable capacité des Flamands à faire la synthèse du vocabulaire ornemental de leur temps: les perles montées en broches, les rubis ou grenats sertis sont, technique de taille exceptée, des héritages de l'orfèvrerie gothique; les grands godrons à double listel, les 'têtes de feuilles' (masques feuillus grimaçants), les bucranes, les acanthes découpées ou repoussées, les bas-reliefs ciselés sont tous inspirés de la sculpture antique; on notera enfin la présence de fins moresques or sur fond noir inspirés du nielle et l'apport coloré des motifs floraux émaillés 'de basse taille' (à l'émail translucide), qui enrichissent la coupe de couleurs encore différentes de celles des rubis et des grenats. Dans la complexité technique et la richesse artistique des coupes livrées par Vezeler, il y avait bien matière à séduire le roi de France.

Comme les Flamands, les orfèvres parisiens savent interpréter ces décors d'inspiration italienne, antique ou orientale, mais seulement dans la mesure où ceux-ci relèvent du travail du métal, domaine où les Parisiens n'ont plus rien à apprendre; les cupules[12] germaniques et les godrons à l'antique sont donc largement intégrés au vocabulaire décoratif français: une coupe de l'orfèvre Thibaut de Vauzelles conservée au Musée de la Renaissance à Ecouen, donne

---

[10] AN, MC, CXXII, 169, 16 janvier 1637. Voir: M. Bimbenet-Privat, 'La vérité sur l'origine de la coupe de saint Michel', *Jahrbuch der Kunsthistorischen Sammlungen in Wien*, 1993, 128–35.

[11] Inventaire n° 1120. Voir M. Leithe-Jasper, 'Der Bergkristallpokal Herzog Philipps des Guten von Burgund. Das 'Vierte Stück' der Geschenke König Karl IX von Frankreich an Erzherzog Ferdinand II', dans *Jahrbuch der Kunsthistorischen Sammlungen in Wien*, 1970, 227–42; J. F. Hayward, *Virtuoso Goldsmiths and the Triumph of Mannerism*, Londres, 1976, n° 289 ; catalogue de l'exposition *Princely Magnificence*, Londres, Victoria and Albert Museum, 1980–1, 25; catalogue de l'exposition *Zilver uit de Gouden Eeuw van Antwerpen*, Anvers, Rockoxhuis, 1988–9, pl. 25

[12] C'est à dire le décor de 'boulons' repoussés en fort relief inspiré des modèles de Schongauer et Dürer et très fréquent sur les coupes allemandes de la première Renaissance.

2.1 Coupe de saint Michel, Anvers, 1532. Vienne, Kunsthistorisches Museum

un bon témoignage de l'emploi et de la persistance de ces motifs septentrionaux des premières années de la Renaissance dans le Paris des années 1580 (Figure 2.2). En revanche, les Parisiens ne maîtrisent pas du tout la technique qui fait la réputation des orfèvres flamands: celle de la taille des diamants et des gemmes en général, dont on appréciera la qualité en observant le petit saint Michel taillé à dos-d'âne et à faces de la coupe livrée par Vezeler (Figure 2.3). Voilà sans doute pourquoi nous n'avons jamais trouvé aucun moulin à diamants dans les inventaires après décès des orfèvres de Paris au XVIe siècle. En raison de cette carence technique des Parisiens, les quelques rares Flamands ayant réussi à obtenir le statut de maître orfèvre parisien au début du XVIe siècle se spécialisent dans la bijouterie, à grand renfort de diamants, émeraudes ou rubis qu'ils taillent eux-mêmes en tables ou à facettes. Hans Yoncre, maître orfèvre flamand établi dans l'île de la Cité vers 1530-1560, est fréquemment cité dans les comptes du roi pour des fournitures de bijoux surchargés de pierreries, diamants 'l'un taillé en triangle, l'autre en table' , ou 'rubis cabochons en forme de deux coeurs' (1532).[13] On retiendra donc que ces exemples de Flamands intégrés sont rares à Paris (moins d'une dizaine sous le règne de François Ier), qu'ils sont cantonnés au domaine de la joaillerie (point faible de la communauté parisienne), et que le fait qu'on les retrouve dans la comptabilité royale est signe qu'ils se placent à un haut niveau de technicité.

II.

Bien différentes sont les données du problème dans la seconde moitié du XVIe siècle, très précisément à partir des années 1560: en Flandre les ravages des iconoclastes en 1566, la révolte contre les Espagnols, la répression par le duc d'Albe, enfin la capitulation d'Anvers en 1585 contraignent à l'expatriation un grand nombre d'orfèvres sans travail. A Paris, l'afflux des Flamands est sensible: près de 30 noms ont été glanés dans les archives dont on sait pourtant le caractère lacunaire à ces dates précoces.[14] La plupart des orfèvres flamands

[13] *Catalogue des actes de François Ier*, II, 266, n° 5150–51.

[14] Citons Thomas Adrians en 1605 (M. Bimbenet-Privat, *Les Orfèvres* ..., 390); Luc Artement en 1580 (*ibid.*, 393) ; Wolcart Corneli, Michel Baecler (*ibid.*, 438) ; François Creps; David Crous en 1607 (*ibid.*, 446); Jacques David, Jérôme Coperger et Hans Pours en 1543 (*ibid.*, 450) ; Jacques Wemont en 1600 (*ibid.*, 469); Uberic et Abraham Ebinger en 1577 (*ibid.*, 474) ; Ulfrand Godart en 1608 (*ibid.*, 495) ; Hugues Guichart en 1568–79 (*ibid.*, 443 et 499) ; Adolph Petresen en 1568–1579 (*ibid.*, 499) ; Hans Kraus en 1578 (*ibid.*, 513); Josse de Langerac en 1583–1610 (*ibid.*, 515–6) ; Jacques Le Moor en 1610 (*ibid.*, 534) ; Herman Mezebrinck et Pierre Quictrelberger en 1568–80 (*ibid.*, 554) ; Jacques Pille et Jean de Nasse en 1587 (*ibid.*, 574); Abraham Rate en 1612 (*ibid.*, 579) ; Corneille et Nicolas Roger en 1598–1626 (*ibid.*, 584); Nicolas Toubas en 1578 (*ibid.*, 602); Corneille Van Cleven en 1604 (*ibid.*, 607); Guillaume Van de Vaine, Henri Vallequin et Michel Sylvius en 1587 (*ibid.*, 608) ; Pierre Vezeler en 1534 (*ibid.*, 610) ; David et Isaac de Vimont en 1584 et 1587 (*ibid.*, 611–12) ; Paul Wryer en 1599 (*ibid.*, 613); Hans Yoncre en 1538 (*ibid.*, 614).

2.2 Coupe à cupules, Paris, Thibaut de Vauzelles, 1584–5. Ecouen, Musée national de la Renaissance

2.3 Coupe de saint Michel: détail du saint Michel. Vienne, Kunsthistorisches Museum

repérés sont des compagnons appréhendés en flagrant délit de travail 'en chambre' (hors d'une boutique contrôlée), travaillant des métaux inférieurs au titre légal, montant des doublets, chargeant d'émail des anneaux creux. Tous sont mis à l'amende et 'priés d'aller travailler chez les maîtres'.[15] Certains ont réussi à se faire embaucher dans les ateliers d'orfèvres de la capitale: citons le cas de Nicolas Toubas, un compagnon originaire de Bruges, entré au service du maître orfèvre Jean Sanson en 1578. Toubas a eu beaucoup de chance, car les ateliers parisiens, connus pour être exigus, sont déjà surpeuplés, et bien que le nombre des compagnons ne soit pas limité par les ordonnances, il est rarement possible à un maître orfèvre d'engager plus d'un ou de deux ouvriers. La plupart des Flamands sont donc clandestins, voués à des sous-traitances illicites puisque la corporation parisienne leur est fermée. En effet, à partir du règne de Henri II[16] les orfèvres parisiens sont régis par le système du *numerus clausus*: effectif fixe de 300 maîtres, remplacement des seuls maîtres morts, facilités accordées aux fils de maîtres, barrage aux compagnons n'ayant pas fait leurs huit années d'apprentissage à Paris. Ce monopole défini par la naissance ou l'enfance étant de règle, il est impossible aux étrangers arrivés adultes à Paris d'obtenir la maîtrise, quels que soient leur compétence et leur statut professionnel dans leur communauté d'origine.

Que se passe-il donc dans les faits? Des moulins à pierreries et des forges clandestines sont installés dans les greniers des maisons des maîtres orfèvres, avec la complicité de ceux-ci, qui profitent de la technique flamande, signent de leur propre poinçon les oeuvres faites en fraude et se réservent les bénéfices de la vente. On voit ainsi un certain nombre d'orfèvres parisiens partager avec les compagnons flamands les condamnations de la Cour des monnaies. Cette situation engendre bientôt de fortes tensions entre les deux communautés, car les Flamands se considèrent comme injustement voués à des tâches subalternes: le travail au moulin est physiquement pénible, moins 'artistique' que la ciselure, enfin il peut être frustrant de ne jamais avoir la responsabilité des finitions des objets. A plusieurs reprises, les Flamands adressent des requêtes au roi pour demander la maîtrise, arguant de leur expérience européenne et du temps qu'ils ont passé au service des orfèvres parisiens.[17] Isaac de Vimont, un

[15]La Cour des monnaies leur permet parfois de vendre de la marchandise, mais dans ce cas exclusivement es foires et ainsy qu'il est permis aux forains' (transcription d'un arrêt donné contre Gaspard Baecler en 1584; AN, T* 1490[14], f. LXXV).

[16]Edit de mars 1554, titre II; édit de mai 1555, titre I.

[17]Voir la requête commune de Charles Triquet, Isaac de Vimont, Michel Godin, Volquart Van Barre et Jacques de Vucquois vers 1584: 'lesdits supplians ayans esté dès leur jeune aage habituez et residens dans ceste ville de Paris, où ils ont servy plusieurs maistres, apprins d'eulx ce qu'ilz ont peu, et depuys hanté et frecquenté plusieurs pais, contrees et regions, desireux de trouver la perfection de leur art – laquelle perfection ne reside en ung lieu seul – mesmes ayans esté au voiage de Pollongne ....' (Bibl. nat. de France, Collection Duchesne, Ms 89, fol. 47–50).

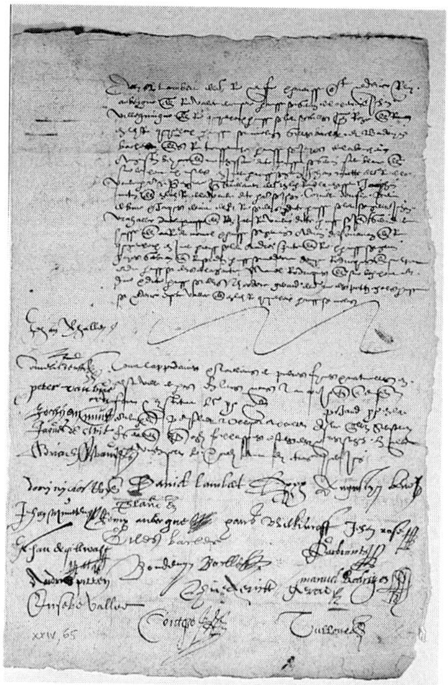

2.4 Signatures des lapidaires parisiens en 1587. Paris, Archives nationales

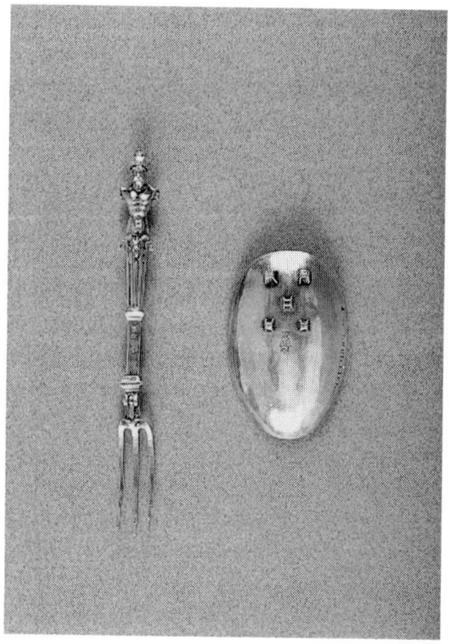

2.5 Couvert pliant, Paris, 1605–6. Collection privée

compagnon flamand, devient ainsi maître orfèvre par lettres patentes du roi en février 1584.[18] Les gardes de la corporation ne pardonnent pas à ces protégés du roi d'enfreindre les règlements corporatifs. Cinq ans plus tard, en 1589, les archives relatent une visite des gardes dans la boutique de Vimont dont le climat fut très houleux: 'ledit Vimont auroit commis plusieurs rebellions jusques à prendre l'un desdits gardes par le collet et le voulloir estrangler ... et a plusieurs foys crié par la fenestre que les maistres le volloient en sa maison'.[19] Les émules d'Isaac de Vimont sont pourtant nombreux: citons Hans Kraus, Josse de Langerac, Herman Mezebrinck, Jacques Pil, Corneille et Nicolas Roger, Wolkart Van Barre, David de Vimont ... dont la plupart sont fournisseurs de la cour, voire 'orfèvres et valets de chambre du roi' sous Henri IV.

Une tentative de solution à cet état de crise vécu comme intenable par les uns comme par les autres intervient en 1584: en novembre, Henri III ressuscite par de nouveaux statuts une ancienne et moribonde corporation du XIIIe siècle, celle des cristalliers, rebaptisés 'lapidaires' pour l'occasion.[20] Ainsi les tailleurs de pierres fines obtiennent enfin la qualité de maîtres, mais c'est au prix de l'abandon total du travail du métal: désormais, les lapidaires *tailleront et vendront* les pierres fines, et les orfèvres les *monteront*.[21] Le commerce proprement dit de la bijouterie est donc laissé aux orfèvres. Ceux-ci combattent pourtant âprement la nouvelle corporation,[22] dont les statuts ne seront enregistrés au Parlement qu'en 1600.[23] Nous ne connaissons la composition exacte de la corporation des lapidaires qu'à la date du 3 juin 1587, grâce à un acte notarié conservé aux Archives nationales (Figure 2.4).[24] Parmi les 29 signataires du document, 15 noms sont de consonnance flamande, 4 sont portugais. Il est clair que les diamantaires flamands y ont trouvé leur place: Jean Muittens, Gilles et Baudouin Baecler, Cornelis

---

[18] Acte cité lors de l'affaire de 1589 (voir note 20).

[19] AN, Z1b 642; 27 mars 1589.

[20] AN, X1a 8637, fol. 440. Texte édité dans Lespinasse, *Les Métiers et corporations de la Ville de Paris*, Paris, 1886–97, ii. 87–91.

[21] L'obligation à cette stricte répartition est scandée dans tous les textes réglementaires des XVIIe et XVIIIe siècles, jusqu'à la réunion des deux corporations, par des lettres patentes du 17 mars 1781 (Lespinasse, *op. cit.*, [n.20], 93).

[22] Voir notamment l'ordonnance du 30 avril 1586, rendue sous la pression des orfèvres, permettant aux orfèvres de 'tailler des pierres fines chez eux' et cassant 'les lettres obtenues par les lapidaires pour s'ériger en maistrise' (*Recueil des statuts, ordonnances, règlements et privilèges accordés en faveur des marchands orfèvres jouailliers* ..., Paris, 1688, 615–6) et, autre fluctuation du pouvoir, l'arrêt du Conseil 'en faveur des lapidaires tailleurs de diamantz, rubis et autres pierres precieuses de la Ville, qui ont receu leurs statutz en novembre 1584 ...' (Bibl. nat. de France, Ms. fr. 18158, f. 30 v., n.2).

[23] Voir note 21.

[24] Procuration du 3 juin 1587 passée par les membres de la nouvelle corporation en faveur de Me Pijart, procureur au Parlement (AN, MC, XXIV, 65).

Deufle, Andri Pitten, Jean de Quillvalt ..., figurent au sein de ces premiers lapidaires parisiens.[25]

Quelles sont les conséquences de l'immigration flamande, des rivalités nationales et du partage du travail sur la production parisienne de la fin du XVIe siècle? On ne peut bien sûr qu'avancer des hypothèses, dans la mesure où les objets conservés sont d'une grande rareté et ne constituent donc qu'un échantillonnage imparfait de la production. Mais les portraits de l'époque comme les inventaires d'orfèvrerie portent incontestablement le témoignage de la mode des diamants et plus généralement des pierres précieuses serties en boutons et cousues aux vêtements ou aux coiffures, qui remplacent, en tant qu'accessoires du costume,[26] les colliers à grains d'or émaillés et les enseignes à chapeaux des générations précédentes. La présence des Flamands n'est sans doute pas étrangère à cette débauche de pierreries. On peut penser aussi que la bijouterie parisienne, partagée entre des mains flamandes (pour la taille des pierres) et françaises (pour les montures), a davantage reflété les techniques de sertissage et de ciselure des Français. Mais nous n'avons aucun corpus conservé capable d'étayer cette hypothèse, dans la mesure où les bijoux des années 1580 ne portent aucun poinçon qui permette de les dater ou de les attribuer à un atelier parisien.

Dans le domaine de l'argenterie, l'influence flamande est toujours sensible à la fin du siècle, même si elle s'exerce différemment. Les objets domestiques d'origine flamande sont sans doute fréquents, comme ces couverts pliants fabriqués à Paris vers 1600–10 (Figure 2.5), dont la conception est directement issue des couverts brugeois ou anversois de la même époque.

Faut-il enfin, après Bertrand Jestaz,[27] mettre au crédit de l'influence flamande d'autres nouveaux aspects de l'orfèvrerie parisienne ? A la fin du siècle en effet se développe à Paris un courant défini par le dépouillement et la simplicité des formes. Les objets sont lisses, parfois seulement martelés et dorés, les ornements et les décors d'appliques se font plus rares. Le trésor de l'ordre du Saint-Esprit, conservé au Musée du Louvre, offre un bon exemple de cette tendance.[28] Quand les objets portent un décor ciselé, celui-ci est ramené à une vocation narrative, comme le sont les scènes de la vie de l'ordre

[25]Notons cependant qu'une fois créée, la corporation des lapidaires a faite sienne la politique de fermeture dont elle avait souffert de la part des orfèvres: le 4 mai 1613, des lettres patentes de Louis XIII interdisent l'importation de pierres taillées, monopole des lapidaires parisiens... (Lespinasse, *op cit.*, [n.20], 91–2).

[26]Un exemple: 'une enseigne esmaillée de plusieurs coulleurs poisant ung marc d'or contenant deux cens sept diamentz tant grandz que petitz, y comprins ung grand diament en coeur au meilleu de ladite enseigne' (inventaire de Jean Delahaye, orfèvre du roi, le 19 avril 1611; AN, MC, XXIV, 146).

[27]B. Jestaz, 'L'influence flamande en France à la fin du XVIe siècle', *Actes du colloque international sur l'art de Fontainebleau*, Paris, 1975, 75–84.

[28]D. Alcouffe, 'A propos de l'orfèvrerie commandée par Henri III pour l'ordre du Saint-Esprit', dans *Hommage à Hubert Landais*, 1987, 135–42.

2.6 Coupe provenant de la collection du cardinal de Joyeuse, Paris, 1583–4. Rome, Bibliothèque Vaticane, Museo Sacro, inv. 1823

ciselées sur la masse du Saint-Esprit[29] d'après des cartons de Toussaint Dubreuil en 1584, ou les scènes des *Victoires et triomphes des Médicis* inspirées d'une suite de l'Anversois Philippe Galle d'après Stradan (1583) ciselées sur un plat parisien aux armes des Gondi (1586) conservé au Musée du Louvre.[30] Le plus bel exemple de ces interprétations des estampes flamandes est un service de six coupes (ou drageoirs) conservé à la Bibliothèque Vaticane.[31] Le service a fait partie des collections du cardinal François de Joyeuse (1562–1615) avant d'être cédé au cardinal Paolo Camillo Sfondrati (1561–1618), puis par ce dernier au couvent de Sainte-Cécile du Trastevere. Chaque coupe est repoussée et ciselée de scènes de chasses, toutes différentes, inspirées des suites gravées par Philippe Galle en 1578 d'après les cartons de tapisseries fournis par Stradan au Grand Duc Côme de Médicis pour sa villa de Poggio a Caiano. Mises en scène sur fonds de villages ou de paysages septentrionaux (Figure 2.6), ces chasses à la palombe, au loup ou au renard manifestent un réalisme et une précision totalement novateurs, aux antipodes des grâces et des passions mythologiques chères à la génération précédente. Par le biais de cet extraordinaire travail de ciselure, c'est bien l'esthétique flamande qui entre dans les ateliers des orfèvres du pont au change.

En conclusion, pour récapituler les conséquences de l'immigration flamande sur l'orfèvrerie parisienne, nous observerons qu'elles relèvent du domaine stylistique, par la modification du goût de la clientèle et des matériaux utilisés; du domaine technique, puisque la force des Flamands réside dans leur maîtrise de la technique de la taille; du domaine socio-économique, puisqu'il est patent que l'immigration massive d'une population parfois plus qualifiée a mis en danger le monopole des orfèvres parisiens.

Il est bon, pour finir, de souligner le rôle essentiel joué par le pouvoir royal: c'est le roi qui détermine la mode, quitte à favoriser ouvertement des artistes étrangers au détriment de ses compatriotes; c'est lui qui attise les conflits en outrepassant les règlements corporatifs; c'est lui, enfin, qui impose une solution légale aux problèmes professionnels soulevés par l'immigration.

---

[29]Musée du Louvre, Département des Objets d'art, inv. MR 564.

[30]Musée du Louvre, Département des Objets d'art, inv. MR 52.

[31]Bibliothèque Vaticane, Museo Sacro, Collection Sfondrati, inv. 1833, 1835, 1822, 1823, 1821, 1824 (Paris, 1582–4, orfèvres Jean Delahaye et Nicolas de Villiers). Voir M. Bimbenet-Privat et A. Kugel, *La Collection d'orfèvrerie du cardinal Sfondrati à la Bibliothèque Vaticane*, Vatican, 1996.

3

The Parisian fine binding trade in the last century of the *ancien régime*

Giles Barber

Today any leather-bound volume is a luxury item and it has been so to some extent for virtually two hundred years. Before 1789 this was equally true but because there were, apart from the *bibliothèque bleue*, virtually no books that were not bound in leather, books themselves were then still largely luxury items. The first great period of decorative binding in France was the 16th century, when both royal collectors and private ones had books magnificently bound and gilded. This has been discussed in Chapter 1 by Fabienne Le Bars and, although new artists and styles were involved, the conditions and structure of the trade were not very different through the first part of the 17th century. However, the Reformation, the Counter-Reformation, the shift from Latin as a universal language, and the concomitant rise of the various national languages saw a radical restructuring of the European book trade in this period. The focus shifted from Venice and from the south German book fairs to the Netherlands and more national markets. Thus in France the minority of Louis XIV and the Fronde, with its associated troubles, set off a series of pressures which, with the introduction of strong centralized government, radically altered at least Parisian book trade structures. Louis XIV was deeply impressed by the turbulence of the Fronde; clandestine publications attacking authority mushroomed, external publishing competition was stimulated, Parisian and provincial booksellers were at loggerheads, and the *parlement* took the opportunity to attack the *privilèges* issued under royal authority: the government therefore, as part of its general policy, wished to exert control and to prevent such dangerous tendencies.

Political stability and tentative economic reforms were accompanied, however, by expensive wars and the burden of the creation of Versailles, so that a general atmosphere of recession clouded the period. In 1667 it was thought that the number of Parisian presses, which under Henry IV had been 24, had risen to 86 – of which, it was averred, 26 were run by unqualified persons and 14 more by others with criminal records. Moreover, competition was rife, for any member of the book trade community could practise as a printer, binder or bookseller and, in the difficult economic times, they took every opportunity of doing any or all of these. The government therefore found itself sharing common ground with the bigger firms in a desire to reduce the number of those engaged in these various trades and in particular to eliminate the smaller operators. As far as the binding trade was concerned there were moves towards this in the 1670s, but it was not until 1686 that Colbert finally forced through an edict which decreed the separation of the binders from the other book trades, requiring members of the community to opt permanently for either printing and publishing or for binding. There were evidently minor concessions, allowing printers to bind very small items or those in the cheaper paper or vellum covers, but in general, and despite a fairly long-drawn out struggle, this separated the binders off into an independent guild of much reduced status. They remained officers of the university (which brought certain privileges) and continued to belong to the same religious community as the printers and booksellers, but even this latter right was whittled away by 1730.[1]

The *Règlement des relieurs et doreurs de livres* (the further subdivision within the binding trade was doubtless not new but was here officially formalized), issued in September 1686, required the members to reside within the university area and to elect officers. It also controlled admission to the mastership as well as the number of apprentices and the way in which members' relatives could enter the trade on favourable terms. All this was very similar to the regulations for the other book trades. The new guild had initially some 45 members but, despite apparently rigid controls on admission, it has been suggested that by mid-century there were some 300 masters and 400 journeymen at work in Paris. Unfortunately we have no firm contemporary lists, even for the masters, until around 1770 and, as ever, the evidence from these can be read in a number of ways. They are nevertheless some of the first official trade rolls we have, and one can therefore say that at that date there were perhaps around 250 masters at work and that for each of the previous five-year periods 30 masters (roughly six a year on average) had been admitted. In the 1770s, therefore, it would appear that there were some

[1]There is no modern history of French 18th-century binding although various overall histories naturally describe the period. For its biographical information alone, E. Thoinan's *Les Relieurs français 1500–1880*, Paris, 1893, remains fundamental in many respects, as do L. M. Michon's *La Reliure française*, Paris, 1951, and *Les Reliures mosaïquées du XVIIIe siècle*, Paris, 1956. See also G. Barber, in H.-J. Martin and R. Chartier (eds), *Histoire de l'édition française. Tome 1: le livre conquérant*, 2nd ed., Paris, 1984, 162–73.

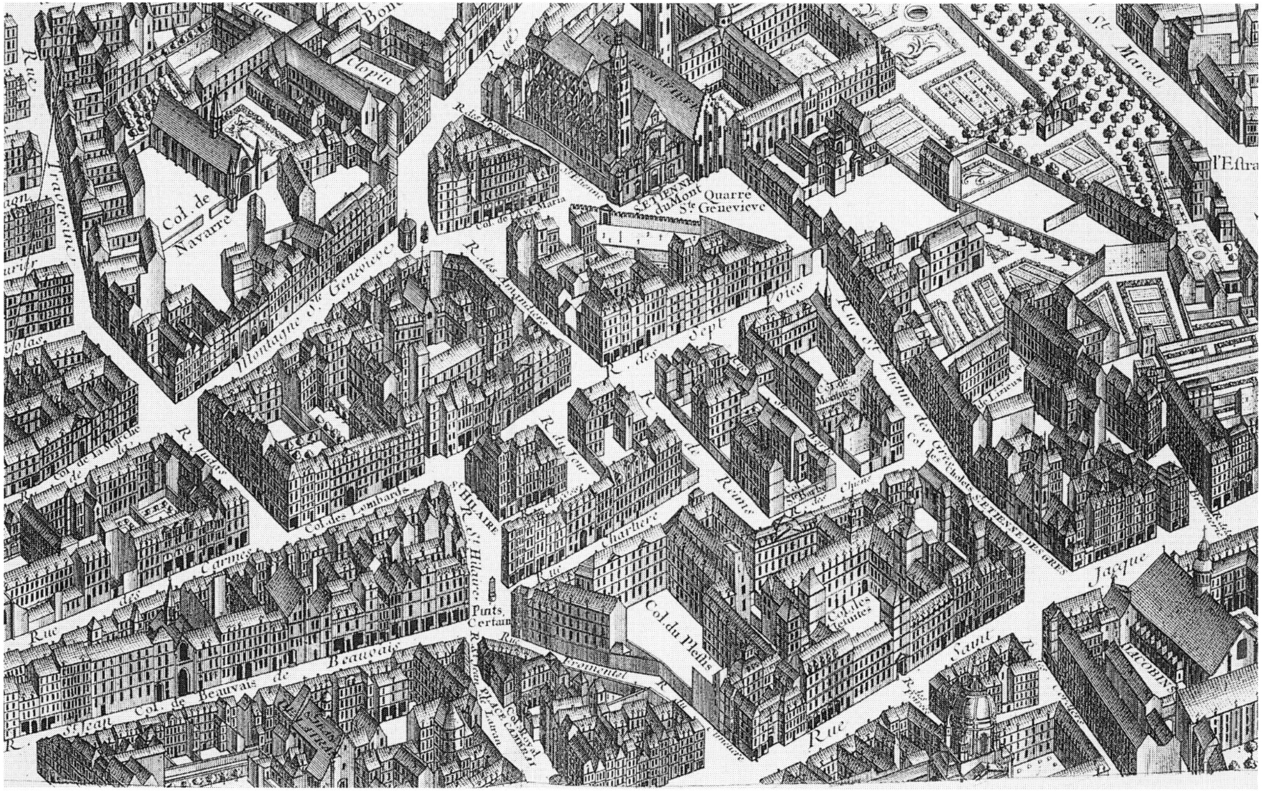

3.1 L. Bretez, *Plan de Paris*, 1739, area around the Sorbonne

30 binders in their seventies or late sixties, 33 in their later fifties, 61 in their forties, 26 in their thirties, and 66 in their twenties, the evident oscillation between these groups being due doubtless to the intermittent way in which both government and trade regulated numbers, at times forbidding the admissions for five or even ten years at a go. It is very evident, of course, that many bear similar family names and, although theoretically (and indeed even practically) open, the guild was, equally obviously, progressively closing itself to outsiders through both inheritance and intermarriage. The dynasties of Anguerrands, Bradels, Deromes and Padeloups, to name but some, illustrate the point. The names of the two officers ('gardes') elected annually are recorded from 1686, but while this includes binders well known from other sources, it does not necessarily tell us much about these individuals other than that they were respected within the trade.

In the late 18th century three quarters of Parisian binders lived in five small interconnecting streets (one only 45 feet long with just five houses on each side). These were located on the north side of the Montagne Sainte Geneviève or, in today's parlance, just to the south of the Boulevard St Germain near the statue of Ronsard next to the Collège de France (Figure 3.1).[2] They lived very much cheek by jowl, clustered around the guild church of St Hilaire (now destroyed and only represented by a café of that name), in dark and crowded houses, cramped conditions which, while hardly worse than those of fellow book trade workers, were clearly rudimentary and unpleasant, even if neighbouring streets, such as the evocative Rue des Amandiers, then led immediately into open countryside. The working day was long – a strike in 1776 attempted unsuccessfully to reduce it from 16 to 14 hours – and a vivid picture of the apprentice's life has been painted in the poem (one of a series on various trade) entitled *La Misère des apprentifs relieurs et doreurs de livres.*

The phrase 'relieurs et doreurs' indicates that the trade was split into two, the vast majority of binders being 'relieurs', that is those who did the binding up and covering of the volumes, and the 'doreurs', those who decorated the exterior of the otherwise finished volumes. In English trade terms these divisions are called 'forwarding' and 'finishing', although one should not forget the occupations of the folders of sheets and the sewers, operations usually carried out by women. The *Encyclopédie* and other trade descriptions concentrate so much on the operations of a single trade that there is advantage in casting a brief glance at the way in which the gilders, that is the most specialized binders connected with the luxury trades, related not only to other members of their own particular trade but also to other book-related

---

[2]The group of streets, shown in Figure 3.1, which is taken from L. Bretez, *Plan de Paris*, Paris, 1739, were the rue des Carmes/rue des Sept Voyes, rue de Beauvais/rue Chartière, rue des Amandiers/rue de Reims, rue du Jour/rue d'Ecosse, and the rue Fromentel, all contiguous and wedged in between the Sorbonne and other early colleges.

The nexus of the gilder's world

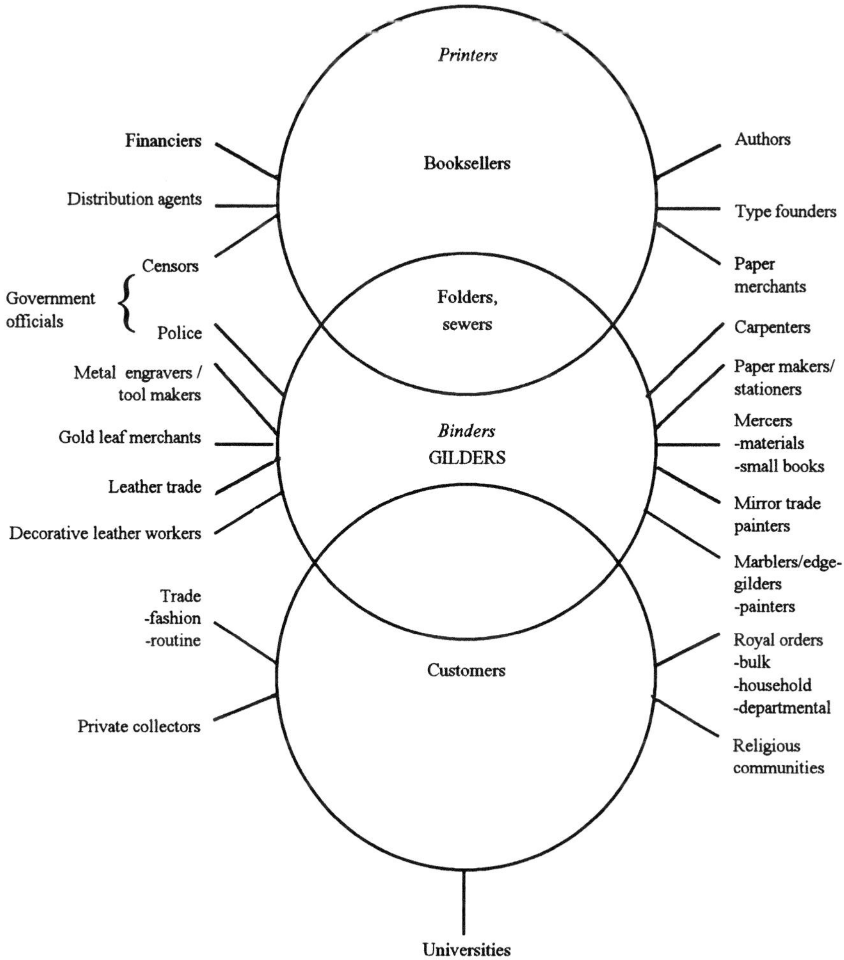

ones and indeed to many others. Individual orders and state commissions, material supply, tool manufacture, services and controls all meant that all contiguous trades were highly interconnected and that one forgets this aspect at one's peril. The chart above attempts therefore to show the gilders (centre) in the nexus or connected groups of this part of the book world.[3] The centre

[3]The binders, and particularly the gilders, at the centre receive books from the printing world (shown by the top circle), deal with their own other immediate trade suppliers around them, and receive their particular orders from the customer world shown by the bottom circle.

circle represents the generality of binders, split into their particular subgroups, above the 'imprimeurs-libraires' who would supply the majority of their work, that is the books themselves, while below come the customers; each group had its own styles, urgencies and methods of ordering, some in large quantities, others only in individual volumes. These major areas themselves have their own worlds and interact with other trades, with each of which the binders may also therefore come into contact. For example, the censors may call for cancels in a book, which the printers must then produce and pass on to the binder who by then may well have part of the edition bound and so have to interrupt his work and go back over some of it. The binders were subject to frequent police inspection and Janet Lewis's novel *The Ghost of Monsieur Scarron* is based on a true incident of this nature in Paris in 1696. The binders acquire their materials from a whole host of suppliers, some of whom, precisely because they deal in certain materials, have a tendency to want to sell items on the borderlines between the trades. Demarcation disputes are, of course, nothing new, and those between the booksellers and the binders, and between the latter and the mercers or the leather manufacturers occupy a large part of 18th-century binding history. The general point is not new but it has not been made in particular relation to the binding trade.

Having said all this, it must then be admitted that we know remarkably little about the detailed workings of the trade. No proper firm's accounts survive and the vast majority of contemporary production that does survive is anonymous, perhaps only one per cent at best – and that typically at the top of the market – having any trade name attached to it. Books, issued by the hundreds if not thousands, bear the printer's or the publisher's name, but masterpiece and plain binding alike, usually individual orders and not edition binding, remain stubbornly anonymous, thereby resolutely foiling all attempts at the reconstruction of even one firm's production. Signing certain top works did slowly become an accepted practice from the middle of the century onwards, this being done either by tooling the binder's name onto the spine or doublure or by affixing a small printed label somewhere at the beginning of the book.

At this stage, it may be helpful to say something about the nature of the market and about it evolution during the 18th century. Numerically, French book production is thought to have tripled during the 18th century, so there should have been no shortage of work from at least this point of view. Moreover, there is little evidence at this period of edition binding, that is, the printer/publisher arranging for the binding up of a whole edition in similar style at one go. The famous *Encyclopédie* could, it is true, be subscribed to as a ready-bound work, but such a binding has not in fact been identified (partly because the publisher's account for the book only show that the work was divided among three binders) – and then the enterprise was, to put it mildly, an unusual one. In general, therefore, binding remained an individual,

3.2 D. Diderot *et al.*, *Encyclopédie*, plate volume VIII (1771), plate 5, showing finishers at work

retail trade and not a wholesale one. It was equally one conducted on the spot and did not suffer from competition with, for example, cheaper or safer alternative sources abroad as did printing itself. It was essentially artisanal, local and fashionable. Paris was the centre of social life, and binding, while not being in any way *avant garde*, was undoubtedly part of this, Parisian styles being if anything copied elsewhere in Europe.

In the 17th century, a period that saw a notable rise in the number of private libraries, such collections, essentially put together by great state officials and members of the artistocracy, were contributions to the *respublica literaria*, repositories of erudite humanism displaying culture as a source of prestige. With the exceptions of the propaganda productions of the Imprimerie royale, there were few luxury books and certainly no clandestine or suspicious texts in such collections. With the death of Louis XIV, much was to change, and there was what has been termed by Jean Viardot, following Norbert Elias, a notable 'commercialisation du champ social'. From 1720 the price of rarer or older books in France rose and indeed the market for such items became fully and publicly established, as can be seen by the rise of the book auction and the printed catalogues that served and recorded it. These took off rather later in France than they did in either Holland or England and were there largely influenced by the work of Gabriel Martin, who produced no less than 148 catalogues in the 50 years up to 1760. His catalogues, and those of others, described the material in which items were bound and occasionally drew attention to the work of famous earlier binders, so marking such items as more particularly identifiable and desirable ones. Contemporary 18th-century book production, however, was moving away from the erudite and seeking a wider audience among both the professional classes and the lesser aristocracy. More books were in French, more were for the new novel-reading public, and more were associated with the luxury market, whether they were the four large folio volumes of the magnificent La Fontaine *Fables*, illustrated by Oudry and Cochin, or the equally luxurious and at times erotic *Contes* by the same author produced for the *fermiers généraux*. The finely illustrated book of smaller format, octavo or duodecimo, was in fashion in the second half of the century and this naturally called for a fine decorative binding.

The identification of the fine binding market is not, for all that, an easy thing, since modern library catalogues rarely list bindings by period and style and since the bindings themselves are often hard to date and can only sometimes be associated with their commissioning first owner or dedicatee.[4]

[4]As originally given, this paper relied, in its second half, on a number of slides. Despite the generosity of the publishers, these have evidently had to be reduced in number and a more descriptive text, omitting some items, has been substituted. This part relies heavily on the work done in the preparation of the catalogue of the French books and bindings at Waddesdon Manor, Bucks, and the illustrations appearing in this article are all of bindings there. I am much indebted to the authorities there for permission to reproduce these pictures and in particular to Miss Rosamund Griffin, Curator of the Collection, for much kind help over the years.

3.3 Longus, *Les Amours pastorales de Daphnis et de Chloe*, Paris, 1718, 8°. Mosaic binding with the arms of the Regent. Waddesdon Manor, National Trust.

The relatively limited fine binding market of the 16th century increased in size through the 17th century, continuing to rely on adaptations of the so-called 'fanfare' style but with a growing use of filigree-based tools. The more general style in vogue for the new private libraries was, however, a plain box of gilt fillets, showing up the fine morocco leather used and revealing the owner's arms in the centre. These armorial stamps clearly help to pinpoint the market by identifying those commissioning the binding. But this fashion was, if anything, decreasingly popular through the 18th century. The majority of 18th-century books surviving in contemporary bindings and coming from the greatly increased number of private collections are in respectable calf bindings with raised bands (giving way later in the century to flat spines), gilt fillets to the spine panels, and an increasingly full gilt title label. The luxury market is, however, in morocco, has ornately gilt sides and end-leaves, patterned and gilded in the early years then more austere as the Neoclassical style comes in.

How were these special items bound and decorated? What technical problems arose and what solutions were found? What part did fashion play in this trade and how did it evolve? There are few early manuals or descriptions of the binding trade before those found in the *Encyclopédie* but from the surviving evidence the general practice of forwarding, that is sewing and binding proper, are clear as are the outlines, if not the detail, of 'finishing' or gilding (Figure 3.2).[5] As to decoration, five newer styles can be said to occupy the first three quarters of the 18th century: the mosaics, combining leathers of different colours used in a variety of manners and continuing all through the century; the all-over pattern or compartment style of the early years; the floral patterns which come somewhat later but still rely on simple tools; the 'dentelle' or lace style of the middle years, with their floral and frond tools; and finally the use of block-printed borders for larger formats and, for smaller works, the revival of the older panel stamp, now appearing in a more baroque manner.

One of the most famous of early 18th-century books is the edition of Longus's *Daphnis and Chloe* which appeared in 1718 with illustrations ascribed to Philippe d'Orléans, the Regent, the work launching something of a fashion for this slightly erotic text.[6] Two copies are known in mosaic bindings, each bearing the arms of the Regent himself, thereby cumulating

[5]The best contemporary description of binding is probably that given in the *Encyclopédie* but since this is broken up between one main article (vol. xiv. 70–7) and numerous descriptions of terms, it may be more convenient to consult the grouped reprint of them in G. Barber (ed.), *Bookmaking in Diderot's Ecyclopédie*, Farnborough, 1973. See also H. G. Pollard and E. Potter, *Early Bookbinding Manuals*, Oxford, 1984, and G. Barber, 'Le vocabulaire français de la reliure au dix-huitième siècle' in G. Colin (ed.), *De compactis libris miscellanea*, Brussels, 1984, 391–413.

[6]See G. Barber, *Daphnis and Chloe. The Markets and Metamorphoses of an Unknown Best-seller* [The British Library, Panizzi Lectures, 1988], London, 1989.

3.4 G. Bruno, *Spaccio della bestia trionfante*, London, 1584, 8°. Compartment mosaic. Waddesdon Manor, National Trust

points for the bibliophile collector (Figure 3.3).[7] The designs are, however, somewhat naive and the bindings are principally interesting for their associations and from the fact that they are carefully crafted with simple tools.

Other luxury items of this period included prayer books and earlier books by important 'rediscovered' authors, the latter being rebound either because they were recognized as significant items in the history of printing or because their heterodox nature made them interesting to the less orthodox and more liberal and enquiring minds of the Enlightenment. Particular favourites here were the very fine bindings commissioned in the early years of the century for older editions of Giordano Bruno or Lucretius (Figure 3.4).[8] The free-hand mosaic designs, which were often similar to the inlaid work found on contemporary furniture such as that of Boulle, made use both of frames of contrasting materials. Another design evolved at the same time, however, possibly inherited from the *semé* of the previous centuries, and termed the compartment style. Here the whole board was covered by rectangular or diagonal designs, the supporting frame or the individual tool areas being on a leather of contrasting colour. Good design was important if the pattern was to fit the covers precisely. Neat cutting out was essential, as was very careful repetitive work in the gilding. However, as with many turn-of-the-century styles, the whole could be done with a good array of the standard 'gouges' (bracket-like curves), that is with basic straight and curvilinear tools. It is noticeable that in this period, just after the state's separation of the binders from the rest of the book trades in 1696, techniques seem not to have required a large capital expenditure by the gilders and to have relied not so much on the more expensive figured tools in vogue both earlier and later but rather on imagination and the plainest of tools.

The century saw an increasing vogue for fine bound annual almanacks, starting with the copies of the *Almanach royal* belonging to court officials or personages; these are, of course, immediately datable and, when they bear armorial stamps, ascribable to particular owners (Figure 3.5).[9] Some items are on dedication or presentation copies and are datable by virtue of this; others are on *de luxe* books, where this may also be the case, although it is far from unknown for stocks of the sheets of such books to have been kept for some years and then to have been released on to the collector market, as happened with the 1718 *Daphnis and Chloe* in the 1780s.

In keeping with the new pastorally inclined world of Watteau, floral designs were also much in fashion and the covers of books of all sorts were decorated in this manner, whether the contents were a prayer book or the

---

[7]Longus, *Les Amours pastorales de Daphnis et de Chloe*, Paris, 1718. One copy is at Waddesdon Manor (Figure 3.3), the other in a notable private collection of bindings in England.

[8]G. Bruno, *Spaccio della bestia trionfante*, London, 1584. Figure 3.4.

[9]*Almanach royal*, Paris, 1778. Arms of Marie Antoinette.

3.5 Close-up of mosaic binding with decorated silver work and the painted arms of Deume de la Chesnaie, both under mica. Waddesdon Manor, National Trust

erotic tales of Bandello. Some designs are of considerable intricacy and skill, especially when one calculates the number of very simple tools used. The flowers are not realistic representations but impressive evocations or floral forms of a distinctly exotic or oriental nature. Indeed, an oriental influence is likely since, in keeping with other decorative fashions of the day, the human form, when present, is often oriental too. Such overall patterns could easily be adapted to all formats from the smallest up to at least quarto, and in the better examples they show a very sophisticated approach, the layout not concentrating on one (repeated) cover alone, but taking both covers and spine as a single design unit. In the case illustrated in Figure 3.6, a small duodecimo of great charm, the flowers are mirror images of each other, turning carefully in towards the spine: they are not just repeated single patterns but part of a whole and so have a far greater design unity (Figure 3.6).[10]

Some mosaic work continued throughout the century but from 1750 a new style, the dentelle, became popular (Figure 3.7).[11] Here, a lace-like border faced inwards from the edges of the boards, the general pattern being made up by the use of frond-like tools of differing sizes and in various combinations. The inner ground of the lace area could be stippled with small dots or circles or contain allusive tools referring to the nature of the book, the most famous of which were the fool's cap on Erasmus's *The Praise of Folly* or those based on the various fables to be found on copies of La Fontaine. These patterns left the fine leather in the centre free, either to be admired in contrast with the highly charged outer area or to carry the owner's arms. There are clearly analogies between this style and, *inter alia*, the decorative plasterwork of, for example, the Dauphin's apartment at Versailles, although the major influence is likely to be from contemporary decorative wrought ironwork. Apart from such a structural framework of these fronds, the style also required numerous small flower tools, most of an apparent (but actually false) appearance; it could also make use of all sorts of symbolic or allusive tools, such as lambs, country dancers, pierced hearts, the clasped hands of friendship and so on, which are often found as well as certain tools specially designed for a particular work such as the *Fables* of La Fontaine. The 'dentelle' clearly required a whole range of engraved tools in the new style, and the capital expenditure for an individual binder must have been considerable. It is noticeable that while it is still very difficult at this period to ascribe bindings to any particular shop, it is precisely now that labels and tooled signing on covers come in. This public statement of responsibility for the work, and the acceptance of it, however discreet, by the book collecting

[10]*Eucologue*, Paris, 1712. Figure 3.6.

[11][Anne Louise Bénédicte de Bourbon, Duchesse du Maine], 'Les grandes nuits de Sceaux' (MS, 1715, bound c.1780). Figure 3.7.

3.6 *Eucologue*, Paris, 1712, 12°. Floral mosaic binding. Waddesdon Manor, National Trust

3.7 [Anne de Bourbon, Duchesse du Maine], 'Les grandes nuits de Sceaux', 8°. Manuscript 1715, dentelle style binding *c.* 1780. Waddesdon Manor, National Trust

3.8 'Derome bird'. Waddesdon Manor, National Trust

world evidently mark a shift in the market towards the recognition of the craftsman or the firm involved. Of course this may also have implied some distancing between the top of the trade, capitalized and able to produce fashionable work of quality, and the more run-of-the mill binders. By the 1770s, the purging effects of neo-classicism began to be felt, and far simpler designs of ribbon-like slim rolls and plain fillets together with a few classical-inspired ornaments (urns and the like) took over for the rest of the country.

What we do not know is who designed the many individual tools used for the dentelle or other styles. Cut in brass and mounted on wooden handles, they were a reasonably valuable commodity which feature, unfortunately listed only in general terms, in the post-mortem inventories of some of the major binders. Did the initiative for the general style and for the selection of the individual elements come from a binder or an engraver? We shall perhaps never know; indeed, the answer may perhaps be different in different cases. What we do know is that within a style there are a number of basic elements and that several copies of these, each with slight differences, exist. The French antiquarian book trade has long ascribed anonymous fine dentelle bindings to Nicolas Denis Derome on the grounds that the binding includes 'l'oiseau Derome', a certain bird tool being found on bindings signed by this master (Figures 3.7 and 3.8).[12] However, there are at least a dozen, hardly distinguishable 'bird' tools, and much work has yet to be done to sort out all the variants and their possible ownerships. The same could be said of the Bulbous Vase tool and a number of others, not to mention the Five Flower and the Insect rolls.

Both the mosaic and the dentelle styles were evidently highly labour-intensive and, while labour was then not expensive, time was also involved. Other techniques were therefore evolved to speed up production. It should be said, however, that although that is what these changes appear to be to us, speeding-up techniques, there is no contemporary evidence on this point and that the conclusion may just be a modern one, the result of the knowledge of the industrialization that was to take place in the trade in the 19th century. Nevertheless it does seem fairly clear that the revival of the use of the panel stamp, used blind in the 16th century, and the invention of large border units, capable of being used in various combinations, had speed of production as their aim. The former, introduced in the 1730s and interestingly enough still initially with Renaissance patterns (which however were rapidly abandoned for Rococo ones), came in for prayer books (especially the *Office de la Semaine Sainte*) produced for the circle around the new queen, Marie Leszczynska.[13] Quite a number of designs were evolved over the next twenty or so years

---

[12]For variant forms of the 'Derome' bird and the Bulbous vase tools, see Figure 3.8

[13]See G. Barber, 'Il fallut même réveiller les Suisses: aspects of private religious practice in a public setting in eighteenth-century Versailles' in N. Aston (ed.), *Religious Change in Europe, 1650–1914. Essays for John McManners*, Oxford, 1997, 75–102.

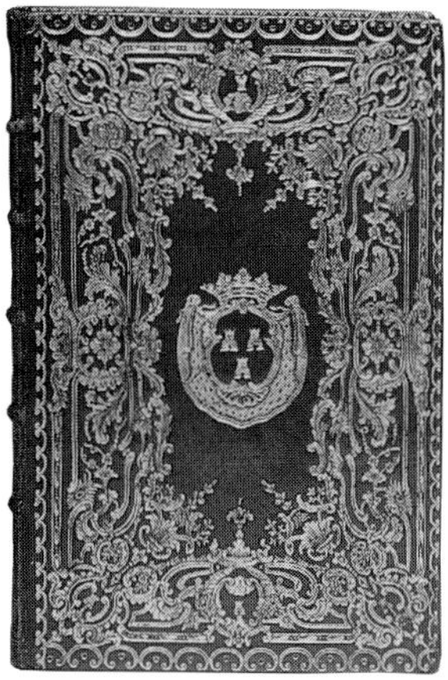

3.9 Du Perron, *Discours sur la peinture*, Paris, 1757, 8°. Plaque binding with the arms of Madame de Pompadour. Waddesdon Manor, National Trust

3.10 *Le Sacre de Louis XV*, Paris, 1731, folio. Corner and side blocks. Waddesdon Manor, National Trust

(these are often associated with the binder Pierre Paul Dubuisson), and they too were used for the busy end-of-the-year presentation Almanach trade, many continuing to serve occasionally right up to the Revolution. Later, others of a smaller format were also used for duodecimo books, and these became the regular dress of the small gift book market in the Romantic period. From a trade point of view, what these panels represent is a shift from hand-impressed tools to the use of larger ones (blocks, panels) for which a press, such as that traditionally used for coats of arms and called for this reason an 'arming' press, was essential. In one way, therefore, the manual worker begins to give way to a more industrialized process (Figure 3.9).

If panel stamps came into use for a very particular trade and did not spread into general use, so too did the larger frame elements, also press-impressed and equally brought in during the 1730s. These larger stamps, four or five of which provided corners, frame elements, side centre- pieces, etc. with which to decorate the outer border of the very large festival souvenir books of the period, which were really more collections of engravings rather than books proper. The first of these was the account of the coronation of Louis XV (1723), the *Sacre* finally published in 1731 (Figure 3.10).[14] This grand volume, together with similar ones for the *Festes données par la Ville de Strasbourg* (1744) and similar ones for other rejoicings in Paris in 1745 and 1747, survive in a number of copies, many of which bear the early label of the leading binder, Antoine Michel Padeloup, who can therefore probably be credited with the invention of the technique. The plaque was clearly introduced to assist in the production of items for use by members of the court, and the unitary stamps stem equally from the need to produce a number of copies for presentation on behalf of the king. In both cases, therefore, court circles were involved, the aim being to produce the basis of a fine design rapidly, something that could then be quickly 'personalized' should this be necessary. As yet, however, no mass market that might have exploited the benefits of industrialization was really involved.

A more general final point is, however, that while, like the woodcut printers' ornaments of the period, there were a number of variants in use in Paris, the fashion they established – the top Paris fashion of the day – was a matter of international interest and, just as the ornament found on the titlepage of *Candide* is found in Dresden, Geneva, Paris, London and Philadelphia between 1758 and 1761, so too Parisian binding designs and the elements for them were copied in other parts of Europe. 'Derome' birds, for example, distinguishable from the general bird patterns and concepts of the period, were found at least in England as well. English book collectors bought in Paris and the London trade must have followed; we know that under the influence of 'Anglomania' the reverse also happened, Roger

[14]Corner frame block used on the *Sacre de Louis XV*, Paris, 1731. Figure 3.10.

Payne's designs influencing French binders. All of this shows perhaps that while not every style was exportable, a luxury trade certainly existed in this field and that by the end of the *ancien régime* it was an international one. Although virtually no member of the Parisian book trade was executed during the Revolution the latter caused an almost complete break in both organization and personnel. The binding trade picked up at once under Napoleon, but with new names and, to some extent, new styles. What followed was a different story taking place in a different world.

4
Mathematical instrument-making in early modern Paris

Anthony Turner

Mathematical instrument-making is an anomaly among the trades of early modern Paris. It is so because unlike spurriers, locksmiths, book-binders or gilders, cabinet-makers or surgeons, the activity of instrument-makers is defined neither by the making of one characteristic product, nor by the deployment of one characteristic skill. Instrument-makers produced a range of objects that varied in function, principle, form and materials. In consequence such makers required a wider range of techniques and skills than other craftsmen, or they were forced into a complex nexus of sub-contracting. What unifies astrolabes and graphometers, back-staves, cross-staves, proportional compasses and marine compasses, sectors, quadrants and sun-dials – and also reinforces their anomalous status – is that all such devices depend in some way on mathematics. Their makers had therefore to reinforce artisanal skill with an intellectual skill: knowledge of some parts of mathematics. This in turn had consequences for the social status of instrument-makers. For it led them into relation with *savants*. The latter had a double interest for craftsmen. On the one hand *savants* were customers purchasing demonstration apparatus for teaching or their own use and, on occasion, commissioning the construction of a special instrument. On the other hand they were useful as advisors, helping makers to surmount geometrical and calculating problems, and supplying new ideas and designs for instruments. The craftsman/scholar relationship was an ever-changing, always individual, one about which generalizations are dangerous, but in the context of instrument-making it could develop in a privileged way.

A third component of the anomalous nature of mathematical instrument-making was that it was a relatively new trade in Renaissance Paris. Unlike

From *Luxury Trades and Consumerism in Ancien Régime Paris: Studies in the History of the Skilled Workforce*, ed. Robert Fox and Anthony Turner. Published by Ashgate Publishing Ltd, Gower House, Croft Road, Aldershot, Hampshire, GU11 3HR, Great Britain.

balances, the making of which is a closely related craft which nonetheless needs to be distinguished,[1] mathematical instruments had played such a minor rôle in the societies of the Early and Central Middle Ages, as to have given rise to no commercial manufacture and no craft organization. Like printers, with whom at least in the 15th and early 16th centuries instrument-makers may fruitfully be compared, the earliest commercial instrument-makers about whom we know anything are associated with the universities or with the courts. They were thus protected. Unlike printers, who quickly became so numerous as to require regulating, instrument-makers, although increasing in numbers, were too few to pose any threat to the vested interests of the corporations, or to provoke the interest of civic administrators until the mid-17th century. By that time, however, they had contracted sufficiently close links with such recognized trades as clock-making, founding or inlay work, for it to be impossible to establish them as an independent group (for which they were anyway too few), and equally impossible to locate them in any one of the existing corporations. In periods and places were guild and corporation control was relatively relaxed, this fluid, ambiguous nature of mathematical instrument-making did not matter too much. However, where corporation pretensions increased, as happened in 18th-century Paris, distinctions hardened and the definition of rôles was insisted on, it would have nefarious consequences for the development of the trade.

The development of an instrument-making trade in 16th-century France was part of a European phenomenon but in Paris for most of the century it remained, as it had already been for over a century, an activity lost among a multitude of others. Instruments had been made in Paris since at least the late 14th century. Thanks to the misfortunes of Jean Fusoris, the survival of his manuscripts, and of a few other records, something is known about this early history. It was, as noted above, a learned activity associated with the church, the universities and the court. Fusoris himself although the son of an artificer (a pewterer at Giraumont, Meurthe-et-Moselle) was a clerk holding the degrees of both Master of Arts and of Medicine, and was a canon of the cathedral of Notre Dame in Paris. Although generally now described as an 'instrument-maker', such a description is too limiting. He was, and should be so considered, a 'practical astronomer or mathematician', capable of designing, describing, making and using his own instruments as well as of calculating tables, projecting a reform of existing astronomical tables, and writing a treatise on cosmography. In thus combining theoretical and practical studies, Fusoris may be associated with a long line or practical astronomers stretching back through the Middle Ages in both Christendom and Islam to Alexandria in late antiquity. Fusoris was not at the end of the tradition. In the

---

[1]On which see Armand Machabey jeune, *Mémoire sur l'histoire de la balance et de la balancerie*, Paris, 1949.

early decades of the 16th century Oronce Fine (1494–1555), professor of mathematics at the Collège de Navarre from 1516 onwards who would later become Reader in the same subject at the Collège Royal, that is to say, the King's mathematician, would display the same combination of manual dexterity and theoretical capacity. Even so, Fusoris's career does fall somewhat outside 14th-century norms and it points towards the future.[2]

For Fusoris, although a cathedral canon, made instruments for others on a sufficiently large scale to have developed a semi-commercial production. Some 13 or 14 surviving astrolabes have been identified as of his production. What became of this commerce after Fusoris was banished from Paris in 1416 is not known, but the teaching and the use of instruments at the University of Paris during the 15th century suggests that, however limited, some demand for them continued throughout the century and that figures equivalent to Fusoris's existed. If this be the case, then there may be continuity between late medieval activity in instrument-making in Paris and that of the 16th century even if, for the first half of that century, virtually nothing is known of the trade in instruments.

One reason for this lack of information must be that demand for mathematical instruments was so slight that it could be met by a very few men – men for whom instrument-making was but a minor part of their activities. One such group were scholar/craftsmen, practical mathematicians like Fusoris or Fine. That Fine made instruments we know because one example of his production, a form of universal rectilinear dial known from its form as a *navicula*, finely made in ivory and dated 1524, has survived. Fine himself tells us that he made and presented to François I an example of the clepsydra that he described in the *Protomathesis* (1532), and at the end of his life, in 1533, he added an astrolabe dial to one of the faces of a planetary clock belonging to Charles, Bishop of Lorraine.[3]

The association of horology with mathematics and instrument-making in

---

[2]For Fusoris see L. Mirot, 'Le procès de maître Jean Fusoris, chanoine de Notre-Dame de Paris (1415–1416). Episode des négociations franco-anglaises durant la guerre de Cent ans', *Mémoires de la Société de l'Histoire de Paris et de l'Ile-de-France*, xxvii, 1900, 137–287. Emmanuel Poulle, *Un constructeur d'instruments astronomiques au XVe siècle Jean Fusoris* (Bibliothèque de l'Ecole des Hautes Etudes IVe section…318e fascicule), Paris, 1963.

[3]For all that concerns Fine see Denise Hillard and Emmanuel Poulle, 'Oronce Fine et l'horloge planétaire de la Bibliothèque Sainte Geneviève', *Bibliotheque d'humanisme & Renaissance*, xxxiii, 1971, 311–51. For his *Navicula*, see Giuseppe Brusa, 'Le navicelle orarie di Venezia', *Annali dell'Istituto e Museo di Storia della Scienza di Firenze*, v, 1, 1980, 51–9 and for instruments of this type in general, Derek J. de Solla Price, 'The Little Ship of Venice – a Middle English instrument tract', *Journal of the History of Medicine and Allied Sciences*, xv, 1960, 399–407; A.W. Fuller, 'Universal rectilinear dials', *Mathematical Gazette*, xli, 1937, 9–24; Margarida Archinard, 'Les cadrans solaires rectilignes', *Nuncius. Annali di Storia della Scienza*, iii, 2, 1988, 149–81; Margarida Archinard, 'Navicula de Venetiis: une acquisition prestigieuse du Musée d'Histoire des Sciences', *Geneva*, n.s. xliii, 1995, 87–94.

the work of both Fusoris and Oronce Fine reveals a second group of men within whose activities instrument-making lay hidden – that of the clock-makers. Between clock-making and instrument-making there were and are numerous points of contact. Clock-making, like instrument-making, calls for a certain amount of geometry and mathematics in the calculation of gear-trains; both activities require the capacity to engrave and work metals; and in certain cases, such as those of astronomical clocks and and planetaria, the clock itself becomes a mechanized instrument. That Fusoris should design an astronomical clock or that Fine should add an astrolabe dial to an existing clock was therefore entirely natural, and it helps to explain the difficulty of identifying instrument-makers as such in early 16th-century Paris.

Clock-makers were relatively numerous and in 1544, at the demand of seven of their number, were incorporated. How many among them, like Jacques de la Garde in Blois or Jean Naze in Lyon,[4] may have made sun-dials, astrolabes or other kinds of instrument to special order or as a sideline to clock and watch-making, we do not know. That such an association of activities was current is also illustrated by the surviving works of two French clock-makers in the service of Henry VIII of England, Nicolas Oursian and Sebastian Le Seney. Oursian in 1540 was not only the maker of the well-known astrolabic clock at Hampton Court Palace, but an horizontal dial by him bearing Henry VIII's initials flanking a crowned Tudor rose and with the huzza 'Vive le Roy H 8' dated 1542 is also known. Le Seney, who was native to Normandy worked in England from 1537 onwards (died *c.*1549), during which time he made at least one astrolabe for the King.[5]

If instrument-making in the 16th century could thus be confounded in activities as diverse as those of university teachers and clock-makers, and so eludes detection, it was also carried out by a further even more elusive group,

[4]The remains of an astrolabe signed by De La Garde in Latin (Jacobus a Custodia) in 1547 were sold at Sotheby's London, 30 May 1991, lot 390. He also made geographical globe clocks of which two have survived. For an illustration of one of these, see H. Alan Lloyd, *The Collector's Dictionary of Clocks and Watches*, Feltham, 1964 (reprinted 1969), 133, figures 350–1, although it is described bizarrely as a 'musk apple' clock. For what is known of De la Garde's life see E. Develle, *Les horlogers blésois*, 2nd ed., Blois, 1917, 233–4. For an astrolabe by Jean Naze dated 1553 and what is known of his career see M. Destombes and A. Brieux, 'Un astrolabe inconnu signé Jean Naze à Lyon, 1553 au Musée des Beaux Arts', *Bulletin des musées et monuments lyonnais*, III, 1966, 33–53.

[5]On Oursian and Seney see Cedric Jagger, *Royal Clocks, the British Monarchy and its Timekeepers 1300–1900* London, 1983, 8–9. For the Hampton Court clock see Brian and Heather Hellyer, 'The astronomical clock at Hampton Court Palace', *Journal of the British Astronomical Association*, lxxxi, 1971, 215–19. The horizontal dial by Oursian, now in the Museum of the History of Science, Oxford, I hope to describe in detail at a future date. The astrolabe by Le Seney is in the Department of Medieval and Later Antiquities, The British Museum, London. See F.A.B. Ward, *A Catalogue of European Scientific Instruments in the Department of Medieval and Later Antiquities of the British Museum*, London, 1981, 115–16 no. 335.

that of itinerant craftsmen. Representative of such men is Michael Piquer, of whom nothing is known except what can be gleaned from two surviving astrolabes signed by him and a third which although marked only with initials can be assigned to him with confidence.[6] Piquer was a monk, a member of the order of the Holy Cross in Catalonia. Perhaps he was therefore Catalan by birth; he was certainly Spanish for he tells us so. One undated astrolabe he signed from Louvain. In 1542 he signed another from Paris, made for one Anthony Charrenton, Lyonnais.

The making of astrolabes – and other instruments – to special order by itinerant craftsmen, is a phenomenon that seems to have been characteristic of instrument-making in the late Middle Ages and the 16th century. With demand small, but nonetheless present, it would be natural for a metal-worker sufficiently skilled to make an astrolabe or other complex instrument, to travel in search of customers from university centre to university centre, from the court of one princely patron to that of another. Such a manner of getting a living is characteristic of skilled craftsmen, such as clock-makers or gold- and silver-smiths during the Renaissance, and the travels of Piquer can be paralleled, slightly later, by those of Adrian Descrolières (fl. 1571–80) who signed instruments in Venice, Mantua, Antwerp, and Paris.[7] To delineate with any precision the functioning and influence of this itinerant trade, which clearly should be considered in the context of the itinerancy of the French court as well as that of the competition of courts for skilled workmen, is, in the nature of things, virtually impossible. Such trade must, however, have contributed to the movement of ideas and techniques, and from time to time have played a part in the establishment of a local manufacture when an itinerant craftsman finally settled down and perhaps began to train other workmen. Certainly this was the case with printers, and it was one of the ways in which instrument-making would be exported to the colonies of European nations during the late 17th and 18th centuries.

What influence men such as Piquer and Descrolières may have had in Paris we do not know, but by the mid-century a number of craftsmen begin to be known. Jean le Tavernier and Guillaume Cassot are both described as 'cadrannier' in documents of 1547 and 1549 respectively.[8] They may have been making sun-dials. Equally they could have made clock-dials, or been specialist engravers of both. In the mid-century there was clearly a good deal of activity. The names of a number of other craftsmen are known (see Table 4.1 page 88), thanks to the fact that they made special instruments designed

---

6For these see Appendix 1.

7Victor A. Rasquin, *Dictionnaire des constructeurs belges d'instruments scientifiques*, Brussels, 1996, 46–7 lists Descrolières's known instruments with their locations.

8Ernst Coyeque, *Recueil d'actes notariés relatifs à l'histoire de Paris et de ses environs au XVIe siècle. II 1532–1555*, Paris, 1923, nos. 3972 and 4333.

by mathematician/authors, who published descriptions of their works. A further index of activity is provided by the fact that of 33 books (counting all editions) concerning the astrolabe that are known to have been published in Paris between 1520 and 1580, six appeared in the decade 1540–49 and 15 in the decade 1550–59; of the two published on the same subject at Lyon during the same period, one appeared during the 1540s, the other in the 1550s while one further work is without place of publication.[9] Of the 36 works published during the whole period, 12 were in French. Imprecise though such an indication may be, it does suggest that in Paris during the middle decades of the 16th century there was a small surge of demand, if not for instruments in general, at least for astrolabes. Perhaps this efflorescence should be related to the availability of mathematics lectures in the new Collège Royale (Collège de France), where the lecturer was Juan Martinez Poblacion, author of a straightforward text-book on the astrolabe which was reprinted seven times between 1540 and 1557.[10] That this was a period of rising demand for instruments is further confirmed by the survival of several astrolabes from exactly this period.[11] That there was a relation between the books published and the instruments produced is clear from the fact that the *rete* designs illustrated in the texts can be paralleled on surviving instruments.[12] Which depended on the other, however, remains for the moment a question without response.

An advertisement by Jehan Quenif[13] introduces us to yet a further group of artisans among whom instrument-makers lie hidden. After a lengthy list of the different kinds of sun-dials that he makes, Quenif adds that he also

---

[9]For details of the books see Table 4.2 page 89).

[10]For the editions see Table 4.2 page 89. For Poblacion see L.A.M. Sédillot, 'Les professeurs de mathématiques et de physique générale au Collège de France', *Bolletino di Bibliografia e di Storia delle Scienze Matematiche e fisiche*, 1869–70, 16–17. Marcel Bataillon, 'Les lecteurs royaux et le nouveaux monde', *Bibliothèque d'Humanisme et Renaissance*, xiii, 1951, 231–40 (233–5) and references and corrections there given. I am grateful to Christine Delangle, archivist, Collège de France, for drawing my attention to the latter reference.

[11]For example CCA numbers 204, 221, 305, 414, 429 and 2000.

[12]For examples see a small astrolabe in the Time Museum, Rockford Illinois Inventory 1438 described in A.J. Turner, *Astrolabes and Astrolabe Related Instruments* (The Time Museum: Catalogue of the Collection), ed. Bruce Chandler, i, 1, Rockford, Ill., 1985, 146–7; an unsigned astrolabe dated 1563 in the National Maritime A40/38-1662c, CCA 429; and an astrolabe-clock dated 1560 in the British Museum described by Catherine Cardinal, 'Horloges de table astrolabiques françaises du XVIe siècle', *Bulletin d'ANCAHA*, 46, 1986, 19–36 (29–32). Although it carries two stars fewer than are shown on the illustration of a *rete* by Focard, the front and back are otherwise remarkably faithful copies of Focard's illustrations.

[13]In Claude de Boissières, *La proprété des quadrants nouvellement exposée*..., Paris, 1557, ff.30v–31r. The text of the advertisement is quoted in A.J. Turner, 'Paper, print and mathematics: Philippe Danfrie and the making of mathematical Instruments in sixteenth century Paris' in Christine Blondel, Françoise Parot, Anthony Turner and Mari Williams (eds), *Studies in the History of Scientific Instruments*, London, 1989, 23–42 (33–4).

makes all kinds of board-games and that all the dials he has mentioned may be obtained in 'ivory, brazil-wood, brass, or any other such material or form as shall please to be commanded', Quenif, it seems clear, was a 'tablettier', that is a specialist in the making of small objects in ivory and precious woods, sometimes with inlay, sometimes with painted decoration. It is among this group that the manufacture of small portable sun-dials in painted ivory, ebony, fruitwood or tortoiseshell may be located.[14]

Two points emerge about the mid-century market which deserve to be underlined. One is the relationship that can already be seen operating between the designer of an instrument and the maker of it. Abel Foullon and Guillaume de Bordes, for whom Pierre le Compassier and Benoist Forfait made instruments, were both professional mathematics teachers. To design an instrument which enabled some part of practical mathematics to be effected without calculation was at once to signal mathematical competence and, if the instrument was beautifully executed, to become the possessor of an object suitable for presentation in the quest for patronage. The craftsmen whom such designers (and the hoped for patrons behind them) required were therefore craftsmen skilled in the working and decoration of metal, in particular in the casting and chasing of copper, brass, silver and gold, and/or, as was the case for Quenif, cunning in the use of precious woods and inlay work in ivory, metal or tortoiseshell. It is for this reason – the second point to be underlined – that in the 16th and 17th centuries instrument-making was an activity carried out by men who produced a range of different objects related by a technique and not by subject, so that the making of instruments became muddled up with the system of patronage and gild structure that controlled the luxury trades. By way of illustration of these points, we may briefly examine the career of the best known and the best documented Paris maker of the last quarter of the 16th century, Philippe Danfrie.[15]

Philippe Danfrie was born in Cornouaille in Lower Brittany c.1532. Nothing is known of him before 1556 when he was established in Paris as a type-founder and cutter. In that year he made an agreement with the printer and bookseller Richard Breton to cut a new form of type-face and in 1561 he was involved in a similar agreement with Jean le Royer printer and Pierre Hamon calligrapher. A crypto-Protestant, Danfrie was twice imprisoned during the 1560s, but nonetheless he managed to obtain royal commissions to produce stamps and dies for official jetons (1571). In 1579 he was paid for

[14]For further comments on this group and their products see A.J. Turner, 'French diptych sundials', in Stephen A. Lloyd (ed.), *Ivory Diptych Sundials 1570–1750*, Cambridge, Mass. and London, 1992, 99–104.

[15]The substance of the following four paragraphs is derived from Turner *Danfrie* (above n. 13), which see for references. Where new material has been introduced here, however, full sources for it are given. For Danfrie in the context of the book-binding trade see the account by Le Bars in Chapter 1 above.

cutting book-binding tools, and the year before he had engraved and published an astrolabe printed on paper. In 1582 Danfrie was appointed 'tailleur général des monnaies' and among the references supplied for him in this occasion, one, by the bookseller Thomas Brumert, uses a phrase which is particularly revealing. Brumert affirmed that he had 'faict travailer quelquefoys Danfrie en Spheres, astrolabes, fer à marquer la couverture des livres et aultres choses concernants son estat et voccation'. Nothing illustrates more clearly the status of instruments at this time. They did not yet make up an independent trade, nor even the greater part of the output of the leading maker of them in his day. They were simply one of a range of goods produced by a certain kind of metal-worker. The mathematical basis of such devices did not yet, in the late 16th century, give them any special status.

As well as illustrating the place that instruments held in the work of a specialist metal-worker, Danfrie's activity also reveals yet another source for their production – that of the printer-stationer and the 'libraires' of 16th-century Paris. The astrolabe that Danfrie had printed on paper and published in 1578 he re-issued in 1584 in a revised version adapted to the new Gregorian calendar. After his death another edition of the astrolabe, once more revised, was issued by the publisher-printer Jean Moreau in 1625. Moreau made special efforts to obtain engraved copperplates of mathematical instruments[16] and is known to have published a cylinder dial in paper engraved by Claude Picquet in 1621.[17] Piquet was also responsible for an astrolabe published in 1627 by Melchior Tavernier.[18] Possibly it was influence from Danfrie that led Jacques Chauvet in 1585 to publish his 'cosmometre' in printed paper form, for Chauvet moved in the same circles

[16](Jean Moreau), *L'Vsage de l'vn et l'autre astrolabe particulier et universel. Expliqué tant en la declaration de leurs parties, qu'exposition fidelle & facile de leur pratique en astronomie & géometrie*, Paris 1625, sig a ii r–v.

[17]An example which entered the Bodleian Library in the mid-17th century is deposited in the Museum of the History of Science, Oxford. It is described and illustrated in Anthony Turner with Nadine Gomez, *Pierre Gassendi, explorateur des sciences*, Digne-les-Bains, 1992, 135–6, no. 151.

[18]A complete but unmounted example of the instrument is contained in a volume of mathematical collections written by Pierre Bruneau, Docteur en Théologie, in 1675. Bibliothèque municipale, Le Mans ms 69. A mounted and coloured example, but without pin, alidade or rule, is in a private collection. Another larger astrolabe engraved by Picquet was published in 1628 by Pierre Marriete. A mounted example may be seen in the Musée du Vieux-Granville, Granville. In 1642, the year after Tavernier's death, Piquet's small astrolabe was re-issued by Jehan Lebrun 'faiseur de sphères, astrolabes et autres instruments géometriques' (example in the Musée Nationale des Arts et Métiers, CNAM, Paris = Gunther/CCA 220a). At the end of the century the copper plates for the instrument came into the possession of Nicolas Bion who issued a new, revised and enlarged version (or versions). Only one example has survived which, once in the Gonse Collection, is now in the National Maritime Museum, Greenwich.

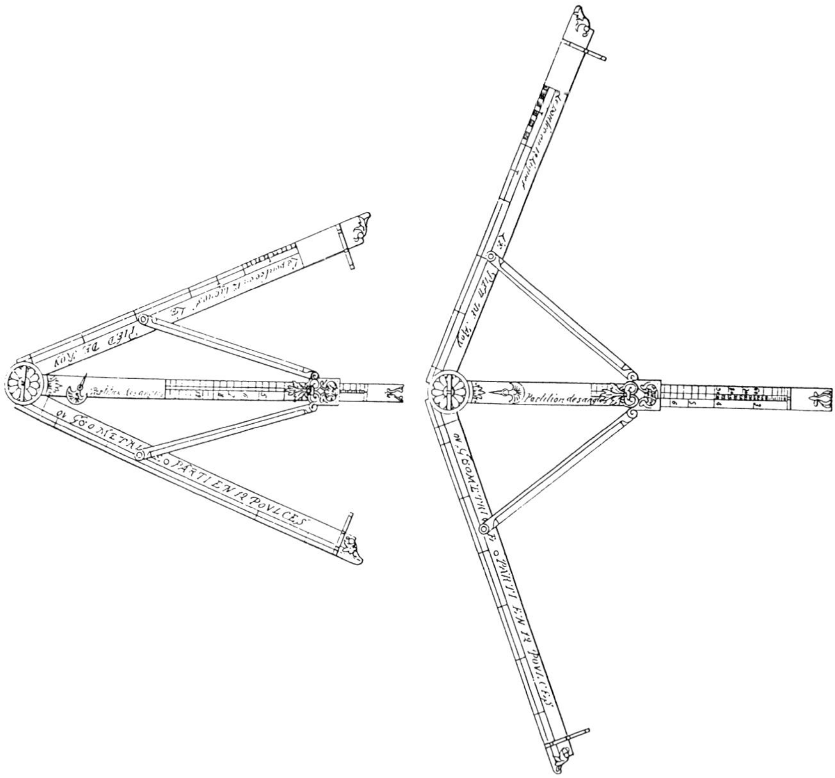

4.1 Proportional parts instrument by Philippe Danfrie 1589 as drawn in two positions by A. Laussedat, *Recherches sur les instruments, les méthodes et le dessin topographique*, 2 vols, Paris, 1898–1901, i. 81. The instrument which, at the time that he published it, may have belonged to Laussedat, still survives.

as Danfrie's mathematical acquaintances Milles Denorry and Jean Gosselin (see below) and may have known him.[19]

Danfrie's main activity during the latter part of his career revolved around the design and minting of coins and medals, though he no doubt continued to make instruments: some 20 or more signed by him have survived. Certainly his interest in mathematics was more than passing. During the mid-1580s he conceived a proportional part instrument similar to the *radio latino* for solving problems of practical geometry chiefly related to surveying (Figure 4.1). This Danfrie developed in association with the mathematics teacher Milles Denorry who, in 1588, published a short explanatory treatise about it.[20] Denorry is explicit in the very first line of the dedication that the original idea for the device came from Danfrie to whom, 'above all', he has recourse for making the instrument.[21] One example of the instrument, signed by Danfrie and dated 1589, has survived.[22] In 1595 Danfrie is recorded making observations on the magnetic compass[23] and in 1597 he published a book describing a new instrument – the graphometer – which he claimed to have invented.[24] Since no one has yet been able to disprove this claim, it may well be true.

All this mathematical activity distinguishes Danfrie quite sharply from his fellows. Although it points towards a new situation, in which the metal-workers and other skilled craftsmen who made instruments would begin to acquire a mathematical competence specific to this manufacture, Danfrie seems to have been more deeply involved than was normal. Milles Denorry, like Danfrie a crypto-Protestant, was a poet and schoolmaster from Lyon who gave mathematical instruction in Paris from 1574 onwards. Denorry was connected with the courtly academies in the Palace and with that centred on Jean Antoine de Baïf. So too was Jean Gosselin, royal librarian and

---

19Jacques Chauvet, *Instruction et vsage dv Cosmometre ou instrument vniversel pour les dimensions, tant geometriques que optiques, astronomiques & geographiques*, Paris, 1585. An example of the instrument, also dated 1585 collected by Carrand is preserved with his collections in the Muzeo Nazionale di Barghello, Florence. inv 1171. See Mara Miniati, *Strumenti scientifici della Collezione Carrand, Museo Nazionale del Barghello*, Florence, 1991, no. 26, 60–3.

20Milles Denorry, *L'Vsage dv compas optique. Instrvment propre a prendre promptement & facilement toutes longueurs, largeurs, hauteurs, & profonditez, plan de villes & prouinces, hauteur du soleil & des estoilles, & distances d'icelles, designer places sur quelque angle que ce soit auec infinis autres rares & vtiles secrets de la perspectiue*, Paris, 1588.

21*Ibid.*, 1, 3.

22Now in a private collection, the instrument was described by A. Laussedat, *Recherches sur les instruments, les méthodes et le dessin topographique. I. Aperçu historique sur les instruments et les méthodes. La topographie dans tous les temps*, 2 vols, Paris, 1898–1901, i. 80–3. Subsequently the instrument was shown during the universal exhibition of 1900.

23Dounot de Bar-Leduc, *Confutation de l'invention des longitudes…*, 1611, sig 8r–v.

24*Déclaration de l'usage du graphometre, par la pratique duquel l'on peut mesurer toutes distances des choses de remarque qui se pourront voir & discerner du lieu ou il sera posé*, Paris, 1597.

mathematician. Author of a treatise on the new Gregorian calendar, he supplied Danfrie with the calculations necessary to convert the calendar scale on the back of his paper astrolabe from the old to the new style. These relations reveal something of Danfrie's routes to patronage – Denorry could have been particularly helpful as he seems to have had a wide circle of noble pupils – and they locate him, even if marginally, in the cultural life of the capital.[25]

Patronage networks, although even for Danfrie detailed information about them is not yet available, were certainly as important to instrument-makers in the early 17th century as they were to other skilled craftsmen in the capital working within the orbit of the court. Of the first importance in the establishing of a regular visible trade was the implantation of a number of instrument-makers in the royal-protected Galeries du Louvre. The lodging of selected, highly skilled craftsmen in the Louvre, or in other royal enclaves such as the Tuileries Palace, the Gobelins, or the Luxembourg Palace was not a new practice, but went back to François I and even to Louis XII. By Letters Patent of December 1608, however, Henri IV, in the face of vociferous opposition from the corporations and from the Parlement, regularized the system.

His purpose was to encourage the decorative arts and to supply a reservoir of skilled craftsmen for himself and for his subjects, objectives clearly set out in the Letters Patent which it is worth quoting here:

> Comme entre les infinis biens qui sont causez par la paix[26] celluy qui provient de la Culture des arts n'est pas des moindres, se rendant grandement florissant par icelle, et dont le public a receu une très grande commodité, nous avons eu aussy cest esgard en la construction de nostre gallerie du Louvre d'en disposer le bastiment en telle forme que nous y puissions commodément loger quantité des meilleurs et plus suffizans maistres qui se pouurroient recouvrer, tant de peinture, sculture, orfevrie, orlogerie, insculture en pierres, que aultres de plusieurs et d'excellentz artz, tant pour nous servir d'iceulx, come pour estre par mesme moyen emploiez par noz subjectz en ce qu'ilz auroient besoing de

25For Milles Denorry and the academies see Natalie Zeman Davis, 'Mathematicians in the sixteenth-century French academies: some further evidence', *Renaissance News*, ix, 1958, 3–10, who supplies valuable detail not only about Denorry but also about Gosselin's relative Guillaume Gosselin. She argues that in the last quarter of the century a new, practical, current of mathematical interest appeared in the academies paralleling the mystical neo-platonist number theory and cosmic musical harmony that had hitherto prevailed. That this was a reflection of Ramist ideas as she suggests seems likely, but an additional element may have been the availability of a skilled craftsman such as Danfrie able to produce ingenious instruments that were sufficiently elegant both in construction and conception to capture the attention of a cultural circle which combined high aesthetic sensibility with a philosophical interest in mathematics.

26Presumably the reference is to the Peace of Vervins signed with Philip II of Spain on 2 May 1598.

> leur industrye, et aussi pour faire comme une pepinière d'ouvriers de laquelle, soulz l'apprentissaige de sy bons maistres, ils en sortiroit plusieurs qui par après se repondroient par tout nostre royaulme et qui sçauraient très bien servir le publicq.[27]

The craftsmen who received lodgings were free to work where they wished without guild control, could take two apprentices at a time, and were exempted from various taxes and civic duties. Since lodgings once affected to a particular activity tended to remain in that activity, and members of the same family usually had little difficulty in succeeding each other, some notable dynasties of craftsmen developed, the best-known among instrument-makers being those of the Ferrier, Blondeau and Langlois families. But of the instrument-makers who were allocated lodgings in the Louvre it is worth noting that only two of them, Etienne Flantin and Estienne Raulin, are described uniquely as such. Alleaume was primarily a mathematics teacher, while the Bidault clan were all clock-makers as were Antoine and Guillaume Ferrier; Baptiste Blondeau, like his successors, seems to have been a general engineer. At the renewal of his place in 1645 he was described as 'ingenieur ès forces mouvantes et travaillant aux instruments de mathematiques, établi à la conduite et fabrication des inventions et machines qui servent à tirer les ponts des stucateurs dans la grande galerie du Louvre'.[28] Despite the greater presence that it was beginning to attain among the trades of Paris, instrument-making in the first half of the 17th century was still only occasionally a full-time occupation.

But from the mid-century this was to change. In this period, the mathematization of navigation, warfare, surveying and commerce would probably of itself have created a sufficient demand for a small specialized manufacture of calculation-avoidance devices to have developed, and the making of globes, maps and some teaching apparatus would doubtless have attached itself to this manufacture. Even so, this would not have given rise to any very extensive production; certainly it would not have produced the range of new instruments that did appear during the late 17th and 18th centuries, which we may designate as 'scientific instruments' in the sense of instruments used either in the course of original investigations in a particular science or for the explication of the discoveries made, or for demonstrations of the principles upon which a particular science depended. These instruments, telescope, microscope, barometer, thermometer, vacuum pump

---

[27]Cited from J.J. Guiffrey, 'Liste générale des brevets de logement sous la grande Galerie du Louvre depuis 1608 jusqu'en 1791, accompagnée de nombre documents, la plupart inédit sur le même sujet', *Nouvelles archives de l'art français*, 1873, 1–221. Cf. J.J. Guiffrey, 'Brevets de logements sous la grande Galerie du Louvre accordés à des artistes et à des artisans', *Archives de l'art français. Recueil de documents inédits relatifs à l'histoire des arts en France*, i, 1851–2, 193–256.

[28]Guiffrey, 'Liste générale des brevets', *op.cit.* (n.27), 68.

and electrical machine, stemmed from the intellectual innovations that are conveniently summed up under the term 'scientific revolution'. Their invention had the following important consequences for instrument-making:

1. The new instruments greatly increased the types required and therefore the range of production methods needed to make them.
2. They provoked the incorporation of a new range of skills into instrument-making.
3. By the publicity they brought to philosophical studies and the popularity that these acquired, they greatly increased demand.
4. The original nature of the devices that were now wanted implied ever closer relations between designer and maker. However, when all is new anything may have a chance of success, so that there was now greater scope for innovations by the instrument-makers themselves.

Development of instrument-making as a trade throughout Europe in the later 17th century depended upon the combination of the skills of the makers of traditional 'mathematical' instruments with those needed to make the instruments of the 'new philosophy'. To some extent this development can be illustrated from the career (or what little is known of it) of Daniel Chorez (pre-1585–1659). Chorez was a Protestant and self-taught.[29] He is first heard of in 1616 when he engraved an illustration for Henrion's treatise on the sector.[30] He also made the instrument, of which one example signed by him has survived.[31] The earliest maker known to have produced optical instruments in France, Chorez published a broadsheet advertising his telescopes and microscopes which included binocular varieties in 1625,[32] although he had apparently been working on the subject for at least five years before this as he had presented an example of his production to the King in 1620.[33] According to Chérubin d'Orleans,[34] who contested Chorez's ability to make a satisfactory binocular microscope, the latter had nonetheless made a

[29]Hartlib Papers, University Library, Sheffield 26/41/2a. I thank Dr Anita McConnell for this reference.

[30]Denis Henrion, *L'usage du compas de proportion*, Paris, 1618. The engraving is separately dated.

[31]It is now in the Royal Institute of British Architects where it makes a part of a composite box of drawing instruments made up in the 18th century. See Maya Hambly, *Drawing Instruments, their History, Purpose and Use for Architectural Drawings. Exhibition 11 November–18 December 1982*, London, 1982, 33. See also Turner, *op. cit.* (n. 17), 134.

[32]*Les admirables lunettes d'approche réduites en petit volume*..., Paris, 1625. A copy of this exceptionally rare broadsheet is preserved among Peiresc's papers B.N. ms fonds fr. 9531 f281. A slightly later version, using Chorez's second address, is reproduced in Madame Alfred Heymann, *Lunettes et lorgnettes de jadis*, Paris, 1911, pl 1, and is reproduced in Figure 4.2.

[33]*Correspondance du P. Marin Mersenne*, 15 vols, Paris 1945–91, i. 561.

[34]Chérubin d'Orleans, *La Dioptrique oculaire ou la théorie, la positive et la méchanique de l'oculaire dioptrique*, Paris, 1671. Chérubin d'Orleans, *La vision parfaite*, 2 vols, Paris, 1677–81.

LES ADMIRABLES LVNETTES D'APPROCHE REDVITES EN PETIT VOLVME, AVEC LEVR VRAY VSAGE & leurs vtilitez preferables aux grandes, & le moyen de les accommoder à l'endroit des deux yeux ; Le tout mis en pratique, ainsi qu'elles sont representées par les figures suiuantes, Dedié au Roy, l'an 1625. Par D. CHOREZ.

A V ROY.

SIRE,

Il y a pres de cinq ans que i'eus l'honneur de presenter à vostre Maiesté les premices de mon trauail, en ce qui est communément appellé Lunettes d'approche, & voyant que vostre Maiesté en auoit fait cas, Encor qu'elles ne fussent en la perfection qu'elles sont à present : I'ay creu estre obligé doublement à luy dedier ce que i'ay depuis obserué estre necessaire pour iouyr du plaisir que l'on en peut receuoir, les ayant mises en pratique, telles que leurs figures les representent cy-dessous. I'espere que vostre Maiesté ne dédaignera de voir la preuue de ce qui est proposé de leur vray vsage, par celuy qui est,

Son tres-humble, & tres-obeyssant seruiteur & subjet, D. CHOREZ.

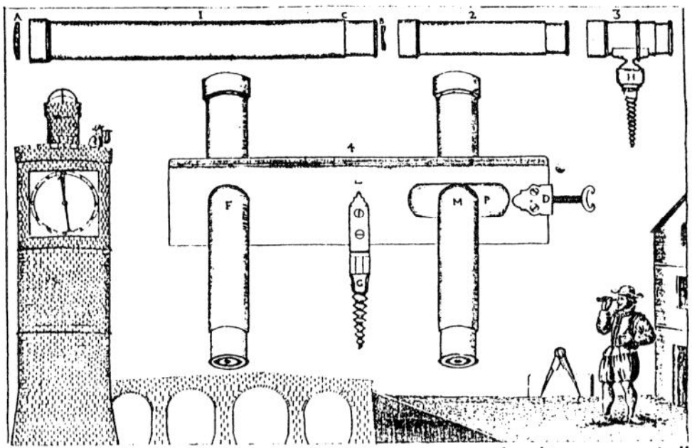

LES Lunettes d'approche sont ainsi appellées à cause de leurs effects, parce que les objets veus par icelles apparoissent fort proches, encores qu'ils soient fort esloignez. Cela procede de la forme des verres & de leur netteté & situation, & de l'esloignement qui est entr'eux. L'vn d'iceux & conuexe, ou bossu, comme il est figuré sous A, L'autre est concaue, ou creusé, comme il est figuré sous B, Le tuyau dans lequel sont enchassez ces verres, est fait ordinairement de deux pieces, dont l'vne peut couler dans l'autre, comme il est figuré sous I, afin qu'on le puisse alonger ou acourcir autant qu'il est besoin pour seruir à diuerse sorte de veuë, & pour voir à diuerses distances, & son poinct de rencontre qui est marqué sur la piece de dedans à l'endroit de C, denote la longueur qu'il doit auoir pour ceux qui ont la veuë ordinaire, quand l'object qu'il faut voir est esloigné plus de cent pas, soit de mil, ou dix mil, ou cent mil pas, & au dessus. Mais pour voir les objets proches, il faut alonger le tuyau iusqu'à ce qu'on rencontre la longueur qui est requise pour y voir le mieux : Si c'est pour voir de dix pas loing, il faut alonger d'enuiron l'espaisseur d'vn teston, & pour voir loing de six pas, il faut alonger de l'espaisseur de trois testons, & ainsi tant plus l'object est proche, tant plus il faut alonger le tuyau, & ainsi l'object apparoist tant plus gros. Comme cela vn ciron apparoist aussi gros qu'vn pois, en sorte qu'on discerne sa teste, ses pieds & son poil, chose qui sembloit fabuleuse à plusieurs auparauant l'auoir veuë auec admiration, quoy que l'experience n'en soit pas beaucoup difficile à faire à qui en voudra prendre le loisir. Quant aux personnes qui ont la veuë courte de leur naturel, il faut acourcir le tuyau iusques à ce qu'ils rencontrent de quelle longueur ils voyent le mieux: Mais il le faut alonger pour ceux qui ont eu des tayes aux yeux ou quelque autre accidét ou qui sont à l'extreme vieillesse, & obseruer de quelle longueur il leur faut pour leur vsage. Si on veut lire de loing à la clarté de la chãdelle, il faut que la chandelle soit le plus pres qu'on peut de ce qu'on veut lire, & si la Lunette est posée fixement, on voit bien mieux que quant on la tient à la main, à cause qu'il y a tousiours du tremblement. Les plus grandes Lunettes font voir les objects plus gros que ne font les petites (moyennant qu'elles soient faites auec la perfection requise) & partant on voit plus loing par la premiere 1. que par la seconde 2. & encores moins par la troisiéme 3. Mais les plus petites font voir plus large espace que les grandes, & l'object qu'on desire voir est plus aysé à trouuer par les petites que par les grandes, qui est vne vtilité preferée, au moins par ceux qui sont incommodez de la veuë, & qui ne se soucient pas tant de voir fort loing, que d'estre soulagez pour voir moyennement loing. L'experience fait cognoistre qu'on voit beaucoup mieux auec deux Lunettes qu'auec vne : car les objects paroissent plus gros & plus pres. La quatriéme figure qui est marquée 4. monstre comme l'on les peut accommoder à l'endroit des deux yeux, les faisant passer au trauers d'vne l'ame de metail ou autre matiere representée par L, dans laquelle est enfermée la petite platine P, qui sert à porter la Lunette M, qui est mobile pour la pouuoir approcher ou esloigner de la Lunette F, qui est fixe par le moyen de la vis D, qui est retenuë en ladite platine. Ces deux Lunettes doiuent estre paralleles entr'elles, pour vn object esloigné de plus de cent pas, tant loing puisse-il estre ; mais pour voir vn object proche, elles doiuent faire angle à iceluy object, dont la baze est l'espace qui est entre les deux yeux de celuy qui le regarde par icelles. Si elles ne sont bien accommodées, on voit deux objects pour vn, mais cela ne fait pas de beaucoup si bien qu'il doit ; partant il y faut remedier, soit en desgauchissant les tuyaux, ou en les approchant ou esloignant l'vn de l'autre, ainsi qu'il est requis. Toutes les operations precedentes se font plus aysément quant les Lunettes sont arrestées fermement droit aux objects qu'on voit, c'est pourquoy i'ay presenté le moyen de les planter sur vn baston, ou autre chose propre à les soustenir par le moyen des vis G, & H, qui portent charniere ou petite boule enchassée & mobiles pour porter lesdites Lunettes, de sorte qu'on les puisse incliner où il sera requis. Mais il faut obseruer soigneusement de tenir les verres les plus nets qu'il est possible, & si on les a touchez du doigt, ou poussé l'haleine dessus, on les doit essuyer auec vn linge blanc & net, & si on les oste du tuyau, il faut remettre le costé conuexe du grand verre en de hors : car autrement il faudroit allonger le tuyau de l'espaisseur dudit verre outre son poinct marqué en C, Il n'importe pas tant du petit, car la refraction se fait à fort peu pres du milieu, encore qu'il ne soit creux que d'vn costé, lequel on doit mettre dehors.

Lesdites Lunettes auec leur vray vsage & figures, se vendent chez l'Autheur, A Paris, en l'Isle Nostre-Dame, à l'enseigne du Compas.

4.2 Broadsheet advertisement (second state) by Daniel Chorez for his binocular telescope. Reproduced from Mme A. Heymann, *Lunettes et lorgnettes de jadis*, Paris, 1911, pl 1.

'lunette binocle' of silver in 1625 for Habert de Montmore (*c.*1600–79), and at least one other. Early in 1640, Chorez published a pamphlet concerning 'les forces mouvantes'. This text, which has not survived, may have related to perpetual motion (Descartes dismissed it as a 'charlatanerie', although he had seen neither the pamphlet nor the machine). Chorez at this time was also much engaged with the properties of lode-stones and their armature.[35] At some point he made a pedometer of his own design.[36] In 1655 Borel mentioned him as being one of the practical opticians who succeeded best in polishing lenses.[37] This opinion was shared by Dr Rasch who told Samuel Hartlib[38] that although over 70 years old and self-taught, Chorez was the most ingenious (*schaffsinnigsten*) maker in Paris for all kinds of mathematical instruments, telescopes, microscopes, clockwork, automata and similar devices (Figure 4.2).[39]

Chorez, as far as can be determined, was a full-time instrument-maker. He was so because he combined the skills of different trades (metal-working, glass-polishing, clock-making) and because he responded to the innovative demands of the new sciences and its proponents. Indeed Chorez was himself a practitioner of the new empirical sciences (though not perhaps of the new philosophy). The criticisms made of him by Chérubin were peer criticisms, and it is clear from the comments of Marin Mersenne that Chorez was in the forefront of research into lode-stones. The intimate connection that could exist between such research and commerce is illustrated by the way in which the apothecary Jean Brun at Bergerac, on hearing from Mersenne of the goodness of Chorez's new stones, immediately showed interest in acquiring one. The new sciences did not create an instrument-making trade (contrary to the impression given by some histories of science), for that trade, as we have seen, already existed. What they did was vastly to extend its repertoire. But in Paris one consequence of this was that the relations of the trade with the corporations because a great deal more complicated.

Even by the mid-17th century, as has been seen, instruments were being produced by mathematical teachers, clock-makers, printer-publishers, *tabletiers* and metal-workers. In the second half of the century, as demand for such instruments grew and a range of new types were required, the number of trades laying claim to control over instrument-makers increased even further. The making of instruments in metal was disputed between the

35*Corr. Mers.*, ix. 87–8, 134–37, 279–80, 305.

36*Ibid.*, ix. 87, n. 6.

37Petrus Borel, *De vero telescopii invento*, The Hague, 1655.

3822 May 1655. Hartlib papers, Sheffield University Library 26/41/2a. I am grateful to Dr Anita McConnell for this and the following references in the Hartlib Papers.

39Despite this praise, and his specific statement that Chorez was especially notable for his optical works, two months later Rasch was telling Hartlib that Chorez's microscopes and telescopes were nothing special, although his astrolabe(s) were remakable.

fondeurs, the *arquebuisiers* and the *fourbisseurs* (cutlers). If the latter concerned themselves chiefly with instruments employing steel and so primarily with surgical instruments (although the points of drawing instruments and some surveying instruments were also made of steel), the first two corporations attempted to control all instruments cast and engraved in brass and even those derived therefrom. It was because globes and spheres in the 16th and early 17th centuries had frequently been made of brass or copper that the founders still attempted to control them to the detriment of the *géographes* and the *libraires* in later periods when globes habitually and spheres increasingly were printed on paper and mounted on paste-board. It was similarly by virtue of the fact that, at their origin, small optical devices such as spy-glasses or lorgnettes had been mounted in ivory or tortoiseshell, that the *tabletiers* retained a claim to control minor optical works. Major optical instruments, however, fell into the domain of the *miroitiers*, who also disputed the production of barometers and thermometers with the *émailleurs* and the *fayenciers*, who claimed such items because of their enamelled dials.[40]

Technique or materials therefore controlled the domiciliation of instrument-making among the corporations at the manufacturing level. At the retail level there could be greater variety and in the later decades of the 17th century the first full-time manufacturing retailers of mathematical instruments appear. For products that lay outside their corporation's speciality, such makers would, if they were not *marchand-merciers* or holders of a privilege of some kind, be obliged to buy in items from members of the appropriate trade. This did not, however, preclude them from marking the instruments so acquired with their own name. Thus microscopes and telescopes, the making of which was divided between the *fondeurs* and the *miroitiers*, are found signed by members of either corporation.[41] An idea of the range of items that could be stocked, or made to order, is given by the list of 'instruments de Mathemetique qui se font et vendent chez Butterfield' included in the instruction pamphlet published by Michael Butterfield (1635–1724), to describe the use of his new 'boussole portatif universel' (that is, what we should now designate as a 'Butterfield' dial). His list runs to dozens of instruments and is far more extensive than anything that might have been expected from the known surviving instruments signed by him. It

---

[40]Survey based on Jean-Dominque Augarde, 'La fabrication des instruments scientifiques du XVIIIe siècle et la Corporation des Fondeurs' in Blondel, Parot, Turner and Williams, *op.cit.* (n. 13), 53–72 (53–7), who also supplies details about the privileged group of 'marchands suivants la cour'. Makers with lodgings in the Louvre, or the precincts of certain ecclesiastical buildings where the corporations had no authority, were also exempt from corporative interference. See A.J. Turner, *From Pleasure and Profit to Science and Security. Etienne Lenoir and the Transformation of Precision Instrument-making in France 1760–1830*, Cambridge, 1989, 7, n. 37.

[41]Augarde, *art. cit.* (n. 40), 54–5.

includes quadrants, sun-dials, circles, telescopes, levels, globes, ivory dials, and even horlogical wheel-dividing engines.[42]

Butterfield's workshop was probably one of the most substantial in Paris during the last quarter of the 17th century, only that of Nicolas Bion emerging as a serious rival in the 1690s. It is therefore worthy of some attention. Butterfield himself was an Englishman who, according to Martin Lister, had been in France for 35 years when he visited him in 1698.[43] If this is accurate, then Butterfield had arrived in France in 1663 at the age of 28, but nothing is known of him before or after this date until 1677, when he was established as a maker of instruments in the Faubourg St Germain. In that year a notice of a new form of level made by Butterfield appeared in the *Journal des sçavans*,[44] followed in subsequent years by several other notices of his work concerning levels and hodometers.[45] Butterfield's levels, the development of which coincides with the period of investigation of this instrument by the Académie Royale des Sciences provoked by the levelling operations required for the construction of Versailles, were approved, and several were purchased for the royal building works.

Butterfield's inventiveness and skill quickly brought him into close contact with the Académie des Sciences and its members. By November 1678 he already knew Huygens well enough to make him a present of coriander water,[46] and in 1680 it was he who constructed the silver celestial planisphere by Cassini which was presented to the King. In 1683 he supplied Cassini with instruments for the operations that extended the arc of the meridian measurements to Bourges. It was Butterfield also who oversaw the dividing of the meridian arcs for Coronelli's great globes destined to be placed at Marly.[47]

At an unknown date Butterfield became free of the Founders' Corporation

---

[42]Only two copies of this broadsheet are known. One is in the Bibliothèque de l'Arsenal ms 676 f. 306, the other in a private collection. Since Butterfield gives the magnetic declination as 8° 15' W, the sheet must date from 1701/2. In this case it offers the earliest mention in print so far known in France of the horological wheel-dividing engine which was to be described more fully in 1709 by Bion and by Beuriot in 1719. See Jean-Claude Sabrier, *Les Horloges lanternes françaises. Les trois dernières parties de l'ouvrage du Père Beuriot, Horlogéographie pratique rééditée avec une introduction*, London and Paris, 1988, 6.

[43]Martin Lister, *A Journey to Paris in the Year 1698*, London, 1699 and three subsequent editions. Edited by Raymond Phineas Steans, Urbana, Chicago and London, 1967, 82. 'Mr *Butterfield* is a right hearty honest *Englishman*'.

[44]15 November 1677.

[45]5 December 1678 on a hodometer; 1 December 1678 on another form of level; 4 August 1681, a further report on his hodometer; 29 December 1683, notice that he sells Duval's thermometer in association with Duhamel.

[46]*Œuvres*, xiii. 2, 716.

[47]See entries for payments for these activities and others in Jules Guiffrey (ed.) *Comptes des Bâtiments du Roi…*, 5 vols, Paris, 1888, s.v. index.

in which he served as Juré from 1702 to 1704.[48] He supplied instruments to the King's observatory, invented a new form of simple microscope and was particularly noted among contemporaries for his skill in mounting lodestones and for his private collection of the different types thereof.[49] It was however a working collection, and Butterfield carried out experiments and carefully observed the behaviour of his specimens. Nicolas Hartsoeker (1656–1725) acknowledged in his published discussion of magnetism that he had seen most of the experiments that he described chez Butterfield, and he reported some of Butterfield's observations.[50] Butterfield's was one of the four instrument-making workshops visited by Peter the Great in 1717.[51] In 1698 Butterfield heraldic arms were recorded.[52]

Butterfield's wide range of interests and perhaps of stock commensurate with them would have led him into considerable subcontracting with members of other corporations and even with those of his own. This was the case for the meridians for the Marly globes that were cast by Jean-Guillaume Sautray and divided by anonymous craftsmen under Butterfield's direction.[53] For the instruments that did not appertain to his *métier*, Butterfield would have been obliged to purchase his stock from makers in the appropriate corporations, but his widely variety of retail items, combined with a high-quality specialized manufacture of his own, was a firm foundation for a healthy trade, especially for one that had only a limited market. The development of new, specialized devices for particular purposes in the new sciences in which Butterfield to some extent engaged, was an activity fraught with commercial danger for any maker who did not have a solid basis in the regular sale of everyday repeatable instruments. This Butterfield had in the form of a whole range of pocket sun-dials, including one of which he may

---

48Augarde, *art. cit.* (n. 40), 66.

49Lister, *op. cit.* (n. 43), 83–4 and see Appendix 3. Butterfield's skill in this field was still remarked upon over half a century later by J.A. Nollet, himself no mean craftsman, in his *L'art des expériences ou avis aux amateurs de la physique sur la choix, la construction et l'usage des instrumens; sur la préparation et l'emploi des drogues qui servent aux expériences*, nouvelle edition revue & corrigée, 3 vols, 1770.

50Nicolas Hartsoeker, *Principes de physique*, Paris, 1696, 205–6. For Hartsoeker, optician, savant, and spy see Alice Stroup, 'Science, politique et conscience aux débuts de l'Académie Royale des Sciences', *Revue de synthèse*, 4e série, cxiv, 1993, 423–53.

51E.A. Kniajetskia and V.L. Chenakal, 'Pierre le Grand et les fabricants d'instruments scientifiques', *Revue d'histoire des sciences*, xxviii, 1975, 243–58.

52*D'azur à un monde ceintre et croisé d'argent*, Charles d'Hozier, *Armorial général de la France*, Généralité de Paris, No 307 3 January 1698. The significance of the grant, which may have seemed more important to an Englishman than it did to his French neighbours, and which coincided with Louis XIV's attempt to tax the armigerous, is not entirely clear. See Michel Pastoureau, 'L'héraldique', *Pour la science. Dossier arts et sciences au Moyen Age*, Hors série, January 1996, 14–23 (16–17).

53Guiffrey *op. cit.* (n. 47), iv. 1074, 1086 &c.

have been the inventor and which is still identified by his name, and other standardized items such as cased sets of drawing instruments, graphometers and surveying levels, for which there was steady and regular demand. It cannot be stressed too often how essential everyday trade was to the development of an industry manufacturing specialized precision instruments.

Equally essential was close collaboration and the exchange of ideas between designer and maker. Such collaboration has already been seen in the 16th century. In the 17th century it developed further in response to demand from the growing number of *amateurs* of the new sciences requiring new instruments for their researches, and to the equally strong demand for new and improved instruments from all the traditional areas of practical mathematics. In the mid-century Descartes and Claude Mydorge worked closely with Jean Ferrier in their attempts to make lenses of non-spherical form.[54] Pierre Sevin, *Ingenieur du roi* and like Butterfield a member of the Founders' Company, had a particularly close contact with the mathematician and academician Joseph Sauveur, realizing for him a logarithmic scale rule of Sauveur's design[55] and a new kind of perpetual calendar.[56] Sevin indeed can be seen enjoying the same kind of close relationship with members of the Académie des Sciences, as was enjoyed in London by, say, Richard Reeve[57] or Henry Sutton with members of the Royal Society. Less well known now, because he made more fragile instruments, but as well if not better known in his own day, was the 'émailleur de Roi', Hubin (d. 1702/3). Hubin made barometers, thermometers, hydrometers, and clepsydræ which were partly of his own invention, partly that of others. He built machines for the Abbé Comiers, who showed them at the Académie des Sciences. In 1673 he published a pamphlet on his innovations in this area, and in 1680 himself demonstrated his modifications of Denys Papin's 'digestor' before the Académie.[58] 'Très

---

[54]For this sometimes turbulent collaboration see William R. Shea, 'Descartes and the French artisan Jean Ferrier', *Annali dell'Istituto e Museo di Storia della Scienza di Firenze*, vii, 1982, 145–60.

[55]Described in A.J. Turner, 'Utile pour les calculs: the logarithmic scale rule in France and England during the seventeenth century', *Archives internationales d'histoire des sciences*, xxxviii, 1988, 252–70 (258–65).

[56]Reviewed in the *Journal des sçavans*, 4 June 1685. An example of the calendar offered at Christie's South Kensington in October 1994 is probably the same as one offered in 1977 by Alain Brieux, *Histoire des Sciences, livres, instruments, autographes*, Paris, 1977, no. 9505 which derived from the Gertrude Hamilton Collection.

[57]A.D.C. Simpson, 'Richard Reeve – the "English Campani" and the origins of the London telescope-making tradition', *Vistas in Astronomy*, xxviii, 1985, 357–68.

[58]Hvbin, *Machines nouvellement executées et en partie inventées par...*, Paris, 1673 noticed in the *Journal des sçavans*, 17 December 1674. *Histoire de l'Académie Royale des Sciences*, i, 1733, 321. Although not certain, this Hubin may be the same as 'the Eye-maker' who also worked with artificial pearl, visited in 1698 by Martin Lister. Lister noted that 'I saw Drawers full of all sorts of Eyes, admirable for the contrivance to match with great exactness any *Iris* whatever: this being a Case where mis-matching is intolerable'. Lister (n. 43), 145–6.

connu des physiciens', some of Hubin's activities were reported in the *Journal des sçavans*. Ozanam wrote elogiously of him noting the 'commerce qu'il a avec les scavans',[59] and it was Hubin, working in close association with the inventor, who made the few examples of Amontons' thermometer to be disseminated.[60] Hubin, it is clear, had easy access to the learned world of the Académie and could mingle freely with its members with whom, at least in his own speciality, he could debate on equal terms. That Huet found it worth mentioning his death in a letter to Chasigné[61] testifies to the importance that Hubin had for such men.

By the end of the 17th century, then, Paris instrument-making, like its counterpart in London, seemed to be establishing itself on a firm footing. A number of craftsmen could now sustain themselves entirely from the trade they conducted from retail-workshops producing a wide variety of instruments. Fruitful exchanges were taking place between scholars and craftsmen who, like Hubin, would sometimes have their own contributions to make. Some important family and apprenticeship filiations were appearing and workshops founded. If that of Butterfield does not seem to have survived his death in 1724, he had nonetheless trained a number of workmen although only two of them are known by name, Jean-Jacques Langlois (b. 1704) and Jean François Piochat.[62] Curiously Butterfield seems to have had no formal apprentices in the Founders' company, although Piochat would later have two.[63] By contrast with Butterfield, the workshop of Nicolas Bion, who died a wealthy man in 1733 with an estate worth 66,000 livres, was continued by his fifth son Jean-Baptiste Nicholas Bion. He remained active until *c.*1770, absorbing into his own business in 1736 the stock of his father-in-law Jean-Baptiste Delure.[64] The apprentices trained by makers such as the Bions, Sevin, Lefèvre II, Jean Chapotot and the first Pierre Lemaire should have ensured manufacture in Paris of a fruitful future in which everyday commerce balanced and funded production of specialized devices required by the new but increasingly numerous and exigent natural philosophers into whose ranks the better, more imaginative makers might eventually find themselves assimilated. That Bion in 1709 could produce the first general

---

59Jacques Ozanam, *Recreations mathématiques*..., Amsterdam, 1697, ii. 536.

60J.A. Nollet, *Leçons de physique*..., 6 vols (various editions), iv. 397 in the 1st edition, 1748, of this volume. For the bibliographical confusions of this work see Anthony Turner and Jean-François Gauvin, 'Bibliography of Jean-Antoine Nollet', in Lewis Pyenson (ed.), *Instruments celebrating Natural Law. The Enlightened Physics of Jean-Antoine Nollet (1700–1770)* (in preparation).

6119 November 1703. Cited from Léon Tolmer, *Pierre Daniel Huet (1630–1721), humaniste-physicien* (Mémoires de l'Académie Nationale des Sciences, Arts et Belles-Lettres de Caen, N.S. 40), 1949, 496.

62Augarde *art. cit.* (n. 40), 66–7.

63*Ibid.*, 68–70.

64*Ibid*, 62–3.

treatise[65] surveying the whole field of mathematical instruments currently available with succinct, practical and rationally organized descriptions of their construction and use, seems to symbolize that mathematical instrument-making had now become a distinctive, independent trade employing a small but full-time work force that no longer needed to engage in other, even if related, activities. Practical mathematics in society at large and scientific research in the academies, were now sufficiently established as to ensure to instrument-makers an adequate level of demand.

From the third and fourth decades of the 18th century, however, the buoyant situation which had allowed instrument-making to define itself began to change.[66] The fruitful interaction such as had existed between Butterfield, Sevin or Hubin and members of the Académie des Sciences became increasingly rare and by the mid-century had virtually disappeared. No French instrument-maker became a member of the Académie des Sciences and even the admission of a *mécanicien* such as Vaucanson was exceptional. When, late in the century, a member of the commercially active and exceptionally gifted horological family of Le Roy, Jean-Baptiste, was admitted, he was so on the express condition that he would not engage in commercial horological activity.[67] This failure of discourse and of what had once been a fruitful exchange of ideas and stimulation could not but impoverish the Paris instrument-making trade; soon the hardening elitism that brought it to pass, the reducing of artisans to the status of suppliant clients of the Académie looking for its imprimatur on original ideas, or to that of menial suppliers of artefacts produced to order, discouraged ability, ingenuity and innovation in a manufacturing area of which the Académie had particular need.

The attitude of the Académie, however, reflected an increasingly rigid hierarchical attitude in society at large. London makers could freely manufacture a wide range of instruments, reaching out to large markets, both domestic and overseas. In so doing, they built up in the course of the 18th century large-scale, rationally organized workshops with consequent improvements in quality and prices. Paris makers, by contrast, operated in small workshops, their size, methods of production, and even choice of materials restricted by increasingly stringent guild regulations. The trade of Paris generally was a local one, dependent on the court and a limited civic

---

[65]Nicholas Bion, *Traité de la construction et principaux usages des instrumens de mathematique…*, Paris, 1709. The work received four editions at Paris, the last in 1752, a pirate edition at La Haye in 1723 and was translated into English (two editions) and German.

[66]The following paragraphs concerning the 18th century are drawn with some additions, but more excisions, from Turner, *op. cit.* (n. 40) which see for fuller details especially for the late century attempts at reform.

[67]Jean-Claude Sabrier in Catherine Cardinal (ed.), *La Dynastie des Le Roy, horlogers du Roi*, Tours, 1987, 29.

demand. Paris instrument-makers were unable to break out of the straitjacket this imposed. Despite a small amount of trade to the provinces, they were, and remained, the suppliers as Maurice Daumas put it of 'une petite clientèle locale; la cour du Roi, les salons de quelques nobles et grands bourgeois, les cabinets de quelques collèges'.[68] As a result, they became unable to develop the broad commercial base which could supply the finance needed to engage in the manufacture of exceptional, prestigious instruments, or in the large-scale production of instruments such as octants and sextants which, because they were essential and needed in large quantities, were also very profitable.

Guild restrictions in the mid-18th century came to weigh increasingly heavily upon the luxury trades of Paris.[69] The corporations disputed the rights of one another's members to engage in particular types of manufacture, restricted the size of workshops, and decreed what materials and methods could be used. Instrument-makers, whose activities crossed and re-crossed the boundaries of the different trades, were at a special disadvantage. Their activities did not fit the stereotypes that the corporations sought to impose, and they were too few and hence had too little influence to alleviate their position from within. As Jacques-Dominique Cassini (1748–1845), Director of the Paris Observatory, noted:

> L'art de l'ingenieur en instrumens de mathématiques est sur-tout celui où l'ouvrier se trouve le plus en butte à ces réclamations et à ces prétensions tyraniques de plusieurs communautés. La raison en est simple: c'est de tous les arts celui qui demande le plus d'adresse, de connaissance, de génie dans l'artiste qui s'y livre, et, qui pour réussir doit rassembler en lui seul les talens de dix artistes différens. Il doit employer le bois, les métaux, le verre, fondre, forger, tourner, limer, polir, vernir etc.[70]

Lenoir, engaged in making Borda circles and other instruments which necessitated brass casting for the Académie des Sciences, was twice to suffer the seizure of his tools, materials and casts by the Founders' Company, of which he was not a member.[71]

In the context of a limited local market and a high number of luxury trades, the desire of the corporations to maintain standards by insisting upon

---

68Maurice Daumas, *Les Instruments scientifiques aux XVIIe et XVIIIe siècles*, Paris, 1953, 126. Daumas's exceptional and pioneering study remains the authoritative work on French instrument-making. If it is cited only on this one occasion, it is because I have deliberately sought to re-examine the evidence (and to find some new) independently of Daumas's perspective. That in the end we arrive at somewhat similar conclusions is reassuring.

69Cissie Fairchilds, 'Three views of the guilds', *French Historical Studies*, xv, 1988.

70J.D. Cassini, *Mémoires pour servir à l'histoire des sciences et à celle de l'Observatoire Royal de Paris suivie de la vie de J.D. Cassini écrite par lui-même – et des éloges de plusieurs académiciens morts pendant la Révolution*, Paris, 1834, 219.

71Turner, *op.cit.* (n. 40), 48–9.

specialization and so to sustain the existence of numerous small competing workshops was an appropriate strategy, as it was for instrument-making as long as it remained typical Paris trade. But the success of the trade in affirming its independent identity through a positive response to the steady and growing demand for everyday instruments, may by the mid-century have become a limiting factor. The list of items on Baradelle's trade card of 1744, although extensive, is unadventurous. Apart from the octant, all the novelties in it are trivial gadgets designed to appeal to a bourgeois 'luxury' market. They have nothing to do with scientific innovation. When a specialized demand from astronomers in large quantities, forced instrument-making out of the norm, concentration on the everyday and the reliable became a handicap. If makers were nevertheless inclined to be adventurous they were immediately confronted by the rigid manner in which the corporations attempted to impose their authority. This became not only increasingly limiting but on occasion ridiculous. In August 1782, the Founders' Company attacked Billeaux for producing physical apparatus in collaboration with a clockmaker, Greppin, and seized plates that he had prepared for an electrical machine because he was not a founder. In October of the same year, however, the same items, together with microscopes, reflecting and refracting telescopes were seized from Baradelle by the tapissiers-miroitiers-lunettiers because he was a founder.[72]

In the 18th century, the non-exporting Paris workshops, totally dependent upon the local market, were not exclusively or even primarily organized around wage payments, which would have produced a greater degree of independence, but were parts of a mutually self-sustaining system influenced by intermarriage and familial bondings.[73] Given the slowness with which the noble clients of the luxury trades settled their debts, such a system was probably essential for their survival, but it was a system in which it was difficult to accommodate a trade such as instrument-making once it attempted to respond to technical, scientific and market forces. The multiplicity of the materials and techniques involved in instrument-making, plus the higher precision required for special products that involved a higher degree of control, stretched the system of subcontracting to its limits, while the shortage of money meant that no Paris instrument-maker was in a position to undertake the making of a large-scale, perhaps experimental,

---

[72]Cassini, *op. cit.* (n. 70), 219n who questioned sarcastically if, 'Il faut donc qu'un ingénieur en instruments de mathématique se fasse recevoir maître fondeur, maître miroitier et maître tabletier?'

[73]Michael Sonenscher, 'Work and wages in Paris in the eighteenth century' in Maxine Berg, Pat Hudson and M. Sonenscher (eds), *Manufactures in Town and Country before the Factory*, Cambridge, 1983. Numerous examples of the interrelatedness of instrument-makers both geographically and familially are supplied by Augarde, *op. cit.* (n. 40). See also Mary Sponberg Pedley, *Bel et Utile. The Work of the Robert de Vaugondy Family of Mapmakers*, Tring, 1992.

instrument without being subsidized; only a clock-maker could attain to that. No Paris instrument-maker during the reign of Louis XVI, in fact, had a sufficiently large everyday retail trade to enable him to carry out development, innovation and improvement on his own behalf. It was this that put even the most competent and skilful French makers at a great disadvantage beside their London rivals, and it was this that brought French scientists (especially astronomers) to an humiliating dependence on English precision instruments.

It should be stressed here that emphasis is on *precision* instruments, for it is this, in modern terms the truly 'scientific', market that in the second half of the 18th century the Paris makers failed to capture. The concept of precision and the need for instruments capable of measuring accurately and with consistency began in this period to play a determinant rôle in the development of instrument-making, in two ways. First, a demand developed for precise large-scale observing instruments with which to equip the observatories that were being erected throughout Europe and even elsewhere. These instruments, it was also beginning to be realized, would have to be regularly repaired, improved and eventually replaced. Demand for them, therefore, would continue. Second, there was a demand for large quantities of small portable instruments capable of regularly measuring to a known degree of accuracy. That some, though few, Paris makers were capable of making instruments which could meet the required standards if given enough time was probably the case, but the Paris trade as a whole was quite incapable of producing improved large-scale instruments to order in a reasonable time, or of producing large quantities of the same instrument to a common standard of accuracy.

What in effect had happened was that the Paris trade, always more rigidly structured by the corporations than that of London, was trapped in inappropriate structures. A trade directed towards producing everyday traditional mathematical instruments became more and more assimilated to the luxury trades. For certain products, such as globes, this was not inappropriate, but the organization of the luxury trades was too inflexible to allow Paris makers to adapt to the change that the demand for new kinds of strictly precision instruments implied. During the 17th century demand for such new types of instrument remained small, and there was a sufficient degree of social flexibility to allow makers and savants working together to furnish most of their needs. But as social divisions hardened in the 18th century, and the instruments wanted required heavier capital investment and workshop organization of a kind unacceptable to the corporations, the instrument-making trade as a whole lost its ability to respond. This failure was already becoming clear by the 1750s and 60s. By the 1780s it was blatant.

So blatant indeed that even before the Revolution swept away the old structures, governmental attempts were being made to alleviate the problem, although these efforts were certainly insufficiently radical to have stimulated the trade in any fundamental way.[74] For instrument-making in Paris, as elsewhere in Europe, had fundamentally changed its nature in the later 17th and early 18th centuries, and this altered trade had run into an impasse created by inflexible trade and social structures. Perhaps the last moment when this situation could have changed was during the period 1720–50 when the newly formed Société des Arts, a body dedicated to furthering the exchange of ideas between craftsmen and savants, seemed set fair to rival the Académie des Sciences and to create a forum for discussion and innovation. This could have had important consequences for artisan education and the social status of craftsmen[75] but the effort failed in the face of intransigent opposition, even attack, from the Académie des Sciences. It is during this period that we may locate the crucial loss of flexibility in instrument-making. Not until after the upheavals of the French Revolution would the ability to respond to demand be recovered.

[74]For details of the changes see Maurice Daumas, 'Les ingénieurs brevetés en instruments scientifiques (1787)', *Archives internationales d'histoire des sciences*, v, 1952, 85–96. Turner, *op. cit.* (n. 40), 9–12.

[75]On the Société des Arts see Roger Hahn, 'Science and the arts in France: the limits of an encyclopedic ideology', *Studies in Eighteenth Century Culture*, x, 1981, 77–93, and the same author's *The Anatomy of a Scientific Institution. The Paris Academy of Sciences 1666–1803*, Berkeley Los Angeles and London, 1971, 108–10. For an example of the kind of formative influence that the Société des Arts could have on an *artiste* see my forthcoming essay 'Sciences, arts and improvement: Jean-Antoine Nollet from craftsman to *savant*', in Pyenson, *op. cit.* (n. 60).

Table 4.1. Mathematical instrument-makers in Paris 1500–c.1650[76]

Alleaume	Galeries du Louvre	1608
André, A		1642
Aubri		
Bernardin	Hors la Porte de Buci	1571
Bidault, Claude	Galeries du Louvre	1628–50 or 52+
Blondeau, Baptiste	Galeries du Louvre	1630–55
Carré, Paul		1652
Charbonnier, Philippe	A la Porte St Jacques	1630
Chorez, Daniel	rue de Perigueux au Marais	until 1625
	L'Isle Notre Dame au Compas	after 1625–1659
Compassier, Pierre le	rue de la vielle Drapperie à l'enseigne saincte Genevieuse	1551
Danfrie, Phillipe	rue des Carmes	c.1532–1606
Descrolières, Adrien		
Dujardin, Pierre		1614–27
Dujardin, Pierre le jeune		1645–50
Ferrier, Antoine	Rue s Jacques de la Boucherie	1595
	Galeries du Louvre	1608–1622+
Ferrier, Guillaume	Galeries du Louvre	1618–22
Ferrier, Jean		1628–43
Flantin, Etienne	Galeries du Louvre	1608
Forfait, Benoist		1570
Forfait, Nicholas		
Galand, François	près St Hilaire	1612–20
Hilarius		1556
I., P.		1565
Lebrun, Jehan	rue St Iacques au Globe céleste	1642
Lefebure,		1640
Piquer, Michael		1542
Piquet, Claude		1621–28
Quenif, Jehan	sur les grands marches du Palais à l'enseigne du Cylindre	1557
Raulin, Estienne	Galeries du Louvre	1608
Tavernier, Melchior	L'isle de Paris sur le Quay qui regarde la Megisserie	1573–1641+
Thomas, Julien		1598
Vernier, A		1607–3

[76]This list comprises all makers known to have been active before 1650. Fuller details and sources are given in the bio-bibliographic dictionary of French instrument-makers that I am currently compiling. Some further details and sources for the 16th-century makers listed here, however, may already be found in Turner, *op. cit.* (n. 13), 33–5. Dates followed by a + are known death dates.

Table 4.2. Short-title list of books on the Astrolabe published in France, 1520–1580

1. BATTING, Rudolph. *Nova quædam & compendiosa vsvs Astrolabii methodus...*, Paris, 1557/8.[77]
   Editions: Paris, 1578
2. FERNEL, Jean. *Monalospherium, sive astrolabii genus; generalis horarii structura et usus*, Paris, 1526.
3. FINE, Oronce. *Quadrans astrolabicus, omnibus Europæ regionibus inserviens*, Paris, 1527.
   Editions: Paris, 1534.
4. FOCARD, Jacques. *Paraphrase de l'astrolabe, contenant les principes de geometrie, la sphere, l'astrolabe... le miroir du monde...*, Lyon, 1546.
   Editions: Lyon, 1555 revised and enlaged by Bassentin.[78] A Paris edition is without date.
5. JACQUINOT, Dominicq. *L'Usaige de l'astrolabe auec un traicté de la sphere*, Paris, 1545.
   Editions: Paris, 1558;[79] Paris, 1559, Paris, 1573.
6. KOEBEL, Johan. *Astrolabii declaratio ejusdem usus mire jucundus;...* Paris, 1545.
   Editions Paris 1550; Paris, 1551; Paris, 1552.
7. POBLACION, Juan Martinez. *De usu astrolabii compendium...*, Paris, 1527.
   Editions: Paris, 1537; Paris, 1540; Paris, 1545; Paris, 1546; Paris, 1553; Paris, 1554; Paris, 1555; Paris, 1557.
8. ROJAS, Juan de. *Commentarium in astrolabium quod planisphœrium uocant, libri sex...*, Paris, 1550.
   Editions: Paris, 1551.
9. STOEFFLER, Johann. *Elucidatio fabricæ ususque astrolabii nuper ingeniose concinnata atque in lucem edita*, Paris, 1553.
   Editions: Paris 1564; Paris, 1568; Paris, 1570.
   Translation by Guillaume des Bordes with commentaries by J.P. de Mesmes, Paris, 1556; Paris, 1560; Paris, 1564; Paris, 1570.
10. DV VAL, Jean. *Traité de la plaine sphere...*, n..p., n.d. (1572).

Distribution of the foregoing works by decades:

1520	3
1530	2
1540	6
1550	15
1560	4
1570	5

Total 35 + one Paris edition of Bassentin without date.

Works in Latin	24	Works published in Paris	33
Works in French	12	Works published in Lyon	2
		Without place	1
	36		36

[77]The date is variable and some copies (e.g. Observatoire de Paris) have the 7 changed to an 8 in ink.

[78]It is worth noting that at p. 88, this edition contains what may be the earliest illustration of a 'pied du roi royal' in its hinged form.

[79]Enlarged with Jacques Bassantin's 'Amplification de l'vsage de l'astrolabe, pour observer les vrais lieux des astres', 79v–101v.

Appendix 1 Surviving instruments by or ascribable to Michael Piquer

1. Astrolabe signed within the shadow square 'OPVS F. MICH. PIQVER HISP. PARISIIS. MD.XLII' and with the ownership inscription below the shadow square of ANT. CHARRETO/NII LVGD. 1542'. A large and complex instrument with a high star count on the *rete*, many of the stars being named in Greek. A wide range of non-standard astrological scales are engraved on the back. The three plates for latitudes 44/45°; 46/47° and 48/49° cover France from Avignon to Paris and therefore suggest that the owner of the instrument Antoine Charrenton was from Lyon rather than Leiden. Vernal equinox 10.5 March.
   Exhibited: Stedelijk Museum, St Niklaas, 6 March–6 June 1994.[80]
   Provenance: Tullio Tomba Collection, Milan.
   Private Collection. C.C.A. 3030.[81]
2. Astrolabe signed below the shadow square 'M.P. 1542'. Diameter 207mm. *Rete* for 21 named stars and with a characteristic bell-shaped motif constructed of four arcs of circles within the ecliptic. The scales on the back are conventional apart from an equal hour diagram for latitude 48° 15', perhaps intended for Paris, in the upper left quadrant. Four plates comprising tablet of horizons/36°; 41/43° 30'; 45/49°; 49/51°. The inclusion of the rather precise plate for 43° 30' might indicate that the instrument was made for primary use in a place at this latitude (= ? Toulouse or Montpellier, less probably Marseille). Vernal equinox 10.5 March.
   Provenance Samuel Verplank Hoffman Collection, New York.
   National Museum of American History, Smithsonian Institution, Washington D.C. Inv 316759. CCA 221.[82]
3. Astrolabe signed 'D. Michael Piquer coenobij sanctorum crucem in Cathalonia monachus fecit Lovanii' (Brother Michael Picquer monk of the order of the Holy Cross in Catalonia made it at Louvain). Diameter 265mm. A sophisticated instrument with a double set of latitude scales each for a different place, on the four faces of the two plates (30/42°, 33/36°, 45/48°, 51/54°). The *mater* is engraved with a *quadratum nauticum* and the back with a Rojas universal projection. The vernal equinox value has been re-engraved at a date after 1582 to accord with the Gregorian calendar reform. The instrument itself, however, probably dates from the mid-century.
   Provenance: Charles Michel & Nicolas Landau *c.*1938/9 as part of the so-called 'Barberini collection'.
   Exhibited: Bibliothèque Nationale, Paris, Descartes Exhibition, 1936.
   National Maritime Museum, Greenwich A46/46–229c.[83] CCA 433.

---

[80] *Sterren in Beelden. Astrologie in de eeuw von Mercator*, Sint Niklaas, 1994, no. 28, 159–62.

[81] The CCA number is that which identifies an astrolabe in the world inventory thereof by Sharon L. Gibbs, Janice A. Henderson, and Derek de Solla Price, *A Computerised Checklist of Astrolabes*, New Haven, 1973.

[82] Robert T. Gunther, *The Astrolabes of the World*, 2 vols, Oxford, 1932, 336–7. Sharon L. Gibbs with George Saliba, *Planispheric Astrolabes from the National Museum of American History, Washington*, 1984, 144–6.

[83] David Proctor, 'Section 3 Astrolabes', *An Inventory of the Navigation and Astronomy Collections in the National Maritime Museum, Greenwich*, 3 vols, London, n.d. (1970–1), 3–7. Kate Shaw, 'Section 34 – Barberini Collection' no. 5 in idem., iii, where the instrument is described as Flemish.

Appendix 2 A 16th-century view of the history of mathematical instruments

Extract from the dedication to Henri IV of *L'Henry-metre, instrument royal, et vniversel, avec sa theoriqve, vsage, et pratiqve demonstree par les Propositions Elementaire d'Euclide...de l'inuention d'Henry de Suberville Breton, Chanoine dans l'Eglise Cathedrale S. Pierre de Xaintes: & Aduocat en la Cour de Parlement de Bourdeaux*, Paris, 1598.aii r-v.

The following extract is reproduced here not for any light that it throws on the manufacture of instruments in the period when it was written, but because it offers a rare insight into the way in which instruments were considered by their users and designers, and because it illustrates how they were incorporated into the biblical and classical based history of culture which informed contemporary understanding.

> Combien que plusieurs Mathematiciens aient laissé à la posterité plusieurs instruments Mathematiques, comme l'ASTROLABE, qui est le premier de tous,[84] estant de l'inuention de Patriarche Abraham:[85] par la cognoissance & usage duquel, les autres Mathematicians qui sont venu apres luy ont inuenté, & fabriqué tous instruments Mathematiques, tant pour la Geometrie, Cosmographie, & ses quatre filles Geographie, Hydrographie, Chorographie & Topographie, que pour

[84]A similar conceit of the primacy of the astrolabe in the hierarchy of instruments was expressed by Bernard Palissy in his *Recepte veritable par laquelle tous les hommes de la France pourront apprendre à multiplier et avgmenter leurs thrésors*, 1563, which should now be consulted in the edition of Keith Cameron (Geneva, 1988), where the debate of the instruments occupies pp. 174–6. Suberville's arguments for according priority to the astrolabe however are more extensive, and historical, than those of Palissy. In his cosmological poem *Le Microcosme* (1562), Maurice Scève also used a similar allegory so it is clear that one has here to do with a literary trope which is not without its own history. It is an intriguing coincidence that both Palissy and de Suberville had connections with Saintes.

[85]One of several traditional attributions of the invention of the astrolabe of which W.H. Morley unhelpfully remarked 'the fables of (the) invention (of the astrolabe) by Abraham, Solomon, Enoch, or by a certain person named Lâb are unworthy of notice'. *Description of a Planispheric Astrolabe Constructed for Shah Sultan Husain Safawi*, London, 1856, 5, reprinted in Gunther, *op.cit.* (n.82). Such stories however are of some interest to the historian tracking the transmission of knowledge and how it was used at different periods. Several of the traditions glanced at by Morley are mentioned in the French translation by Pierre de Mesmes of Johann Stoefler's treatise on the instrument *Traité de la composition et fabrique de l'astrolabe, & de son vsage*..., Paris, 1560 ff 68r–69r, and this could have been a source for de Suberville. Stoefler, however, does not use the term 'Patriarch Abraham' which may imply a different origin. It may indeed suggest that ultimately the attribution of the astrolabe to Abraham rests on a confusion, in the medieval sources, of this name with that of Abywn (= Apion), a coptic patriarch to whom both the 10th-century Arabic bibliographer/historian Ibn an-And, and the great scientist al-Bîrûnî, attribute a treatise on the astrolabe, Ibn an-And adding that Abywn the Patriarch was the first person to make a plane astrolabe. For a discussion of this and other traditions (although he has little to say about Abraham) see David A. King, 'The origin of the astrolabe according to the medieval Islamic sources', *Journal for the History of Arabic Science*, v, 1981, 43–83 (49 *et seq.*).

l'Astrologie: Car en premier lieu, la mere de l'Astrolabe comprend toute l'Astrologie: & le dos de sa mere toute la Geometre, & Cosmographie. Telement donc, que de luy, (comme de leur geniteur) dependent les autres instruments Mathematiques, les aiant engendré, & portés en la concauité de sa mere, & sur le dos de son Eschelle Altimetre: lesquels le Temps, pere de Verite,[86] & de toutes choses, a enfin enfantés, & mis en lumiere, qui sont le Quarré Geometrique de l'Astrolabe: le Baston, & Rayon Astronomique[87] du Patriarche Iacob, premier Aucteur, & Inuenteur d'iceux, grand Mathematician, & Astronome diuin, à l'imitation d'Abraham son aieul paternal, tesmoin Iosephe au chapitre.7[88] du premier liure des Antiquités Iudaïques: La Sphere d'Atlantes du depuis enrichie & augmentée, par le grand & subtil Archimedes:[89] la vis sans fin dudict Archimedes:[90] les Armilles, & Meteoroscope de Ptholomée, auec son Torquet le Triquet de Schoner:[91] le Clepsydre:[92] le Dioptra d'Hiparchus:[93] les Globes celeste & terrestre:

---

[86]A neat inversion of the common proverb 'Truth is the daughter of time'.

[87]I.e. the Jacob's staff, radius astronomicus or cross-staff invented by Levi b. Gerson whose Hebrew description was first translated into Latin in 1342. See Bernard R. Goldstein, 'Preliminary remarks on Levi ben Gerson's contributions to astronomy', *The Israel Academy of Sciences and Humanities. Proceedings*, iii, 9, 1969, 239–54.

[88]Flavius Josephus, *The Antiquities of the Jews*, i, 7 but this chapter contains only an account of Abraham and his knowledge of astronomy without any mention of Jacob.

[89]According to Diodorus Siculus (iii, 60, 2), Atlas was a primitive astronomer who made the first celestial globe. What the enrichments of Archimedes were thought to have been cannot now be known, but that Archimedes made both a solid celestial globe and an open-work planetarium is attested by Cicero who saw examples of each. *De republica*, I, xiv, 21–2.

[90]For a modern investigation of the attribution of the endless screw to Archimedes see A.G. Drachmann, 'The screw of Archimedes', *Actes du VIIIe Congrès International d'Histoire des Sciences, Florence–Milan 3–9 septembre 1956*, Paris, 940–3.

[91]Ptolemy's observatory equipment, as interpreted and published by Renaissance scholars, was the foundation on which contemporary astronomers developed their own apparatus of instruments. It included armillary instruments, of which the meteoroscope was one particular form, and a three-arm instrument, the *triquetrum* or Ptolemy's rules. The *torquetum* ('torquet'), however, was not a Ptolemaic instrument but a device developed in the late 13th century. It provided a mechanical–graphical means for converting coordinates between the horizon, equinoctial and ecliptic planes. The juxtaposition of the instruments given by de Suberville suggests that he derived his information about them from *Scripta clarissimi mathematici M. Joannis Regiomontani, de Torqueto, astrolabio armillari, Regula magna Ptolemaica, Baculoque Astronomico, et obseruationibus Cometarum, aucta necessariis Joannis Schoneri Carolostadii additionibus. Item Obseruationes Solis et stellarum tam fixarum, quam erraticarum. Item. Libelus M. Georgij Peurbachij de Quadrato Geometrico*, Nurenberg, 1544.

[92]Displaced as a practical time-keeper by weight- and spring-driven timepieces, the clepsydra nonetheless retained a place in the literary culture of the Renaissance, primarily because a form of it was described at length by Vitruvius (*de Architectura*, ix, p.viii). As noted above, an elaborate clepsydra was described and made by Oronce Fine *c.*1530. For a brief survey of Renaissance water-clocks see A.J. Turner, *Water-clocks, Sand-glasses, Fire-clocks* (The Time Museum, Catalogue of the Collection), i, 3, Rockford, 1984, 31–6.

[93]An astronomical instrument used for measuring horizontal distances in particular the apparent diameter of Sun or Moon, or the angular distance between two celestial bodies. The *dioptra* of Hipparchus was mentioned by Ptolemy and reconstructed by Pappus (5th century) in his commentary on the *Almagest.*

> le cylindre:[94] l'anneau astronomique:[95] l'Astrolabium Catholicum de Gemma Frison:[96] la Boussole: le Cosmolabe, & Cosmographe de Besson:[97] le Quadrant Geometrique:[98] la petite Tablete de Iehan de Merliers;[99] le petit Trigometre de Iacques Pellerier du Maus:[100] le Compas Optique: le Compas Geometrique:[101] le Graphometre, & Trigometre de Philipe Danfrie, Breton,[102] auec son Speculum Astronomicum dierum & noctium:[103] l'Holometre:[104] Canometre:[105] Micrometre:[106] Cosmometre,[107] & infinis autres Instruments Mathematiques:

De Suberville's long epistle then continues with an explanation of why his Henrymetre is better than any other instrument and after a description of it he concludes with a long dissertation on the neccessity, excellency and antiquity of

---

[94] I.e. the pillar dial.

[95] The astronomical ring dial was described in a variety of 16th-century works of which the best known was probably that of Gemma Frisius (1534). This was translated from the 1548 Latin edition by Claude de Boissières and included in Cavellat's 1556 French translation of Gemma's *Cosmographia* (1540), *Les Principes d'astronomie & cosmographie…*, Paris, 1568.

[96] The universal astrolabe based on the *saphea* of the 11th-century Spanish Muslim scholar Ibn az-Zarqellu, developed and described by Gemma in his *De astrolabo (sic) Catholico Liber…*, Antwerp, 1556.

[97] Jacques Besson, *Le Cosmolabe ou instrument universal concernant toutes observations… tant au ciel, ou en terre…le cosmographe instrument adjoint en la superieure partie du cosmolabe…*, 1567 and 1571.

[98] The mathematical practitioner's simple quadrant divided with a 90° scale on each of the radii.

[99] Jean de Merliers, *L'usage du quarré géometrique, amplement descrit et démonstré…*, Paris, 1573. Latin translation as *Quadrati geometrici usus, geometricis demonstrationibus illustratus per Joannem Demerlianum…*, Paris, 1579.

[100] Not identified.

[101] The 'Compas optique' was a form of *radio latino* for which the original idea came from Philippe Danfrie although Milles Denorry undertook the description of the instruments in his work cited in note 20, above. The 'compas geometrique' is probably a beam compass which De Norry described in *L'Vsage et praticque dv compas à hvict poinctes svr les 4. Problemes des six premiers liures d'Euclide…*, Paris, 1588. The two works seem normally to have been issued together.

[102] Both instruments are described by Danfrie in his *Déclaration de l'usage du graphometre, par la pratique duquel l'on peut mesurer toutes distances des choses de remarque qui se pourront voir & discerner du lieu ou il sera posé*, Paris, 1597.

[103] If this was a written work by Danfrie it has not survived. Possibly however it refers to a multiple pocket instrument, now generally referred to as a 'compendium', which combined dials for the finding of time by day or by night, with a compass, a zodiacal calendar and a shadow square. An example of such an instrument, made for a member of the Order of the St Esprit, is preserved in the Museum of the History of Science, Oxford. For an illustration see Turner, *op. cit.* (n. 13), 40 fig. 7.

[104] For which see Abel Foullon, *Vsaige et description de l'holometre…*, Paris, 1551.

[105] Devised by Guillaume de Bordes, *La Declaration et vsage de l'instrument nommé Canomettre…*, Paris, 1570.

[106] Not identified.

[107] The instrument by Jacques Chauvet mentioned above (n. 19).

geometry and the mathematical sciences. The whole is written in a highly artificial, but not always disagreeable style, and is replete with evidences of the learning of its author. The essentially 'bookish' nature of de Suberville's treatment, however, will be noted. He was engaged in a literary exercise and one may doubt that he had much, if any, practical experience of the instruments that he mentions.

Appendix 3 Martin Lister on Michael Butterfield

Extract from Martin Lister, *A Journey to Paris in the Year 1698*, London, 1699, pp. 82ff.

Mr Butterfield is a right hearty honest *Englishman*, who has resided in *France* thiry five Years, is a very excellent Artist in making all sorts of Mathematical Instruments, and works for the King and all the Prince of the Blood, and his work is sought after by all the Nations of *Europe* and *Asia*.

He more than once shewed me (which in his great Diversion) a mighty Collection of Loadstones, to the value of several hundred Pounds *Sterling*.

Some he had as hard almost as Steel, and other soft and friable; yet of these he had those which were of as great Virtue as any of the hard: That of the equally hard there were very great difference.

He had one which weighed naked not above a Drachm, and would naked take up a Drachm and a half; but shod would take up 144 Drachms of Iron, if rightly applied, that is, if the Iron to be taken up did firmly and in a plain touch alike both of the Feet.

The best shod were these that follow.

1. A *Slate Loadstone*, which I noted not so much for its strength, but because of its peculiar make, being fairly and distinctly laminous throughout, weighing one Ounce and a half, draws up one Pound.
2. A Smooth Loadstone, weighing one Drachm, two Scruples, fourteen Grains, draws up eighteen Ounces, that is eighty two times its weight.
3. Another Smooth Loadstone, weighing sixty five Grains, draws up Fourteen Ounces, that is, one hundred and forty four times its weight.

...

It is plain, that Experiments are better made with a *Terrella*, or spherical Loadstone, than a square one; and his way of capping the *Terrella* is very well contrived.

He entertained us full two Hours with Experiments neatly contrived about the Effects of the Loadstone.

The Experiment of approaching a loadstone to the Spring of a Watch is very fine; it causes the Balance to move very swift, and brought yet nearer, to stop quite and cease moving.

Another Experiment was an inch-broad Plate of Iron, turned into a Ring of about four inches diameter, which had evidently two North and two South Poles, which he said he had seen in a Loadstone and had contrived this in imitation of Nature, the working of them with filings of Steel, drigged[108] upon a Plate, set upon the Ring, did clearly manifest the double Polarity.

Also the suspending of a Needle in the Air, and a Ball of Steel upon the point of it, by a Thread, which a weight kept down, that it could not ascend

---

108Presumably scattered, but the word is known neither to OED nor to Wright's *English Dialect Dictionary*. It is probably related to 'drigle', fall in drops, trickle, run out slowly, and to 'drigs', the 'dregs' or tea-leaves spread out in the bottom of a cup.

higher, than such a distance within the sphere of the activity of the Loadstone.

Again, the free working of the Needle in Water, through Brass, Gold, Stone, Wood or anything but Iron. He told us he had a Stone, which would work through a Stone Wall of eighteen inches.

Lastly, he demonstrated by many Experiments, how the Effluvia of the Loadstone work in a Circle, that is, what flows from the North Pole, comes round and enters the South Pole; on the contrary, what flows from the South Pole, enters the North, and in its way puts in order all such Filings of Steel it meets with; that is, according to the disposition of its own whirling, and the circular Lines it keeps in its flying about the Loadstone. Indeed, it is pleasant to see, how the Steel Filings are disposed; and in their arrangement one clearly sees a perfect image of the Road, which the whirling invisible Matter takes in coming forth, and re-entring the Poles of the Loadstone.

He shewed us a Loadstone sawed off that piece of the Iron Bar, which held the Stones together at the very top of the Steeple of *Chartres*..

...

Mr. *Butterfield* in another Conversation told me, he had observed Loadstones, which were strong without arming; and being armed, had not that great advantage by it, as one could have expected: And that on the contrary, there were others, which had a more incredible Virtue when armed, than they did promise.

That it seldom happens that a Loadstone hath as much Virtue in one of its Poles, as in the other; and that a bit of Iron is touch'd equally well at either of the Poles of one and the same Loadstone.

That there are Loadstones which take up much, and which notwithstanding are incapable of touching Iron: so that a Stone armed, which takes up seven Pound, yet cannot communicate to a Ruler of Iron the Virtue of taking up a very small Needle.

That a Loadstone of ten Ounces, being reduced to the weight of six Ounces, or thereabouts, did almost the same Effect as before, &c.

I caused Mr. *Butterfield* to make the *Slate Loadstone* into a *Terrella*, and when shod it was indeed but of little force; but I observed its Poles to lie level with the *Laminæ*, of which it was composed.

Part Two

Marketing

5

The manufacture and marketing of luxury goods: the *marchands merciers* of late 17th- and 18th-century Paris

*Carolyn Sargentson**

By the eighteenth century, Paris had an international reputation for luxuries, centred around the rue St-Honoré. The *marchands merciers* played a crucial role within these luxury markets, marketing a range of imported and exotic goods, fashionable and novelty items. As well as providing retail outlets for ready-made goods, the mercers designed, adapted and transformed imports and the products of French workshops and manufactures. It was to this end that the mercers were encouraged by Jean-Baptiste Colbert as part of his economic policies for encouraging the luxury trades.

Organization of the production and distribution of luxury items was complex, characterized by a high degree of specialization in terms of both production and retailing skills, by close relationships of competition and dependence between makers and merchants. The mercers were prohibited from manufacturing, and their expertise lay almost entirely in the sphere of marketing; a merchant identity was apparent and indeed disputed during the course of the 18th century, the mercers' shops, particularly in and around the rue St-Honoré, had become highly designed spaces for the display, examination and consumption of goods by a clientele sensitive to fashion and committed to a search for novelty.

The genealogy of the corporation of mercers was long and distinguished. First mentioned in 1137, the mercers were among the earliest recorded merchant bodies in Paris, along with the *marchands drapiers* and the

---

*This essay is based on PhD research published as *Merchants and Luxury Markets. The Marchands Merciers of Eighteenth-Century Paris*, London and Malibu, 1996.

marchands d'eau.[1] By the late 17th century, the wealthiest of the mercers were engaged in trading practices which were often both capital-intensive and based on far-reaching networks of credit.[2] Selling woollen, silk and cotton textiles, trimmings, furnishings, small-scale sculpture, paintings and prints, furs, hardware, paper goods, jewellery and trinkets, toys, and devotional items, the mercers of the *ancien régime* were active in many more markets than are now associated with the profession of 'mercer' or haberdasher.

The rights of the *marchands merciers* to trade in many markets were, by the 17th century, long-standing. In 1268 the first statute of the mercers was listed by Boileau under *Le tiltre du mestier des Merciers de Paris.* The 14 articles indicate that at this date the mercers were trading in toilet articles, clothing, accessories and textiles.[3] The regulations did not distinguish between making and selling, being preoccupied, rather, with distinctions between old and new goods and the genuine article in relation to imitations (in the case of pearls). Cleret describes their trade as dominated from the 14th century by textiles, especially silks.[4] In 1234, new statutes added, under article 30, 'objets de provenance orientale' and subsequently the letters patent of 1413 gave the mercers the clear prerogative to trade in multiple markets 'en raison de ce que leur négoce est le profit de tout la gloire de la capitale'.[5] However, the dramatic increase recorded in this document in the scope of their activities may have been driven by the need to specify formally and precisely the rights of the mercers in the light of growing inter-corporate conflict and the 'fine tuning' of the rights of one corps in relation to another. The need for corporate regulations to respond to changes in the market and trading practice are strongly invoked in the text of the letters patent of 1558 (confirmed in 1570), which stated that the old regulations were insufficient to

---

[1]The mercers were granted the right to trade at the market of the Halles of Charles X in return for a payment of five sous per annum payable by the *communauté.* The earliest record of a body of merchants is in 1121, when the *marchands d'eau* were accorded privileges, promulgated in 1170 by Louis VII. The merchant drapers as a body were granted property in 1181, in return for a payment to the King of 100 *livres* per annum (referred to by Boileau in connection with the 1268 statute see note 3 below).

[2]See chapter 2 'Business Organization' in Sargentson, *op. cit.* (cited in the note on page 99), 1996, 18–43.

[3]R. Lespinasse and F. Bonnardot (ed), *Les Métiers et communautés de la ville de Paris: le livre des métiers d'Etienne Boileau*, Paris, 1897.

[4]J. Cleret, *La Corporation des marchands merciers de leurs origines jusqu'au XVIe siècle*, (thesis) Ecole de Chartes, 1941. She characterizes their specialist markets as follows: (i) silks imported from the Orient and from Italy, at first those woven with gold and silver thread but later including lighter weight silks such as velvets, damasks, satins and taffetas (ii) serges, especially the silk serges made in Florence; (iii) cottons from Reims, Compiègne and Marigny, and from the 15th century from Holland; (iv) tapestry, mainly hangings but from the 16th century, bedding; (v) trimmings (*passementerie*); (vi) mercery (*la menue mercerie*); (vii) jewellery, more valuable for its making (*façon*) than for its material value; and (viii) metal wares (*quincaillerie*) including tools.

[5]*Lettres patentes*, Paris, 1413.

regulate complex and diverse trading practices. By 1613, the mercers were permitted to trade in 'toutes sortes de marchandises' without interference from other corporations, and thereafter expended considerable effort in annexing, through litigation, new and disputed markets for fashionable goods.[6]

The statutes registered at the Parlement in 1613 governed its membership until the late 18th century. The *maîtrise* cost 1000 livres. To become a mercer required French nationality, three years, continuous apprenticeship followed by a further three years' work.[7] The *brevet d'apprentissage* cost 90 livres and had to be registered by a notary. The duties of the apprentice were as follows:

> Le devoir de l'apprenti marchand, était d'ouvrir la boutique le matin, la fermer le soir, la bien nettoyer, y mettre les tapis et autres étalages, bien ballayer devant la porte, a aller promptement porter ou quérir les marchandises; s'étudier a bien connaître la marque du marchand, les prix et les numéros des marchandises afin qu'en son absence et des garçons il puisse vendre.
>
> Prendre garde de ne point se tromper sur la qualité et valeur d'icelle. Savoir écrire, jetter, compter, calculer, tant é la plume qu'au jetons. Se faire aimer de son maître et de sa femme. Il faut qu'il soit fidèle, civil, honnête et si il veut faire tort a son maître, lui en donner aussitôt avis de peur d'etre accuse lui-même; prendre bien garde à la boutique lorsque les garçons sont occupés a vendre, afin que ceux qui viennent pour acheter ne volent rien. Il doit apprendre à bien auner, mesurer et peser, bien vendre et bien livrer.
>
> Ne point faire des bassesses, comme de laver la vaiselle, promener et amuser les enfants, nettoyer les souliers et autres vilénies qu'on pourrait lui faire faire. le marchand meme ne dolt pas le souffrir.

Contiguous with the expansion in trading rights of the corporation was the increase in size of the corporation from several hundred to over 3000 by 1775 (Table 5.1). Few records seem to have survived, and are lamentably scarce for the period between 1300, when several hundred members were recorded, and the mid-16th century by which time it had seemingly expanded to 3000.

[6]Thirty-three articles laid down regulations which gave the mercers full rights to trade 'acheter, troquer ou échanger... toutes sortes de marchandises' originating in many countries. The list of goods, from article 12, is reproduced in full in Sargentson, *op. cit.*, appendix 1.

[7]*La Maison reglée*, Audiger, 1692, cited by P. Vidal and L. Duru, *Histoire de la Corporation de marchands merciers-joailliers*, Paris, 1911, 175.

Table 5.1. Membership of the corporation of mercers 13th–18th century

Date	Number	Source
1292	200	taille[8]
1300	176	taille[9]
1557	3000	Félibien[10]
1570	2000	procès[11]
1642	2400/2500	Sauval[12]
1725	2167	Marion[13]
1754	2184	Abbé le Boeuf[14]
1775	3207	Delacroix[15]

Lespinasse states that during the 13th century the mercers were already distinguishable as either wholesalers or retailers.[16] In 1601, the first three categories of six were described as wholesalers.[17] By 1675, Jacques Savary classified all the merchants of the Six Corps in six groups (three wholesalers, three retailers), and his son, Savary des Bruslons, listed 20 specialist branches of the mercers' corporation in his *Dictionnaire de Commerce* published from 1723 (Table 5.2).

[8]'Livre de taille de Paris', in A. Franklin, *Dictionnaire historique des arts et métiers et professions exercés dans Paris depuis le 13e siècle*, Paris, 1908 (reprint New York, 1968), 43; R. Lespinasse, *Les Métiers et corporations de la ville de Paris*, 3 vols, Paris, 1886–94, 233; Vidal and Duru, *op. cit.* (n.7) 1911, 87. Vidal and Duru break this figure down as follows: 70 mercers, 129 *mercières* and 1 valet mercer.

[9]152 mercers, 23 *mercières* and 1 valet mercer.

[10]Félibien, *Histoire de la ville de Paris*, 5 vols, Paris, 1725.

[11]Between the mercers and hatters, 1570, cited in Franklin, *op. cit.* (n. 8), 479 and Vidal and Duru, *op. cit.* (n. 7), 87. The figure represented 'merciers tenant boutique, sans colporteurs'.

[12]H. Sauval, *Histoire et recherches des antiquités de la ville de Paris*, 3 vols, Paris, 1724, ii, 475, gives this figure for the number of heads of mercers' families.

[13]M. Marion, *Dictionnaire des institutions de la France au XVIIe et XVIIIe siècles*, Paris, 1989, 152.

[14]Cited in Vidal and Duru *op. cit.* (n. 7), 87.

[15]Maître Delacroix used this figure to demonstrate an increase in numbers by a third since 1750, cited in Vidal and Duru, *op. cit.* (n. 7), 87.

[16]Lespinasse and Bonnadot, *op. cit.* (n. 3), 232.

[17](i) wholesalers; (ii) wholesalers of fabrics of gold, silver, and silk; (iii) wholesalers of serges and cottons; (iv) tapestries/upholstery; (v) small items of mercery; (vi) jewellery (Franklin, *op. cit.* (n. 8), 475).

Table 5.2. The 20 subdivisions of the Mercers' corporation after Savary des Bruslons, 1723[18]

1	wholesaler
2	gold, silver, silk fabrics
3	gold and silver braid, lace, buttons, fringes
4	wool-based cloth, muslin, camlet, serge
5	jewellery (gold, silver, precious stones)
6	linens/calicoes, fustians, ticking
7	lace, cambric, lawn
8	raw silk
9	animal skins
10	tapestries, carpets, textiles for furniture
11	iron/metalwork
12	hardware (cutlery, tools and locks)
13	paintings, bronzes, furniture, clocks, etc. for furnishing
14	mirrors
15	gold, silver and silk ribbons, fans and fashion accessories
16	paper, ink, sealing wax, penknives
17	tin/copper work
18	waxed cloth, umbrellas, hats
19	mercery
20	toys, snuff boxes, devotional items

Until 1776 (when all the Parisian corporations were restructured), the regulations of 1613 remained more or less valid. During the 17th century the corporation was involved less in redefining its statutes than in the business of negotiating existing rights, trading with the King for further privileges, and building its visual identity. Some reorientation of the corporation took place during the 17th and 18th centuries which reinforced their noble statutes. For example, 1723, the upholsterers (*tapissiers*) left the corporation of mercers, who considered the tapissiers 'mere artisans'.[19]

The statutes allowed them to sell the products of almost any workshop, but prohibited them from stocking tools for manufacturing, allowing them only to finish goods. The mercers, explained Jacques Savary in 1675,

> ne travaillent point. Et ne font aucuns ouvrages de la main, si ce n'est pour enjoliver les choses qui sont déjà fabriquées et manufacturées, comme de garnir

[18]J. Savary des Bruslons, *Dictionnaire universel de commerce*, Paris, 1723, iii. 849–53.

[19]Sauval, *op. cit.* (n. 12), 476. *The tapissiers* were prohibited from living and trading with the mercers, and the fine set at 300 livres, *Arrest de la Cour de Parlement qui omologue une Déliberation de la Communauté des Mes et Mds Tapissiers*, 31 aout 1723 (Archives Nationales (henceforth AN), AD XI, 27).

> des rubans, et autres à des habits et autres vestemens des rubans, et autres sorte de galanteries, et généralement toutes sortes d'enjolivements.[20]

Given the importance of finishing work within the luxury trades, this right to 'enjoliver' offered the mercers considerable advantage. The embellishment of objects as diverse as fans, porcelain and furniture included details of colour, decoration and form. In exploiting this right, the mercers controlled the final look of many of their wares, and were positioned to allow clients to choose the exact finish of their purchases at the point of sale. Such flexibility in the finishing process is typical of luxury production, producing a high degree of variation and individuality, associations of novelty and fashion and a significant element of consumer choice.

This practice was considered by other trades to impinge upon their corporate rights and privileges and became the subject of many disputes. The 1613 statutes were invoked by the mercers in 1699, when, as a result of a dispute with the paper-makers, they were accorded the right

> de se servir d'un marteau, un couteau attaché sur son fust, une presse et un coussoir, pour parer et enjoliver leur papier suivant l'article quatorze de leurs statutes.[21]

This decision was reached only after independent experts (two 'maîtres écrivains') were called in to advise on the difference between tools for embellishing, and tools and materials for manufacturing.

The mercers' statutes allowed them to sell any kind of object. In general, the statutes of the artisanal corporations stated that they were not to act as dealers, but to sell only the products of their workshops, in many cases bearing the mark which was used by the corporation to police production and distribution.[22] Perhaps more than any other group, the mercers' commerce touched or crossed the boundaries of other corporations' products. Frequent arguments broke out over the right to trade in a particular good, or stock a particular tool for assembling or finishing goods, or of one corporation to visit the premises of another's members.[23] These were part of a discourse both

---

20J. Savary, *Le Parfait Négotiant*, Paris, 1675, 45. Cleret, *op. cit.* (n.4), argues that the mercers did not achieve a monopoly on the sale of non-Parisian goods until the late 16th century, by which point the artisanal groups had reserved the right to manufacture, a right prohibited from the mercers who maintained the right to finish 'enjoliver'. She maintains that this was the resolution of some two centuries of dispute.

21*Arrest de la Cour rendu en faveur des Marchands Merciers, Grossiers, Jouailliers à Paris.... 31 mars 1699* (AD XI/22).

22For example, in the case of the cabinet-makers or goldsmiths.

23The nature of this inter-corporate conflict is to some extent documented in the *mémoires* and *précis* which, though incomplete in their survival, record official disputes between corporations. The mercers exploited their position within the hierarchy of merchants and artisan corporations as a justification for maintaining or claiming anew their rights to trade in specific types of goods, and to control the process of finishing.

about the control of highly lucrative markets, and about rights and freedom within a perceived hierarchy of the trades.[24] Freedom was expressed in terms of the right to be protected from interference from other corporations, which was manifested in the inspections (*visites*) and confiscation (*saisies*) of goods. In the statutes of 1613 the mercers' rights seem absolute – 'les Jurés des autres gardes ne peuvent faire de visite chez les Merciers'.[25] In practice, the more powerful corporations were occasionally able to retain control of certain markets. For example, the goldsmiths, fellow members of the Six Corps, determinedly defended their exclusive right to sell Paris hall-marked gold and silver wares. The mercers were accorded only the right to sell items not hall-marked in Paris, which appear to have comprised in part German silver wares.

The mercers were obliged to share the lucrative trade in woollen cloth with the drapers, which led to regular conflict and a variety of solutions. In 1680, a proposal was made to Colbert that one hundred mercers be transferred to the corporation of drapers in a single act.[26] Such an idea appears to have been without precedent, and represents a pragmatic solution to the problem of regular battles between the two corporations over the trade in woollen goods. Both corporations' statutes could be interpreted as permitting individuals to stock such goods, and for the drapers this market represented their only form of livelihood. This branch of commerce was highly developed and profitable, and the hundred mercers were specialists in this branch of trade. The move did not take place, and Colbert authorized the mercers to continue selling wool-based cloth. The tension remained unresolved until 1776, when the two bodies were merged into the corporation of draper-mercers.[27]

The policing of the trades and the administration of the corporation fell to the six *gardes* and one *grand garde*. The mercers met annually, in July, for the purpose of electing each year a new *grand garde* and two *petits gardes*.[28] For three years, in rotation, they acted as experts by virtue of their status as leaders of the corps, rather than expertise in a certain product area. Their duties ranged from internal policing to participating in the legislative processes involved in inter-corporate disputes. The mercers shared with the drapers the right and responsibility for monitoring cloth imported into Paris at the Halle aux Draps (the customs point for cloth). This duty fell to the six *gardes* of the corporation of mercers, although

---

[24]See M. Sonenscher, *Work and Wages. Natural Law, Politics and the Eighteenth-century French Trades*, Cambridge, 1989.

[25]*Guide des Corps des Marchands*, Paris, 1766.

[26]D.-G. Saint Joanny, *Régistre des délibérations et ordonnances des marchands merciers de Paris*, Paris, 1652, 145–54.

[27]Franklin, *op. cit.* (n. 8), 292–6.

[28]An equivalent of the *garde*, a 'roy des merciers', had apparently existed until 1597, in part to control the wholesale commerce within the French borders, but the office was suppressed by royal edict because its holders had become unmanageable (Franklin, *op. cit.* (n. 8), 480–1).

some of these individuals had no specialist knowledge of cloth – corporate duty in this instance outweighed personal expertise. The policing of the city's commerce involved regular checks throughout the streets of Paris as well as inspections of goods coming into Paris for the fairs. The mercers' route around the city looking for illicit traders, and the individuals whom they arrested, on various expeditions during 1774–5 are described in the papers of the *commissaires de police*.[29] In cases of serious contravention, or when the case might set a useful precedent, the allegations might be pursued through the courts.[30]

The extent to which any of the Parisian corporations served the specific interests of their members is debatable. In the case of the mercers, the corporate body frequently lobbied for privileges and used litigation as a means of protecting its rights against commercial competition from other groups. Except at these points where corporate and individual concerns intersected, the corporation appears to have operated in other spheres independently of the disparate needs of its members. Given a membership in the 18th century estimated at between two and three thousand, the high degree of specialization practised within the group, and the variety in the scale of trading assets of its members, it is hardly surprising that it did not engage actively in the pursuit of individual causes.

A sphere of more or less independent activity was the six Corps, the group of six merchant corporations of Paris. This body, described in 1724 by Sauval as 'une sort d'aristocracie industrielle' was identifiable from 1431, and remained at the top of hierarchy of the Parisian corporations from its inception to the Revolution.[31] It participated in a number of various ceremonial and symbolic events in the city of Paris, and the rank of its six members was expressed by the order in which they stood for official processing which accompanied French and foreign royalty into the city of Paris.[32] From 1531, the mercers took third place within the sequence of the

---

[29]AN, Y11990, *Procès verbaux*, 22 August 1775.

[30]See Sargentson, *op. cit.* (appendix 2) for a list of disputes between the mercers and other corporations in the 17th and 18th centuries.

[31]Marion, *op. cit.* (n. 13), Franklin, *op. cit.* (n. 8), 645–7, G.C. Lavergne, *Archives des corporations des arts et métiers*, Paris, 1879.

[32]Franklin records that the mercers' ceremonial robes were as follows:

1505, entrée d'Anne de Bretagne	Satin tanné (brown/tan)
1517, entrée de Claude de France	velours noir
1531, entrée d'Eléonore de'Autriche	velours pers (blue)
1540, entrée de Charles Quint	velours pers
1571, entrées de Henri II et de Charles IX	velours violet
1660 entrée deLouis XIV	velours violet

When the wine merchants finally opposed the resistance from the other corps and took their place as seventh in rank (a right originally accorded to them by Henri III) they wore caps trimmed with silver, rather than gold like the other Six Corps. (Franklin, *op. cit.* (n. 8), 771).

Six Corps. In 1725, they represented over half of the total membership of the Six Corps.[33] The mercers finally reached the top of the hierarchy in 1776, when they joined ranks with the drapers. Allusions to the nobility of mercers both from inside the corporation and as part of a commentary on the trade and Parisian commerce were frequent. The corporate identity of the mercers rested partly on their status as merchants rather than manual workers, 'marchands de tout, faiseurs de rien'.[34] The mercers considered themselves unique as a corporation of individuals which did not work with their hands, and they employed this distinction to position themselves within the hierarchy of the Six Corps. Although the other five corporations within the Six Corps were all merchant bodies, the others were also engaged in manufacturing. The mercers were considered 'plus nobles que les autres corps qui sont mixtes, tenans un peu de l'Artisan'.[35]

A number of positions within the administration of the city of Paris were appointed from the Six Corps, including four of the *échevins* (magistrates) and the judges and consuls of the Parlement. In addition, one representative from the Six Corps was appointed to the Conseil de Commerce of Paris (established in 1700) in order to

> veiller sous les ordres de Sr Lieutenant Général de Police, à tout ce qui peut intéresser le commerce de ce capitale, le rendre plus florissante et donner encore plus de perfection d'activité à ses fabriques.[36]

In the early 17th century, each of the Six Corps was granted by royal act a new armorial, designed around the central motif of sailing ships, which had been used for centuries as the emblem of Paris. The designs were intended to represent the linked fortunes of the Six Corps and the city of Paris. Each of the Six Corps was allocated a new design using the number of ships which corresponded to their rank within the Six Corps. The mercers' armorial was given in 1629, and comprised three silver ships below a banner and gold sun, and surrounded by the blazons of the seven guards. It was to be used 'tant qu'aux ornements de leur chapelle quen toutes occasions quils en auront besoin'.[37] Many high-quality copies were printed in 1674.[38] However, according to Sauval, the mercers chose to continue to use as their symbol the image of St Louis, their patron saint.[39]

---

[33]Of a total of 4084, the mercers numbered 2167. Marion, *op. cit* (n. 13), 152.

[34]Des Bruslons, *op. cit* (n. 18) iii. 849.

[35]Savary, *op. cit.* (n. 20), 44.

[36]*Arrêt du Conseil d'etat du Roi, concernant la nomination d'un Député pour le Commerce, réprésentant les Six Corps de marchands de la Ville de Paris*, 27 avril 1785.

[37]Text reproduced in Vidal and Duru, *op. cit.* (n. 7), 352.

[38]*Ibid.*

[39]Sauval, *op. cit.* (n. 12), 476. Although he states that neither the *pelletiers* nor the *orfèvres* used the new arms, Franklin does not mention the mercers (Franklin, *op. cit.* (n. 8), 647).

Alongside the statutes and ongoing administration and hostilities, the corporation established and expanded its headquarters, and invested considerable sums in the commissioning of art. The *bureau* of the corporation was in the rue Quincampoix, which runs parallel to and between the rues St Martin and St Denis. According to Hillairet, it was until the 15th century populated by well-known mercers.[40] In 1904, an inscription on the buildings at numbers 38 and 40, rue Quincampoix stated that they had been the premises of the mercers from the 16th to 18th centuries.[41] In 1660, the premises were enlarged by the acquisition of neighbouring property.[42] The building no longer survives, but it was reputed to have been as impressive as that of the merchant drapers in the rue des Déchargeurs designed by Bruant. Sauval said of the mercers in 1724

> ils tiennent leur bureau à la rue Quincampoix, dans une maison ... plus spacieuse que beaucoup, & non moins superbe que celle des Drapiers.[43]

The Bruant façade presents the armorial of the corporation at its centre, flanked by caryatids in relief and framed by Ionic pilasters and a broken entablature. In its architectural scale and detail the façade represents an imposing statement of the corporation's power and identity. It would not be surprising that the mercers, peers and rivals of the drapers would construct an edifice of comparable ambition.

Like other confrèries, the mercers' artistic commissions also include painting.[44] In 1674 the corporation ordered from Charles Lebrun a painting of the Resurrection of Christ to be placed above the altar at the church of Saint Sépulchre in the rue St Denis.[45] In 1470 the 'confrérie' had been established under the patronage of Saint Louis at the church of Saint Innocents, and later moved to the church of Saint Sépulchre. The mercers had made a gift to the King of 50,000 livres towards his war expenses, and when he returned this sum, he contributed an additional sum which was to be spent on embellishing their chapel (Saint Voult), and on prayers for the King.[46]

---

[40]In 1313, of 122 merchants ('commerçants') in the Rue Quincampoix, 36 were mercers. From 1719, Law's bank was at number 65, in the old Hôtel de Beaufort, J. Hillairet, *Dictionnaire historique des rues de Paris*, Paris 1956, 95–6.

[41]The building was sold during the Revolution as a 'bien national', Hillairet, *op. cit.* (n. 40), 96.

[42]Franklin, *op. cit.* (n. 8), 480.

[43]Sauval, *op. cit.*, (n.12), ii. 476.

[44]See for prints of the confrèries *Images de confréries parisiennes*, Bibliothèque Historique de la Ville de Paris, (exhibition) Paris, 1991–2.

[45]B. De Montgolfier, 'Charles Lebrun et les confréries parisiennes: le tableau de merciers de Saint-Sépulchre' *Gazette des Beaux-Arts*, 6e période, lvi (July–August), 1960.

[46]Described by Piganiol de la Force, *Description de Paris*, Paris, 1765, ii. 145–7, cited in De Montgolfier, *op. cit.* (n. 45), 197.

Part of the mercers' gift from the King was spent on a large altar painting to be placed, surmounted by cherubims, prominently over the main altar of the church.[47] The corporation had drawn up a contract with the church administration in 1666 agreeing that the services on the days of Saint Louis and Saint Croix would take place at this main altar, which was in the choir, rather than in the chapel. They had occupied the chapel until 1673 and had commissioned a series of ten paintings depicting the life of Saint Louis.[48] A missal of 1749 (a copy of which is in the Victoria and Albert Museum's National Art Library) which was used for the mercers' services has as its frontispiece a print after a painting of Saint Louis also by Lebrun.

Now in the Musée des Beaux Arts in Lyon, the painting shows Saint Louis, patron saint of the corporation and Louis XIV presenting their armour to Christ, while Colbert stands beside them. An array of luxury objects is depicted at the lower right of the composition, and the armorials of the corporation are depicted at the lower left corner. According to de Mongolfier, the corporation had included Colbert as a tribute both to his role as protector of commerce and the arts, and indeed as the dispenser of privileges to the mercers. The corporation traded a contribution of 50,000 livres against the freedom to trade in wool and thread without interference from the drapers.[49]

It is clear that by the 17th century the corporation was well established, with a long-held reputation for its strength in numbers, trade and wealth. This strength was in part due to the collective trading successes and repute of its members, and also to the corporation's ability to secure both privileges from the King and control of markets which other corporations sought to annex. Perhaps most importantly, it was firmly established on an accumulation of trading rights accorded to the mercers by statutes which gave them extraordinary (in relation to other corps) rights and freedoms to trade in many branches of commerce.

The mercer's reputation as fashionable shopkeepers was predicated on their innovations in design and marketing. Their complex business relationships, and the way in which they exploited opportunities to

---

47The altar was carved in wood and highly ornate, and was framed with sculptural elements. An inventory of the church of 1790, describes the altar, AN S922, cited in De Montgolfier, *op. cit.* (n. 45), fn. 21, 206.

48*Ibid.*, 108–9.

49In 1762, five years into the Seven Years War, the Six Corps contributed a total of 700,000 livres for the construction of a ship (*Lettres patentes du roi*, 26 February 1762, which authorized the mercers to raise 340,000 of this sum through selling annuities [*rentes*]). In 1674 they made a gift of 50,000 livres towards Louis XIV's war expenses, at his request. In 1567 the mercers offered armed men in support of Charles IX (Sauval, *op. cit.* [n.12], ii. 475) , and in 1636 they gave the king 16,000 livres.

combine the products of different trades, gave them an intriguing set of roles in the design of luxury objects. The mercers' business interests intersected with those of a wide range of manufacturers and suppliers. Within these various trades a diverse range of design practices were adopted.

The corporation took a formal interest in design training in the form of the newly emerging design schools. Various schools of design were established in Paris in the 18th century, notably the Ecole Royal Gratuite de Dessin, set up by Jean Jacques Bachelier in 1766.[50] Bachelier and his supporters established the school as a response to the need for improved drawing skills in the luxury trades. The school taught decorative drawing skills rather than fine art, and intended tuition to form part of an education which included apprenticeship within a trade.

The corporation of mercers was among the Ecole's first subscribers, a rare example of the mercers' interest in gaining and promoting drawing skills at both corporate and individual level. The corporation bought 20 places at an annual cost of 4000 livres.[51] Other corporate subscriptions included five places each for the goldsmiths and tailors, and four places for the *corps des marchands de Paris*. Individual mercers and *négociants* bought a further 14 places,[52] one of whom was Jean-François Barbier, a renowned silk dealer in the rue des Bourdonnais who had extensive business and design links with Lyonnais weavers. A number of the individual subscribers were from the port cities rather than Paris, and their subscriptions may represent an attempt both to acquire skills in decorative drawing and to gain access to the Parisian design vocabulary. While the subscriptions from the merchant bodies may have been motivated by a straightforward interest in training their own members in design, it is equally possible that this commitment represented a financial and symbolic act of encouragement to the newly established school.

Despite the evidence of these subscriptions, the extent to which an individual mercer was skilled in design is highly debatable. After all, the apprenticeship agreements do not mention drawing skills, emphasizing rather the trainee's need to learn book-keeping. By the 1760s, Jean-François Barbier was managing a business with assets of several million livres, and it seems highly unlikely that he would have intended to use personally his place at the Ecole Gratuite. It is possible that some Barbier's contacts in Lyon

[50]See R. Benhamou, 'Private and public art education in France 1648–1793', *Studies on Voltaire and the Eighteenth Century*, cccviii, 1993; U. Leben, 'New Light on the Ecole Royale Gratuite de Dessin: the years 1768–1815', *Studies in the Decorative Arts*, i, no. 1, 1993, 99–118, and U. Leben, 'La fondation de l'école royale gratuite de dessin de Paris (1767–1815)', *Francia*, xx, 1995, 217–40.

[51]AN, (MC) *Minutier Central* XXXIII, 641. I thank Lesley Miller for providing this reference.

[52]Priced at 375 livres per annum.

might have benefited from access to such training.[53] Alternatively, the employees of his shop might have required drawing skills either for tracing patterns or preparing them for printing. The Lyonnais silk designer Joubert de l'Hiberderie prescribed in 1765 two Parisian silk merchants from whom copies of silk patterns paper could be purchased. Patterns were transferred onto paper by the merchants:

> qui levent au papier verni, tous les beaux desseins qui parroissent, & que l'on a la facilité d'acheter.

Students of the Ecole Gratuite were often engaged in designing patterns which could be printed or easily transferred. Perhaps such procedures were relevant to those mercers who were concerned to some degree with both the production of and commerce in printed designs. The mercer Louis Bonaventure du Bois, for example, was evidently involved in the production of prints for 12 screens engraved by Aveline and Tardieu which were granted a 'privilège du roi' in 1736.[54] The screens were described as 'dessignez par Bonaventure du Bois, Marchand Mercier'. Whether or not he drew the designs himself, he both styled himself as designer and was involved in the process of marketing them as prints. Some direct involvement with design is also suggested by Joubert's recommendation that Lyonnais designers should go to Paris to buy designs from mercers specializing in patterned skills.[55] In the case of the chinoiserie prints by designer Jean Pillement, on the other hand, the mercer's role was solely that of vendor, since the frontispiece of the collection advertises their availability from a silk mercer's shop.

Very few drawings or designs survive which can be associated closely with an individual mercer and the role of the few remaining designs which are marked with a mercer's name is unclear. The only drawing found among the mercers' inventories was a sketch, of dubious quality, for the frame of a screen (écran), in the bankruptcy papers of Madame Blakey.[56] Her *magasin anglais* was stocked with many goods, particularly from England and there is some evidence that she used drawings to communicate the design requirement for her orders. A Mr. Craw of Covent Garden received a letter from her with a pattern, and another supplier's bill includes the comment 'to the pattern which you left when at Sheffield'.[57]

---

[53]Though design training was available in Lyon, the designers working within the silk industry were encouraged to study Parisian designs.

[54]P. Fuhring, 'The Print Privilege in eighteeth-century France II', *Print Quarterly*, iii, 1986, 27.

[55]J. de l'Hiberderie, *Le Dessinateur pour les fabriques d'étoffes d'or, d'argent et de soie*, Paris, 1765.

[56]Archives de Paris, D^5B^6 2813.

[57]AN, Y13701 and Y13702.

This sketch for the screen was perhaps in Madame Blakey's hand. However, for certain objects whose successful manufacture depended on the accuracy of drawn detail, the mercers were better served by employing specialist designers. In the mercer Simon-Philippe Poirier's case, he is known to have commissioned designs, as recorded by the payment for a design of a bronze candelabrum 'que J'ai fait faire'.[58] A drawing dated 7 September 1784 and bearing the name of the mercer Philippe François Julliot specifies that the drawing was made 'sous la direction de P.F. Julliot fils'.[59] Julliot obviously employed a skilled designer, though the function of this drawing remains uncertain. A possible interpretation of some of these drawings is that they were used as proposals to potential clients. As in the case of sculptors' presentation drawings, it was thus part of the marketing process rather than the design process.[60] This may well have been the case with the Julliot drawing. The subtle colouring and attention to detail (of the plaques particularly) would hardly have been necessary to convey information to the maker, particularly since Julliot himself is likely to have supplied its *pietre dure* plaques for such a piece.[61] On the other hand, its high finish would presumably have been appealing to a potential buyer. It is intriguing that no cabinet of this pattern survives, through Setterwell has demonstrated that *pietre dure* plaques appear on a number of pieces of cabinet furniture now in the British and Swedish Royal Collections.[62] It is possible that the drawing represents a proposal by Julliot to a potential client who then rejected it and that the placques were then used on other pieces.

The production of design drawings was not the only way of playing a role in the design process. Other means used by the mercers are apparent in a further important area of their activities. The mercers' control over finishing (*enjolivement*) and their practice of stocking part-finished goods made to their own specification enabled them to offer their clients considerable choice in

---

58Croome Court Archives, Bill no. 53, cited in S. Eriksen, *Early Neoclassicism in France*, London, 1974, 135.

59See Arts Council of Great Britain, *French Eighteenth-century Furniture Design. Drawings from the Musée des Arts Décoratifs, Paris*, London, 1960, 22 and P. Lemonnier, 'Les Julliot: dynastie des marchands merciers', *L'Estampille*, ccxxix, October 1989, 38–48.

60For presentation drawings executed by specialist draughtsmen for a French-trained sculptor working in England see M. Baker, 'Roubiliac's Argyll monument and the interpretation of eighteenth-century sculptors' designs', *Burlington Magazine*, cxxxiv, December 1992, 785–97.

61The plaques were made available from the holdings of the Garde Meuble, A. Setterwall, 'Some Louis XVI furniture decorated with pietre dure reliefs', *Burlington Magazine*, dclxxxi, December 1959, 425–35.

62*Ibid.*, 425.

the final configuration of goods.[63] This necessarily meant some involvement in the formulation of designs even if the extent and nature of this are difficult to establish. Some notion of the mercers' role may be formed by examining the detailed descriptions of unmounted goods in mercers' inventories and deducing from them what design procedures may have been required in order to assemble them in the form of marketable and finished luxury objects. The inventory of Dominique Daguerre, for example, included oriental lacquer and *pietre dure* panels that were intended for mounting on furniture and boxes.[64] Typical of the *pietre dure* panels were the 'moyen quarré en pierre de rapport ouvrage de florence représentant un centaure avec cadre by cuivre doré' valued at 60 livres and the 'vingt six petits & moyens panneaux de pierre de rapport sujets de fruits & d'oiseaux ouvrages de florence, Dix autres de même genre un peu plus grande' valued at 108 livres.[65]

Such descriptions not only illustrate vividly the stock of part-finished goods such a mercer carried, but also suggest, by implication at least, the degree to which the design of the objects of which they were to form a prominent part was determined by the form and pattern of these constituent elements. To some extent, the shape of a carcase of a piece of furniture was

---

[63]All mercers stocked part-finished items, or components, which ranged from clock cases and table legs to uncut precious stones for jewellery and separate fan sticks and leaves. The proportion of each mercer's stock comprising components varied from 3 per cent to 30 per cent of the total value of the stock. Claude-Antoine Julliot's 30 per cent is largely accounted for by the pieces of rock crystal used to build and repair chandeliers. (The chandeliers themselves were major items – the most highly valued in 1760 was worth 6500 livres). In the case of mercers dealing in furniture, the components represented between 1 and 11 per cent of the value of the total furniture value. The component items included table legs, pieces of marble and bronze mounts.

A number of inventories listed components of fans, and the bankrupcy papers of Simon Henri Delahoguette included 270 fan sticks, lacquered red, worth 125 livres (Archives de Paris, D^4B^6 14, 677, 2 April 1755). The rights to assembling these formed the subject of intense debate in the 18th century, as the fan-makers (*éventaillistes*), inlay-workers (*peigniers-tablettiers*) and painters (*peintres*) disputed with the mercers over the trade in and assembly of fans. Apparently 200 mercers were specializing in the wholesale and retail trade in fans, both imported and made in Paris. They maintained the right to stock the component parts, and to assemble them. The sticks were supplied by the inlay-workers and the leaves by the painters, and the fan-makers were attempting to reserve the right of assembly. However, the mercers proved too important a market for the other two corporations, who refused to acquiesce. The fan-makers' strategy, had it worked, was probably aimed at preventing the mercers from getting the sticks directly from the inlay-workers, rather than being compelled to buy them from the fan-makers. (The debate involved much paperwork and many corporations over time, see for example Bibliothèque Nationale, Ms Joly de Fleury 2018, f. 245).

[64]AN, XXXXVI, 633, 15 Frimaire an 5, *inventaire après décès du citoyen Daguerre*, first published by P. Lemonnier, *Weifweiller*, Paris, 1986.

[65]Listed under '*Objets divers lestout du magazin destinés à l'establissement de meubles à faire ou provenant de meubles défauts*'.

dictated by the dimensions of the panels as supplied by the mercers to the cabinet-makers. In the case of furniture veneered with panels of Japanese lacquer, a piece of furniture, such as a commode, was designed around the pieces of lacquer. For example, a commode stamped BVRB (for Bernard II van Risamburgh) in the Victoria and Albert Museum (1094–1882) is mounted with three panels of 17th-century Japanese lacquer. Two small panels are used on the sides, and the largest panel on the front. The dimensions of the commode were dictated by the size of the three panels. The unusually large panel on the front is a landscape scene, and the commode is designed to show off the fine lacquer work. The bronze cartouche appears to run continuously around the panel, framing both drawers without breaking into the landscape composition.[66] While design drawings as such were not necessarily required for the assembly of such objects, there is some evidence that the interventions of the mercers were significant, albeit by other means.

In the case of the porcelain plaques supplied by the Sèvres factory from the 1750s, several mercers have been credited with both the design of the plaques and the form of furniture and other items into which they were incorporated.[67] For example, in 1770 five plaques, 'bleu celeste' were described in the factory's sales registers as 'pour coffre Daguerre'.[68] In the case of two bureau plats stamped by Martin Carlin, the overall form of the bureau was presumably established in order to carry the 14 Sèvres plaques. The trade card of Dominique Daguerre is fixed to the underside of the piece. Some of the plaques are dated 1778, but it was not bought until 1784 by the Grand Duke Paul (later Tzar Paul I) of Russia and the Grand Duchess Maria Feodorovna for Pavlovsk.[69] A lacquer version in the Victoria and Albert Museum is mounted with an assortment of Japanese lacquer panels cut down

---

[66]The bronzes are arranged 'sans traverse', that is without horizontal borders along the length of each drawer front. The lower drawer opens by means of the scrolls which project from the bronze surround at lower left and right, and the upper drawer has no handles and opens using the key.

[67]The mercers Simon-Philippe Poirier and Dominique Daguerre are credited with the design of various small pieces of furniture inset with Sèvres porcelain plaques. They were in partnership between 1772 and 1785, when Poirier died. Savill documents the history of the production of the plaques for furniture and snuff boxes, stating that though plaques for furniture were made only in small volumes from 1752, their production in any quantity depended on Poirier's orders, which dated from the end of 1758 (R. Savill, *The Wallace Collection. Catalogue of the Sèvres Porcelain*, 3 vols, London, 1988). Several authors have pointed out that a small number of mercers had a virtual monopoly on the purchase of these plaques, and may have been involved in their design, as well as in the design of the forms of boxes and furniture onto which they were mounted. For example, all snuff box plaques made before 1759 were purchased by Duvaux (one of the factory's shareholders). Duvaux is also credited by Watson as the originator of a range of snuff boxes fitted with porcelain plaques (F.J.B. Watson, *Catalogue of the Charles B. Wightsman Collection*, 3 vols, New York, 1966–70, iii. 104).

[68]Savill, *op. cit.* (n. 67), 843.

[69]A. Sassoon, 'Acquisitions 1983', *The J. Paul Getty Museum Journal*, x, 1983, 201 and 204–7.

to match the shape of the Sèvres plaques. On the Getty piece (but not the Victoria and Albert Museum's bureau, which is stamped three times), the stamp of the cabinet-maker Carlin has been obliterated, possible by Daguerre. Although the two large curved plaques of porcelain are the only two surviving examples of this form of plaque produced at Sèvres, it appears that the design of the Getty bureau was used and adapted for use with small lacquer panels.

Both Poirier and Daguerre sold a range of small tables incorporating plaques of various shapes and small pieces of furniture with Sèvres plaques were made in series over a period of some years. For example, 10 almost identical 'bonheurs du jour' survive in public collections, each mounted with 17 small plaques.[70] The plaques were dated by the factory from 1766 to 1774. Savill attributes the design of early porcelain plaques at least in part to Poirier, who was the first to co-ordinate on any scale the mounting of the plaques onto tables and other forms of furniture. Eriksen calculated that Poirier had purchased 1400 plaques by 1770.[71] From the 1770s, Daguerre became the principal purchaser, and he seems likely to have designed and been exclusively associated with various forms of object inset with plaques of porcelain. Some of the furniture plaques were decorated expressly for him,[72] and he was also involved in the design of vases.[73]

Many objects were stocked in small groups or series within which there were small differences. The stock tended to be highly individualistic – apart from small items of porcelain, items were rarely listed in identical groups of more than two or three, and often these were defined as pairs (of vases, *girandoles*, *commodes*, etc.) or *garnitures* (of porcelain vases or urns). Such a pattern of production in small series with some differentiation seems typical within the luxury trades. For example, Claude-Antoine Julliot's inventory of

---

[70]New York, Metropolitan Museum of Art (Jack and Belle Linsky collection, 2, Kress collection, 2), San Marino, Huntington Art Gall (2), Britain, Waddesdon Manor (2), Northamptonshire, Broughton House, (1), Paris, Musée Nissim de Camondo (1). See S. Medlam 'A Sèvres misfit', *Burlington Magazine*, mlxxi, June 1992, 378–80, for a discussion of the presumed prototype now in the Bowes Museum.

[71]Eriksen, *op. cit.* (n. 58), 215.

[72]Savill, *op. cit.* (n. 67), 976.

[73]In 1782–3, the factory produced seven 'vases à monter Daguerre', of a form copied from a wooden model supplied by him (see Savill, *op. cit.* [n. 67], 468–80). Eriksen states that vases made at Sèvres for the purpose of setting in bronze mounts were not generally available, but specially made for the mercers (Eriksen, *op. cit.*, 1974, 135). In the 1750s, a range of porcelain forms made at Sevres were named after each of two mercers, Lazare Duvaux and Thomas Joachim Hebert. No evidence survives that they were involved in the design of these objects – the pieces so named were amongst a number of forms named after shareholders and dealers associated with the factory (Savill, *op. cit.* (n. 67), 961–90). Other variations were produced during subsequent years, including oval and round vases of cassolette form. The Wallace piece is the only known example with a cover and stem of gilt bronze rather than porcelain.

1736 listed ten different commodes of violet-wood ('bois de violette'). They differed in size (from three to four and a half feet wide), in the number of drawers and shape. Some had bronze mounts and feet (*pieds de biche*), some had marble tops, one top was made of purplewood (*palissandre*) and one commode was 'sans dessous'. Each was itemized separately, valued at between 70 and 150 livres.[74]

One case in which particular designs may be closely associated with an individual mercer is that of the mounts used to frame a series of Sèvres porcelain vases.[75] These vases apparently served as both pot pourri vases and candelabra since in some pairs, such as the example at Fontainbleau, each has a lid that can be reversed so as to be surmounted by a three-light candelabra. The mounts were therefore rather elaborate. More significant in the context of this argument, however, is the distinctiveness of their decorative features, especially the lion's heads. As Verlet has remarked, since the cover of one of a pair of blue Sèvres vases of this model in a Polish collection have on their underside an inscription recording the name and address of the mercer Dulac, and it includes the word 'invenit', it would seem that Dulac was here presenting himself as author of the model.[76] This does not mean that he designed the bronzes himself, but it suggests he considered that he owned the model and that its use was restricted to vases that he supplied.

Another example of distinctive bronzes being used by a mercer, Martin-Eloi Lignereux, Daguerre's last business partner towards the end of the eighteenth century, has been considered by Geoffrey de Bellaigue.[77] In discussing the puzzle of Lignereux' precise role in the design of a series of very similar clocks, he observes that the bronze ornaments, comparable to those used on other objects which he is known to have sold, may constitute a model specific to Lignereux. Such evidence, along with other mercers' ownership of bronze models, might indicate some direct intervention in the design of mounts. But the attribution of bronzes remains highly problematic. As de Bellaigue remarks, the connection observed may be 'fortuitous; it could merely indicate the popularity of the particular neo-classical motif'.[78]

---

[74]One at 70, three at 75, one at 80, three at 100, one at 110, and one at 150 livres.

[75]For pairs using Sèvres vases in apple green see Christies, London, 4 December 1975, lot 51 ill.), and Christies, London, 19 March 1964, lot 59 (ex-Ashburton collection).

[76]Lazienski Palace, Warsaw. See P. Verlet, *Les Bronzes dorés français du XVIIIe siècle*, Paris 1987, 73 and 263, ill. 66 and 67. In this example, the porcelain may well be of later date.

[77]G. de Bellaigue, 'Martin-Eloy Lignereux and England', *Gazette des Beaux-Arts*, 6e période, lxxi, May–June 1968, 283–94.

[78]*Ibid.*, 291. C. Baulez ('Pierre Gouthière' in H. Ottomeyer and P. Proschel, *Vergoldeten Bronzen: die bronzearbeiten des Spatbarock und klassizmus*, Munich, 1986 and 'Toute l'Europe tire ses bronzes de Paris' in U. Leben (ed.), *Bernard Molitor 1755–1833: Ebéniste parisisen d'origine luxembourgeoise*, [exhibition catalogue], Luxembourg, 1995) and Verlet, *op. cit.* (n. 76), discuss the mercers' suppliers of bronzework, particularly for the later 18th century (*bronziers* Omont, Remond and Gouthière).

Nevertheless, the inventories suggest that certain models for bronzes were exclusive to individual mercers. Whether or not they designed them, they were able to maintain effective copyright through commissioning and preserving the lead models from which the bronzes were cast. Models for bronzes were given by Simon-Philippe Poirier to Dominique Daguerre on the occasion of the latter's marriage in 1772.[79] Claude-François Julliot stocked a range of bronze mounts for furniture, both gilded and not gilded.[80] Julliot also kept the bronze models for casting, as his inventory of 1777 shows.[81] Although the mercer Lazare Duvaux commissioned bronze mounts for porcelain 'modèles fait exprés', there is no evidence that he kept the models himself.[82] Like Julliot, Martin Hennebert's stock kept 'ornements de bronze dorés' though no models were listed, and most mercers who stocked furniture also kept an assortment of bronze mounts and locks in stock.[83] Those mercers who inventories described only the cast bronze mounts were presumably buying them on the open market. The mercers' role in holding their own models, and also in copying or limitating bronzes was a subject for debate within the corporations. Following legislation drawn up in 1766, a bronze model and/or drawing for each pattern was to be registered in an attempt to prevent its use by any other bronze worker.[84] The legislation does not appear to have allowed for the registration of designs by any individual, such as a mercer, outside the corporation of *bronziers*. Indeed, the document expressly forbade the members of the mercers' corporation from plagiarizing models.

79Eriksen, *op. cit.* (n. 58), 135 and de Bellaigue, *op. cit.* (n. 77).

80The list comprised 'ornements de bronze non dores', items 811–14 (furniture mounts), 'bronzes dores' items 815–22 (more mounts including some for porcelain, edging for drawers, and paperweights) (AN, IX, 666, 1777, *inventaire après décès de Margueritte Martin*, wife of Claude François Julliot).

81'Modeles dornements d'apres Boule propre pour Bibliotheques', item 828, 'modeles de commode', item 829, 'modeles d'armoire', items 829–35.

82These cost 960 livres and were designed by Duplessis as mounts for two celadon urns. (15 June 1754, item 1810, L. Courajod, *Livre Journal de Lazare Duvaux, marchand-bijoutier ordinaire du roi 1748–1758*, Paris, 1874). Nine other examples of mounts by Duplessis are listed in the daybook (entries 601, 1021, 1124, 1493, 1713, 1738, 1810, 2420, 2806, 2999).

83AN, XLII, 521, 24 October 1770, *inventaire après décès de Martin Hennebert*. Nicolas Guignard, 'marchand bourgeois faisant commerce de cabinets, bureaux et armoires d'ebenne', at the sign 'Au Nom de Jesus' on the Pont Notre Dame. His stock of mounts included keyholes or escutcheons for drawers ('serrures de tiroir'), bronze rings (presumably for drawer handles), and 6000 brass nails, 32 keyholes of lacquered bronze ('cuivre en couleurs') were specifically 'pour servir dornemens a des bureaux' (8 livres). 'quatre tetes de cuivre en couleur acompagne' de leurs chuttes et deux pieds de biche aussi de cuivre en couleur' valued together at 100 *sols* and 'quatre griffes de lion de cuivre en couleur' (6 livres). AN, XXXVIII, 130, 19 July 1714, *inventaire après décès de Nicolas Guignard*.

84See Eriksen, *op. cit.* (n. 58), 271–6 for a full transcription and translation of this document, and Verlet, *op. cit.* (n. 76), for further discussion of models.

No category of work illustrates more strikingly the mercers' involvement in design – and the difficulties in understanding this – than the clocks and ornaments combining a number of materials. The mercers' corporate statutes gave them the right to stock such a range, and they produced new models through combining imported and domestically produced porcelain, bronze and other materials such as clocks or mechanisms. From about the 1740s, a range of new objects was sold by mercers such as Lair, Duvaux, Dubuisson and Delahoguette. Clocks and ornaments combining bronze, porcelain and other materials and mechanisms in extravagant configurations were highly valued in inventories. The mercers were uniquely placed to create such confections – they had access to imported porcelain, to the bronze workshops and to clockmakers. Moreover, their statutes gave them the right to trade in all of the materials and items. Each was probably slightly different, and it is possible that design drawings were not necessary for their assembly. Michel Joseph Lair, for example, had in stock in 1759 the following clock, valued at 2000 livres:

> Une grande pendule en chef doeuvre garnie de jeu dorgue, montée en cuivre doré et ornement de fleurs de porcelaine de Saxe prisé avec seize figures aussy de porcelaine de Saxe faisant partie de son ornement.[85]

Several clocks with such organ movements and figures survive.[86] While Lair's was a highly individual, and valuable, piece, other inventory descriptions record more standard objects, varying in terms of their individual parts but broadly similar. The descriptions do not give enough information to differentiate between the designs or patterns sold in one shop from those in a neighbouring mercer's stock. No longer were the products from the Orient so unusual or inaccessible and within the Parisian marketplace around the mid-century, the mercers appear to have had access to a similar range of skills and materials. Simon-Henri Delahoguette's inventory of 1768 included less valuable pieces, such as

> Une pendule composée de cinq chinois et d'un tambour de porcelaine de la Chine letout richement garni en bronze doré d'or moulu le mouvement fait par Gudin.[87]

The clock was valued at 288 livres. Delahoguette also had in stock a

---

[85]AN, LX, 481, *Inventaire après décès*, Michel Joseph Lair, 17 January 1759.

[86]For a clock with soft-paste porcelain flowers and a group of four figures of blanc de Chine, mounted in bronze, the clock movement by Noel Balthazar, see Christie's Monaco, 2 December 1994, lot 23 (ill.). For a later automaton clock with organ, with a tree and automated bird which flaps its wings, the clock movement by Ardiot, set on a neo-classical base, see Christie's London, 13 June 1991, lot 20 (ill.).

[87]AN, CXVI, 439, 23 December 1768, *inventaire après décès de Simon-Henri Delahoguette*, item 295.

figure of an elephant supporting a clock case without its movement, and other clock cases awaiting gilding.[88] The fact that he owed money to one *sculpteur en bronze*, a *maitre fondeur cizeleur* and a *maitre doreur argenteur et cizeleur sur métaux*, as well as two clockmakers, strongly suggests that he was employing skilled modellers and chasers to supply the bronzes for his confections.[89]

Other than Madame Blakey's drawing, many of the examples cited earlier in this essay were related to the mercers' relationships with local suppliers. An example of the mercers' exploitation of drawings in long-range marketing may be seen in the case of a collection of drawings in the Metropolitan Museum of Art.[90] Drawn and sometimes coloured in a number of different hands, these depictions of furniture, clocks and porcelain are dated to the early 1780s and are linked with the decoration of the palace at Laeken, residence of Albert, Duke of Saxe-Teschen and the Archduchess Maria Christina, governor of the Netherlands, and now the Belgian Royal Palace.

The collection has long been assumed to be associated with Dominique Daguerre, mercer, from whom the Duke and Duchess are assumed to have ordered furnishings for the palace.[91] Reputed to have sunk en route from Paris, the objects themselves no longer survive. His shop, A la Couronne d'Or in the rue St Honoré, was stocked with similar objects.[92] In some cases, surviving pieces can also be linked with the Esmerion drawings. The

---

88'Un elephan portant une boete de pendule', valued at 120 livres. A similar clock, also without its movement, was described both in the inventory of Alexandre Lefaucheur in February 1750 and a model formed part of Caffieri's assets on the occasion of his marriage in 1747 (G. de Bellaigue, *The James A. de Rothschild Collection at Waddesdon Manor; Furniture, Clocks and Gilt Bronzes*, 2 vols, Fribourg, 1974, i. 102). The Victoria & Albert Museum has an example of this model, with a clock movement by Martinot, marked with the inscription 'fait par Caffieri' (252–1882, Jones Collection, see Verlet, *op. cit.* (n. 76), 201). Lazare Duvaux also stocked a model of elephant clock, with a movement by Moisy (de Bellaigue, *op. cit.* [n. 88] i. 102). Duvaux owed money to three clockmakers (Moisy, Lenoir et Masson), a sculptor, six bronze founders and a gilder on his death in 1758 (AN, XC 290, 29 November 1758, *inventaire après décès*).

89As Verlet, *op. cit* (n. 76) points out, a number of clockmakers were involved in commissioning bronzes, but in this case it appears that Delahoguette was controlling the manufacture and assembly of his clocks.

90The Esmerion collection, 59.611, 1–10, 60.692, 1–10, 61.680, 1–36. See M. Myers, *French Architectural and Ornament Drawings of the Eighteenth Century*, New York, 1991 for an all too brief discussion of these drawings and watercolours.

91They bought from London, Paris and Vienna. The Esmerion collection appears to include items purchased outside Paris. In 61.680, folio I, a coloured drawing of a vase bears a note in French stating that the pair was bought for 100 guineas.

92For example, two tables with Sèvres plaques in the V&A collection were sold by Daguerre in the 1780s. Daguerre was one of the few mercers to buy the furniture plaques from the manufacture. For further details on Daguerre's enterprise, see de Bellaigue, *op. cit.* (n. 88), and Lemonnier, *op. cit* (n. 59).

function of the drawings as aids to selling is made clear by manuscript explanations which further describe the qualities and scale of the objects.[93]

Other inscriptions describe the nuances of colour (sometimes on the interior as well as the exterior), the relative sizes (of pieces in a garniture) or the origin of items. The collection has never been fully researched, but it is certain that a number of different draughtsmen are represented. Some sheets are signed, others attributed. For long-distance marketing, then, the employment of draughtsmen and colourists was one response to the problem of describing, tempting and selling.

The role of the mercers in design evidently varied but seems to have been significant. Their interventions in the design process ranged from employing designers to produce drawings for manufacturing and marketing purposes to supplying materials such as *pietre dure* around which a piece of furniture might be built. They also appear to have been involved in designing or creating new models by combining a number of different materials which only they held the right to trade. In addition they also reserved the exclusive use of certain patterns by safeguarding the models from which bronzes were cast. The mercers' exploitation of designs needs to be seen in the widest context, extending beyond the documentation and attribution of drawn or printed designs. Their complex business relationships, and ability to finance the production of certain goods, enabled them to exercise considerable design control within the commissioning process, and indeed gave them the opportunity to create products unique to their individual businesses.

In addition to their role in the design process, they innovated in marketing practices. A number of mercers dealing in items of high value or renowned for their fashionable and novelty wares created highly individualized shops. Diaries and inventories provide some evidence of the design and presentation of these shops. For example, when Madame d'Oberkirch wrote in her diary of her visit to Granchez's shop on 28 May 1784, she was describing one of the most remarkably designed shops in Paris. Decorated with mirror glass and fittings of mahogany and giltwood, the attention paid to its interior design recalls that of Fouquet's shop, dating from around 1900, now in the Musée Carnavalet. The design of Granchez's shop, from the exterior to the innermost rooms, was intended to create a memorable context within which the highly designed luxury objects on sale within could be viewed and purchased. The identities of these Parisian shops were created and presented by their proprietors as part of their marketing strategies, as a means to create an atmosphere of enticement, luxury and style.

---

[93]The coloured drawing of the secretaire mounted with plaques of Sèvres biscuit porcelain is annotated thus: C'est encore imparfaitement que le dessin rend leffet de la baute' de la secretaire qui est orne' de 4 bas reliefs en porcelaine de franc biscuit sur un fond petit bleu et bronze dore' au mat (Metropolitan Museum of Art, New York 59.611.10).

Granchez had moved to Paris from Dunkirk in 1767 to open a *magasin anglais* at 3 Quai de Conti.[94] The identities of both the business at Dunkirk and the Parisian shop were strongly associated with the port. Both trade cards were designed with a framed image of the port and the Paris shop sign between 1767 and 1782 was a painting by Joseph Vernet (painter of the series *Les Ports de France*) representing the port of Dunkirk.[95] All of these images of ships associated with the shop recall directly the armorials of the corporation of *marchands merciers* and the emblems of the city of Paris, linking the symbolism of Anglo-French trade via the port of Dunkirk with that of the city of Paris, the Six Corps of merchants and overseas trade.

Even some of the goods on sale at the Petit Dunkerque were decorated using such iconography. A commode attributed to René Dubois, bearing the inscription 'Au Petit Dunkerque' was painted with a port scene after Joseph Vernet.[96] Other goods marked with the name of the Petit Dunkerque survive. A number of gold boxes bearing this inscription on their flanges were sold by Granchez.[97] He launched a new snuff box every year, sometimes commemorating a specific event. Mercier said of this ritual 'chaque année on baptise ces petits bijoux d'un nom particulier et bizarre'.[98] For example, boxes named 'la consolation dans le chagrin' were covered with black shagreen and were decorated on their lids with portraits of Louis XVI and Marie Antoinette. They were advertised after the death of Louis XV in 1774.[99]

Such novelties attracted considerable attention. Le Mercier described the crowds which flocked to the Petit Dunkerque during the first days of the New Year, no doubt to see the latest box.[100] The value of these kinds of goods was expressed in terms of pleasure derived from their novelty, and their rarity. If Mercier was making a comment on the regrettable lack of 'real' value of objects when he said 'l'on juge des objets, non sur leur bonté réelle mais sure leur rareté', Madame du Châtelet was more willing to engage in the pleasures and satisfaction to be gained from the consumption of fashionable goods.

94See chapter 6, 'Parisian shops and the magasins anglais' in Sargentson, *op. cit.*

95Clarendon's London house was said to have been named the 'Petit Dunkerque' (*Archives historiques et littéraires*, 1852, 119–20).

96In Dubois' inventory was a list of painted furniture (de Bellaigue, *op. cit.* (n. 88)).

97The Victoria and Albert Museum has a gold box marked by J.-C. Genu with Paris discharge marks for 1775–81 and 1775–6, inscribed on the flange 'Du Petit Dunkerque', see Sargentson, *op. cit.*, plate 72. Five further examples of boxes marked with the name of Granchez's shop are conserved in the Musee du Louvre (S. Grandjean, *Les Tabatières du Musée du Louvre. Catalogue de tabatières, des boîtes et des étuis des XVIIIe et XIXe siècles du Musée du Louvre*, Paris, 1981, cat. 45, 128, 145, 147, 255. 145, a snuff box and 147, a sweet box, are both marked by Charles Le Bastier).

98Mercier *op. cit.* (n. 100), 82.

99Advertised in the *Mercure de France*, 1774, see Snowman, *op. cit.* (n. 114)

100L. S. Mercier, *Le Tableau de Paris*, 12 vols, Amsterdam, 1787, i. 82.

> Je ne ris plus que personne aux marionettes, et avoue q'une boîte, une porcelaine, un meuble nouveau sont pour moi une vrai jouissance.[101]

No doubt the small scale of some of the objects in stock motivated Granchez to employ some form of security at the shop. Often, said Madame Oberkirch of the Petit Dunkerque, the number of visitors to the shop was controlled by a guard.[102] The interior of the Petit Dunkerque was described in great detail in the inventory taken after Granchez' wife's death in 1784, not least because the fittings were so valuable (3000 livres).[103] The ceiling was composed of 250 pieces of mirror glass (each 8 inches high and 6 inches wide) and the back wall of the shop was similarly decorated, with 54 pieces of mirror glass (14 by 18 inches each). Three columns (one larger than the others) of mahogany were partly gilt and decorated with curved pieces of mirror glass. Two corner display cabinets, and a variety of other cabinets in the shop were also of parcel gilt mahogany and curved mirror glass. Drawers were built into two large counters which were themselves described as in the form of galleries, and made of mahogany and glass. A small mirrored counter with balusters was mobile ('roulant'). Four lanterns, three of which were in the form of griffins, provided lighting, and 12 globes of silvered glass ('boules en verre étainés') were also listed. Heating was provided by a stove.

The shop design was based on a glittering combination of mirror glass, mahogany and giltwood, and the objects and surroundings alike would have been reflected in the mirrors at the back and on the ceiling of the shop. The use of mirror glass recalls a fashion in the contemporary interior design of cafés, described as the 'magie des glaces' in the example of the interior of the Café Militaire in the rue St Honoré. Another café, in the rue Montmartre, was similarly fitted out with alternate mirrors and painted panels. This style of decoration was also imitated by Roy, owner of the Café de la Régence. Roy had very explicit ideas about the establishment. He opened his doors only to people whose appearance pleased him, and was not prepared to admit soldiers or servants, nor anyone who might disrupt the 'tranquillité de la société'. He wanted, above all, his café to have the air of a salon, not a shop.

Granchez's mirrored interior provoked comment in various quarters. The Baronne d'Oberkirch described the shop as 'étincelant', and Mercier said that 'rien n'est plus brilliant à l'oeil que cette boutique: rien n'est plus triste à la réflexion...'.[104] The author of the *Correspondance secrète de Métra* was

---

[101] R. Henard, *La Rue Saint Honoré*, 2 vols, Paris, 1908–9, ii. 433.

[102] H. L. Oberkirch, *Mémoires de la baronne d'Oberkirch sur la cour de Louis XVI et la société française*, reprinted ed., Paris, 1970, 172.

[103] AN, XI, 888, *inventaire après décès de Margueritte Leveque*, wife of Charles Raymond Granchez. Most inventories gave valuations for shop fittings under 1000 livres and often considerably less than this.

[104] Oberkirch, *op. cit.* (n. 102), 172, Mercier, *op. cit.* (n. 100), i. 81.

presumably describing the Petit Dunkerque when he spoke thus of an academy of fashion in Paris:

> J'indiquerai ... l'emplacement pour ce vaste magasin, que j'entends être plafonné, boisé et plancheré de glaces.[105]

Granchez's interior inspired a fellow merchant from Dunkirk, Jean Lafaye, who opened a Paris shop selling perfumes and accessories. An almanac of 1778 describes it thus:

> Lafaye, rue Platrière, aux Armes de Soubise. Parfumeur, tient un des plus superbes magasins & des lieux assortis en Poudre, Pommade, Parfums & Bonbons de première qualité. Ce magasin est dans un genre aussi galamment decoré que celui du Petit Dunkerque, & merité d'être vu par les Etrangers.[106]

In 1774, Granchez was appointed *bijoutier du Roi*, and in 1775 *Bijoutier de la Reine*. He used the latter title on his bill heading, and publicised his business through a series of announcements from 1767 to 1776 in *L'Avant Coureur*, and from 1774 in the *Mercure de France*.[107] In his advertisements in the *Mercure de France* during the 1770s, he announced the availability of a number of items which had been supplied to prestigious clients. In 1777 he was marketing small candlesticks 'à l'athénienne' which he had first presented to the Comtesse d'Artois, and buckles 'du modèle de M. le Comte d'Artois, who owed him 1173 and 1902 livres respectively in 1784.[108] also in 1777, he described a small clock named 'de lit à tirage', of gilt bronze, the gilding both burnished and matt of which 'le premier modèle a été fait pour la Reine'.[109] In the same advertisement he offered watch chains each decorated with a round ball ('grelot') of gold and nine new trinkets ('breloques'), the first of which was made for Madame (the sister of the King), who owed Granchez 2326 livres in 1784.[110]

Small boxes decorated with portraits provided a means of creating objets

---

105iv. 135 cited from Henri Hazard, *Dictionnaire de l'ameublement et de la décoration*, 4 vols, Paris, nd (2nd edn 1894), i. 531.

106Bibliothèque Nationale de France, 8° Z Le Senne 11630. Jean Lafaye was born in Grasse, Provence in 1728. His marriage contract with Marie Therese Noel from Reims, in which he was described as *marchand parfumeur* from Lille, was drawn up at Dunkerque on 24 May 1752. One of the witnesses was Noel Joseph Julien 'geographe du roi'. Lafaye and his wife had six children born between 1758 and 1769. I would like to thank M. Porhel of the Archives de la Ville de Dunkerque for supplying this biographical information.

107*L'Avant Coureur*: December 1767, January 1768, January 1770, April 1770, May 1770, December 1770, April 1771, September 1771, October 1771, July 1772, November 1772. I am indebted to Patrick Leperlier for these references. Granchez's advertisements in the *Mercure de France* were dated: September 1774, April 1775, January 1776, July 1776, January 1777.

108AN, IX, 813, *inventaire après* décès *de Margueritte Leveque.*

109*Mercure de France*, January 1777.

110AN, IX, 813, *inventaire après décès de Margueritte Leveque.*

which had both market appeal and linked Granchez's shop with illustrious personalities, some of whom were clients. In 1776, he advertised a range of snuff boxes each with a gold medallion portrait of the Comte d'Artois after an engraving by Trebouchet, at various prices. In 1775 he advertised new boxes with portraits of the Queen, priced from 30 livres. The same portrait in miniature was available on snuff boxes, as was the portrait of her brother, the Archduke of Austria. In 1774, gold rings 'à l'antique' with enamelled portraits in relief under glass were on sale. They represented the King and Queen, Henry IV, the Emperor and Empress, all after engravings by Wurtz, and were declared 'chef-d'oeuvre de resemblance' and were priced at 36 livres each.

The advertisements emphasized the novelty of products, 'nouveaux modèles', available at the Petit Dunkerque. In the *Mercure de France* Granchez announced the availability of a new range of buttons in pinchbeck, steel, silver and enamelled silver. A collection of objects made of English paste imitating rock crystal ('crystal factice') comprised chandeliers, candlesticks, garnitures for chimney pieces and vases, many of which were mounted in Paris in gilt bronze. New forms made in painted tôle with some silver content[111] included small candlesticks, toast baskets, teapots and fountains for making tea and salts and inkstands of ebony decorated with tôle plaques with cut crystal compartments.[112] In 1771, Granchez announced in *L'Avant Coureur* that he was now employing two artisans who had formerly worked at the ill-fated Petite Pologne (a *manufacture de tôle vernie*).[113] However, in 1777, the objects of tôle and silver alloy were described as imports ('de l'Etranger'). Other novelties included innumerable small boxes and buckles, silver tableware, punch bowls, spurs with rowels on springs which facilitated walking, and mechanical toys. Despite the promotion of annual, and indeed seasonal, changes in the design of boxes (Mercier described the difference between lightweight summer boxes and heavier boxes for winter use), the design of boxes associated with the Petit Dunkerque sometimes had a rather longer life. Snowman has noted that a circular box, with the inscription 'Du Petit Dunkerque' on the flange, is remarkably similar in design to another made by Le Bastier 12 years earlier.[114] Its pink ground with leopard skin spots of black enamel recall Granchez's advertisement of a circular box in 1777, 'bonbonnières en or et émail tigrées'.[115] The highly fashionable designs of at least some goods, and

---

[111]Tole amalgamé en argent (*Mercure de France*, April 1775).

[112]An inkstand with 12 such plaques, with the inscription Du Petit Dunkerque, was sold in 1912 (Hotel Drouot, 7 June 1912, lot 231). A plant holder with two pots also of painted tôle were sold a few years later ((Hotel Drouot, 30–31 May 1919, lot 48). I would like to thank Patrick Leperlier for these refernces.

[113]*L'Avant Coureur*, October 1771.

[114]A.K. Snowman, *Eighteenth-century Gold Boxes of Europe*, Woodbridge, 1990, 233, plate 478.

[115]*Mercure de France*, January 1777.

certainly the dazzling environment of the shop, went some way to placing Granchez on what Mercier described as his throne.

Granchez painstakingly controlled the cycle of his fashions, frequently advertising them as 'nouveau' and launching and naming new products annually. The fashionable status of Granchez's goods was reinforced by a programme of advertising, and the shop's fortunes were aided by public, royal and aristocratic patronage, carefully publicized by Granchez himself, by Mercier and by Granchez's customers. The goods advertised themselves 'Ne faut-il dire en étalant une boite: c'est du Petit Dunkerque'.[116] Through all these means, Granchez created a sense of difference, novelty and an élite quality at the Petit Dunkerque.

The presentation of these luxury shops was achieved through a number of means – exterior symbols such as trade cards, shop signs and shop fronts. The imagery of the trade cards for the 'Petit Dunkerque' and 'A La Pagode', produced by printing from engraved plates, were unusually elaborate. Many of the trade cards circulating in 18th-century Paris were very simple, especially among the furniture trade.[117] Claude Carelu's order for 1000, for example, cost him only 30 *livres*.[118] However, at the top end of the market, specialist designers and engravers supplied images such as Gersaint's card of 1740, designed by François Boucher before he became *peintre du roi*.[119] A number of merchants ordered trade cards, often with neo-classical frames, from the engraver Choffard, and these are now conserved as much for their quality as engravings as for their interest as commercial ephemera. Large format cards (more or less the modern A4 size) were used as bills, and one shop inventory refers to items of jewellery being wrapped in 'etiquettes'.[120]

If the trade card bore an image of the shop as well as text, that image was often used for the shop's sign (*l'enseigne* or *le tableau*). The *enseignes* were made of various materials and were sometimes three-dimensional.[121] The *tableaux* ranged from those of Gersaint and Granchez to much cheaper versions. For example, in the rue St Honoré shop of Michel Hugot in 1726 were 'Deux morceaux de draps verts et deux ronds debois rouge peinte nom de Jesus

---

116Mercier, *op. cit.*, 82.

117See plates 47, and 69–71 in Sargentson, *op. cit.* (p. 99).

118Archives de Paris, D^5B^6 2464.

119Many of the highly designed cards were made for merchants who had strong links with the engraving trades, such as the painters and goldsmiths (see for example, Antoine Dieu's trade card of 1698 and Formey's card of c.1740).

120AN, XXXVIII, 609, *inventaire après décès de Leonard Gaillard, marchand orphevre jouaillier des menus plaisirs du roi, officier du fourure de la Reine et ancien officier de Monseigneur le Comte d'Artois*, Quay de l'Ecole.

121Mercier describes some of these in an oft-cited passage in *Le Tableau de Paris*. The collection of ironwork of the Musée le Secq de Tournelles in Rouen includes many signs, often painted on metal or of forged metal, as well as brackets and other architectural ironwork.

servant detalage une enseigne de tolle avec ses potences de fer' valued at 30 livres.[122] According to a document of 1761 produced by the Six Corps of Paris as a response to a proposal to alter the disposition of signs, many merchants spent up to 400 livres on their signs. This statement was made in an attempt to preserve the signs, which were, from 1761, no longer permitted to hang over the street.[123] Before 1761, hanging signs had been suspended from brackets of wrought iron. They allegedly blocked views, obscured light and were in danger of falling on passers-by.

This was part of a long-running dispute, which had resulted in similar legislation in 1666.[124] Despite appeals by the Six Corps, who argued that overhanging signs were 'plus avantageuses au Négoce', that the expense involved in making alterations was excessive and that 'l'enseigne d'un marchand décide souvent le valeur de sa boutique', at the end of December 1761 the police ordered that all signs should be fixed to the wall. In August 1792, all merchants in Paris were ordered to 'supprimer tous emblêmes qui rappeleroient au peuple le temps d'esclavage sous lequel a gemi depuis longtemps'.[125]

The sign, whether it meant the physical shop sign or the name of the shop, was the primary means of identifying a shop. It was strongly associated with an individual and his or her trade, and sometimes explicitly formed part of the value of a business. When Bentabole terminated his partnership with the Rohault brothers he reserved the right, should he decide to remain in business on his own account, to use the sign of 'La Toison d'Or'.[126]

The appropriateness of the symbolism of the shop sign and the pretensions of proprietors were a matter of occasional discussion, as shown by the following conversation about the optician Sick.

> mon père m'avait demandé d'excellentes lunettes; j' allait les lui acheter chez Sick, l'opticien du Palais Royal. Celui-là aussi prenait un air d'importance à mourir de rire; il etait, disait son enseigne *fournisseur de l'Académie.*

122AN, 11, 425, 1 August 1726, *inventaire après décès de Michel Hugot, marchand bourgeois*, rue St Honoré.

123*Ordonnance du bureau des finances de la generalité de Paris, concernant les Enseignes dans toutes l'étendue de la ville et faubourgs de Paris*, 25 Mai 1761. *Reflexions des six corps...*, Paris 1761, *Memoire à consulter et consultation pour... mds de Paris*, 1761, *Ordonnance de Police*, 17 December 1761. The merchants' appeal was turned down, by *Arrest de la Cour de Parlement*, 7 Dec 1761. Vidal et Duru, *op. cit.* (n. 7), 253.

124According to the *Reflexions des six corps...*, shop signs in 1666 were limited to a height above the pavement of 13 $^1/_2$ feet with a maximum overhang of 3 feet. The dimensions of the signs were to be 18 inches x 2 feet high maximum.

125*Arrêt de commune*, August 1792, cited in Vidal and Duru, *op. cit.* (n. 7).

126AN, CXVIII, 454, 18 December 1748, *Dissolution de société.*

> Ah, disait Beaumarchais, si le pauvre Sick mettait sur sa boutique: *fournisseur des Quinze-Vingts*, cela nous donnera bien plus de confiance.[127]

The Quinze-vingts was a hospital for the blind.

Certain elements of the temporary display set up outside a shop were described as the *étalage*. These consisted of 'tapis' to which were pinned small items, such as prints, buckles, ribbons, etc. For example, '2 tapis de drap vert garnys d'Echantillons de rubans et de taffetas, et quatre battons garnys de bottes de paille couverts de papier blanc et noir, letout servant d'étalage' hung outside the shop of Guillaume Joseph Sornier in 1738, and were valued at 12 livres.[128] Three rods decorated with 'étalages' and three tapis d'étalage' were inventoried along with a glazed display case ('une montre vitrée d'étalage'), drawers and counters, a lantern, mirrors and various forms of seating in the shop of the perfumer Jean de Louy, rue St Honoré, in 1751.[129] Although the images of shops in Diderot's encyclopaedia are not necessarily accurate representations of the contents of shop and workshop, they do include fittings which are regularly described in the inventories.

A dispute over a shop display in Rouen uncovers something of the hostility towards the holders of these privileges.[130] In August 1739, a *fayencier* named Delafosse told the guards of his corporation that, having received the title *privilégié suivant la cour* three months earlier, he had displayed outside his shop an appropriate sign and hanging. He complained that, immediately the signs were in place, the guards of the corporation arrived and compelled him to close the shop, tore down the signs and confiscated 30,000 livres worth of goods. He pointed out that his privilege gave him the right, and indeed the obligation, to use a special display – 'son tableau et le tapis que les privilèges sont obliges de faire mettre au devant de leur boutique'. The corporation in Rouen argued that artisans were protected only in Paris, perhaps because they associated the privilege more closely with the practices of the Parisian corporations than with the King. After all, although the privilege itself gave considerable commercial advantages, the title was by this date merely symbolic of a much older system within which the King and court moved

---

127Oberkirch, *op. cit.* (n. 102), 312. (A guide to Paris describes the hospital: 'L'Hopital des Quinze Vingts, bati par Eudes de Montreuil, et fondé par S. Louis vers l'an 1260 pour trois cents aveugles, dont on publie que les premiers qui l'ont occupé, eurent les yeux crevés par les Infideles dans la guerre de la Terre Sainte. Mais l'opinion commune est que l'Histoire ne faisant point mention de ce fait, il est plus raisonable de croire que ça été pour retenir des aveugles mendians, comme çela est à present. Cet hopital se divise en aveugles, & en voyans pour conduire les aveugles...'; see *Curiositez de Paris*, Paris, 1733, i. 280).

128AN, LIII, 286, 24 January 1738, *inventaire après décès de Martine Joseph Sailly*, wife of Guillaume Joseph Sornier, *md mercier bourgeois*, rue Coquillere, paroisse St Eustache (north of and running parallel with the rue St Honoré).

129AN, Y11314, 24 December 1751, *scellé après décès*.

130AN, V^3 192 f. 191 r.

away from Paris and were dependent on the merchants and artisans appointed to supply them as part of 'la suitte'. The legislation relating to the *marchands suivant la cour* is now somewhat obscure, but the Rouen document explains that formerly, when the King and court were outside Paris, the corporation of shoemakers (*cordonniers*) attempted to force them to close their shops, and thereby to prevent them trading in Paris under privileged protection when, by right, they should have been *suivant la cour*. Henri IV ordered that any individual in any part of France who held the privilege of artisan or merchant *suivant la cour* should be permitted to open shops wherever the court should be. Delafosse won his case.

The more permanent features of shop design survive only rarely. A shop front in the Metropolitan Museum of Art, New York, demonstrates the quality of design and carving, and the amount of glazing used in a mid 18th-century shop. Evidence of artisans working on these commissions is also scarce. One such individual, Honoré Guibert, sculptor and wood carver (c.1720–91), is known to have worked in Paris from about 1760. Eriksen has described his known work for private patrons as largely for commercial premises.[131] He made a shop front in the rue Saint Denis in about 1761, with a doorway in 'une architecture grecque', and a shop sign for the rue Saint Honoré in 1764 – a 40-foot high obelisk decorated with hieroglyphs. Guibert might be a candidate for the design of Granchez shop. He was recommended to the *Bâtiments du Roi* by Joseph Vernet, for whom Guibert supplied frames for the paintings of the ports of France.[132]

In 1728, a French visitor to London said of the shop-windows he saw:

> What we do not, on the whole, have in France is glass like this, generally very fine and very clear. The shops are surrounded with it and usually the merchandise is arranged behind it, which keeps the dust off, whilst still displaying the goods to passers-by, presenting a fine sight from every direction.[133]

Crowds were often attracted by a particular event or display. The Baronne d'Oberkirch described the shop of Daguerre in the rue St-Honoré:

> On ne pouvait approcher de son magasin, tant il y avait de monde; la foule se pressait devant un buffet de salle à manger d'un travail admirable. Il devrait être porté en Angleterre chez le Duc de Northumberland.[134]

The inventories give brief descriptions of interior decoration – both fittings and fixtures (painted decoration, mirrors, chimneypieces, stoves, lighting)

---

[131] Eriksen, *op. cit.* (n. 58), 189. Guibert's work is illustrated in plates 66–7, 345–8.

[132] *Ibid.*, 189.

[133] *Voyage en Angleterre*, 1728, f. 29. Cited in F. Braudel, *Civilisation and Capitalism 15th–18th Century*, vol. ii, *The Wheels of Commerce*, translated by Sian Reynolds, London, 1982, 69–76.

[134] Oberkirch, *op. cit.* (n. 102), 306.

and also movable furniture such as seating and mobile display cabinets. Although the inventories rarely give much detail, by 1745, at least, the finery of Parisian shops was notable. Daniel Defoe devoted a chapter in *The Complete London Tradesman* to the subject of the appropriate layout and decoration of shops, in which he proposed moderation and decency. He was appalled by the excesses of the French mode of painting and adorning a shop with gilding and carving in order to make a great show. Apparently this was becoming a vogue in England, and in true anti-Gallican polemic, he said

> I take this to be a French humour, or a spice of it, turned English. And indeed we are famous for this, that when we do mimic the French, we generally do it to our hurt, and overdo the French themselves.
>
> The French are eminent for making a fine outside, when perhaps they want necessaries; and indeed a gay shop and a mean stock, is something like one of those people, with his laced ruffles without a shirt.[135]

Luxury shops in the rue St Honoré, usually rented, consisted of a *boutique* and *magasins*. At the sign of the 'Grand Turc', Jean-Baptiste Buffault dedicated a room to book-keeping.[136] The rooms directly behind the shop fronts seem to have been fairly narrow, and often other rooms in the building were used as commercial space. A contract for a five-floor building in the rue St Honoré shows a shop (*boutique*) at ground level and other rooms above.[137] These could be rented out as commercial or living accommodation. Inventories testify to this flexibility, often describing a room filled with goods on upper floors as a 'chambre servant de magasin'.

Gersaint's sign may represent the idea of the *boutique*, with a number of showrooms behind accessible through the open door at the centre back of the painting. In the 1760s, William Cole described Poirier's shop 'Au Couronne

---

135 The passage continued 'I cannot but think a well-furnished shop, with a decent outside, is much better to a tradesman, than a fine shop and few goods. I am sure it will be much more to his satisfaction when he casts up his year's account; for his fine shop will weigh but sorrily in his account of profit and loss; it is all a dead article, it is sunk out of his first money before he makes a shilling profit; and may be some years a recovering, as trade may go with him.

Some people tell us indeed, that putting a good face upon things goes as far as the real merit of the things themselves; and that a fine, painted, gilded shop, among the rest, has a great influence upon the people, draws customers and brings trade. And they run a great length in this way of talk; which is only satirizing on the blindness and folly of mankind; and showing how the world are to be taken in, and deluded, and imposed upon, by outside and tinsel. But I do not grant that the world in general is thus to be deluded; perhaps in some cases it may be so, where the women, and they must be the weaker of the sex, too, are chiefly concerned; or where the fops and fools of the age resort...' (D. Defoe, *The Complete London Tradesman*, reprinted ed., London, 1970, 210–11).

136 AN, LIII, 488, 30 August 1772, Buffault-Normand.

137 For living arrangements within buildings in Paris see especially D. Roche, *Le Peuple de Paris*, Paris, 1981 and A. Pardailhé-Galabrun, *La Naissance de l'intime*, Paris, 1988.

d'Or' in the rue St Honoré as 'a Magazine of several lower Appartments'.[138] The inventories show that goods were often distributed over both ground and first floors. Matthew Boulton said that 'unprivate shops are only customary in London for at Paris all their finest shops are upstairs'.[139]

The term *étalage* was sometimes used to refer to the disposition of goods as part of the interior display of the shop. For example, among the items valued for an inventory in 1778 of Menard's hardware shop on the Quay de la Mégisserie were 'les marchandises servant d'etalage tant en dehors que dedans...'. The inventory included the sign and a decorated plafond ('le plafond avec le chiffre'), valued together at 330 1ivres which might have been the ceiling.[140] Vidal interprets the meaning of the word *plafond* in relation to Gersaint's sign as an overdoor painting (on the exterior of the shop). At Madame Pucelle's linen shop in the rue St Honoré, both the sign and ceiling of the overdoor were painted with images of St Anne. The inventory described 'une enseigne qui a pour titre St Anne et le plafond qui represente la même Sainte' which were valued together at 20 livres.[141]

Paintings sometimes adorned the interiors of shops, further emphasizing the identity of proprietors or clients. For example, portaits of royal clients were hung in the shop of Rose Bertin, and described by one of her clients in May 1783:

> Je devais les bontés de mademoiselle Bertin au souvenir de madame la comtesse du Nord dont elle avait conservà la pratique. Elle avait son portrait dans son salon à côté de celui de la reine et de toutes les tetes couronnees qui l'honoraient de leur protection...[142]

Madame Eloffe, milliner to Marie Antoinette, also had a portrait of the Queen in her shop.[143] In the shop of the milliner Madame de St Quentin, 'Au Magnifique' in the rue St Honoré, the customers and women working in the shop were presided over by a statue of Minerva, goddess of stitching. Mademoiselle de St Quentin was famous for her 'poupées de la rue St Honoré', dolls dressed in the latest Paris fashions and circulated in foreign markets. Mercier described this as a 'mannequin precieux... enfin le prototype inspirateur'.[144]

138W. Cole, *A Journal of my Journey to Paris in 1765*, reprinted ed., London, 1931, 245.

139Henard, *op. cit.* (n. 101), 430.

140AN, XC, 476, 20 January 1778, *inventaire après décès de Marie Francoise Richard, femme de Antoine Marie Menard*, marchand mercier quincaillier.

141AN, CXVII, 800, 25 May 1755, *Vente des marchandises.*

142Oberkirch, *op. cit.* (n. 102), 311–12.

143Reiset, Comte de, *Le Livre journal de Madame Eloffe marchande de modes au temps de Marie Antoinette*, 2 vols, Paris, 1885.

144Mercier, *op. cit.* (n. 100), 291.

When in 1814 an almanac recorded the custom of promenading around the Parisian shops, the author was not recording a new phenomenon:

> Quand le mauvais temps interdit Ia promenade, la manière la plus ordinaire de gagner l'heure du dîner est de rendre des visites et de parcourir les magasins des joailliers, des lingères et des plus célèbres marchands de meubles, de modes ou de raretés.[145]

When Cole and Walpole visited Paris in 1765, they visited several mercers. Cole describes such a day:

> After taking an airing about the Place Louis 15, we went to the shop of Madame Dulac, where the Earl of Fife with Mr Sheffield, son of Sir Charles Sheffield, were making Purchases... From this dangerous shop we went to another not a whit less so, Mr Poirier's, where the China and Toys and fine cabinets were rather richer and in greater abundance; being a magazine of several lower appartments full of them.[146]

When Madame d'Oberkirch spent several hours in Granchez' shop in the 1780s, she left having purchased a 'joujou à la mode'.[147] She described an afternoon's leisure in the following terms.

> Après avoir diné avec les Beckendorf je fis des visites d'apres-midi, et j'allai avec Madame de Skzrawonski aux *Varieté's amusantes*, ou nous nous amusâmes beaucoup à *Jérôme pointu*. La salle était pleine de gens de la cour, qui riaient à gorge déployée. En sortant de la comédie, nous retourames dans les boutiques, en particulier chez les ébenistes et les quincailliers. Nous y vîmes les plus belles choses du monde. J'étais rentrée chez moi a neuf heures.

Within the shop, conversations took place about the quality, price and availability of goods.[148] Although relationships between mercers and clients are less easy to document than many other aspects of Parisian commerce,

---

145 *Almanach de modes et annuaire des modes reuni*, deuxieme année, Paris, 1815, BHVP Res 700613, 20.

146 Cole, *op. cit.* (n. 138), 244–5. My thanks to Clive Wainwright for suggesting that I look at Cole's diary. Cole describes the purchases at these two shops as follows. From Dulac: 'Mr Walpole, among other Things, bought three most beautiful Vases for a Chimney, of Blew enamel, set in gilt Copper, as a present for Mr. Chute of the Vine in Hampshire: they cost nineteen guineas, and were the most elegant Ornaments for the place they were designed, the middle one being larger than the two others'. At Poirier's 'Mr Walpole, amongst other things, bought an elegant tripod of gilt Copper, in an antique fashion of about 4 Inches high to burn Incense, or Pastilles a bruler, on: it cost 3 guineas. I bought a single coffee cup and Saucer of the enamelled Chantilly manufactured china, for which I gave 12 livres, or half a guinea.

147 Her companion, Maria Feodorovna, travelling incognito in Paris as the Comtesse du Nord, purchased many items to be shipped back to Russia.

148 For a discussion on conversation in the work of Antoine Watteau, see M. Vidal, *Watteau's Painted Conversations: Art, Literature and Talk in Seventeenth and Eighteenth-century France*, New Haven and London, 1992, especially 'L'Enseigne de Gersaint and the conversational structure of the artistic sign', 173–202.

several diaries record something of the quality of these relationships and suggest that the personality of the proprietor was often an important element in the process of purchasing. Cole described in 1765 his seduction by Madame Dulac and her wares, which had occurred in

> that extravagant and expensive shop; where the Mistress was as tempting as the Things she sold, and where a younger man than myself would run the risk of losing that which is of more value than Money, except he was much upon his guard: so that it is no wonder that such a shop was thronged with customers, or that the Mistress of it might boldly set what price she thought proper upon her commodities: for both her person, tho' drawing towards forty, as well as I could judge, voice and manner, were so engaging, that it was almost next to impossible to refuse her what she asked for them, or to go away without purchasing something both to remember where you bought it, as well as the manufacture itself.[149]

His companion Horace Walpole also remembered clearly the proprietor of this shop, and that of Poirier which they visited the same day. He wrote to Madame du Deffand in 1771 'I know the faces of every snuff-box and every teacup as well as those of Madame du Lac and Monsieur Poirier', though it must be said that this observation may have been as much a comment on slow turnover and a disappointing lack of new stock as the attraction of the merchants.[150]

The seductiveness of female proprietors and shop assistants was notorious, and sexuality or sexual availability was sometimes a very clear part of a commercial transaction particularly among those trades such as linens and sewing which principally employed women. Female clients were similarly cast as seducers – of Granchez's shop, Mercier claimed that

> Elle étincelle de tous ces bijoux frivoles que l'opulence paye, que la frivolité, que l'on donne aux femmes honnêtes qui n'acceptent de l'argent mais bien colfichets en or, parce qu'ils ont un air de décence.

149Sèvres porcelain, said Cole, 'is of an admirable beauty and texture... Indeed it ought to be superabundantly eminent and excellent, as the Price is excessive. I was with Mr Walpole one Day at a great shop in Paris, Mr Poirier's, where it was sold, and saw him give 10 louis or guineas for a single coffee cup, saucer and a little square sort of Soucoupe, or under-saucer, to set them on; they were indeed the highest finished Things of the Kind which can be conceived: perfect jewels that deserve to be set in gold frames to be admired and looked at, but never to be used for fear of breaking them: at the same time, at another shop of the same sort, in the rue Saint Honoré, at one *Madame* Dulac's, he bought a chocolate cup and saucer for his nephew, the Bishop of Exeter, which cost between three and four guineas, and was a great beauty of a less gaudy cast. I was tempted to purchase 2 or 3 things of the lowest price I could meet with, as specimens of this beautiful manufacture: accordingly I bought half a dozen cups with saucers, for coffee, which cost 9 livres each Cup and Saucer, the whole 54 livres, (or above 2 guineas considerably), for the Set, with a neat sugar dish and Cover at 12 livres: being the lowest priced things I could meet with in that extravagant and expensive shop' (Cole, *op. cit.* [n. 138], 233–4).

150233 fn. 1, letter to Mme Du Deffand, 31 July 1771.

Many female proprietors conducted their business with impressive condescension (and even the wives of less grand artisans and small-scale merchants were deemed by Mercier 'l'âme d'une boutique').[151] Of Madamemoiselle de Bertin's response to a visit from the Baronne d'Oberkirch, who was in search of a bonnet, the latter said

> Elle m'en montra, ce jour-là, *elle-même*, ce qui n'était pas une petit faveur, au moins une trentaine, tous differents...[152]

Personal attention from a shopkeeper of particular repute was clearly a bonus. In order to be well served by a proprietor, clients were sometimes obliged to put up with somewhat erratic behaviour from their suppliers. Madame Oberkirch explained her relationships with the milliners Bertin and Beaulard as follows:

> Après le concert de M. d'Albaret, j'allais chez Baulard, le marchand de modes et de colfichets. Alexandrine et lui etaient autrefois les deux célèbres, mais mademoiselle Bertin les a détrônés. Elle est venu de son quai de Gèvres, oû elle est restée si longtemps obscure, triompher de ses rivaux et les mettre tous au second rang. Baulard avait cependant la vogue pour les mantes; il les garnissait avec un goût exquis. Il me retint une heure en démonstrations et en cris contre mademoiselle Bertin, qui prenait des airs de duchesse, et qui n'était pas meme une bourgeoise. Je finis par m'arracher de ses confiances, que du reste il offrait à chaque nouvelle arrivant, et j'allai a la Comédie Italienne...[153]

On 4 June, she returned to buy a coat from Beaulard and remarked that 'Il fut plus discret cette fois'. A later visit was made to Beaulard to order a formal outfit for Oberkirch's presentation to the Queen.

> J'avais acheté l'étoffe et fait faire l'habit chez Baulard, mademoiselle Bertin m'ayant trop fait attendre. L'étoffe etait d'un brocart d'or, à fleurs naturelles, admirablement beau; j'en reçus mille compliments. Il n'y entrait pas moins de vingt-trois aulnes; c'etait d'un poids énormé.[154]

Her diary makes clear both her dependence on and her personal opinion of both Beaulard and Bertin. Of the latter's bankrupcy in 1787, she reported:

> Cet empire des modes subit un grand cataclysme. Mademoiselle Bertin, si fière, si haute, si insolente même, qui *travaillait* avec Sa Majesté, mademoiselle Bertin étalant sur ses mémoires en grandes lettres *Marchande de modes de la reine*; mademoiselle Bertin vient de faire banqueroute. Il est vrai que sa banqueroute

---

151Mercier, *op. cit.* (n. 100), 173.
152Oberkirch, *op. cit.* (n. 102), 311–12.
153*Ibid.*, 317.
154*Ibid.*, 324.

> n'est point plébéienne, c'est une banqueroute de grande dame, deux millions! c'est quelque chose pour une marchande de chiffons.[155]

The polite behaviour represented in diaries and in paintings such as Gersaint's sign (Schloss Charlottenburg, Berlin) and the dialogues between merchant and client were in contrast to the apparently frequent occurrences of brawls and thefts, documented in the records of the *commisssaires de police.* For example, a merchant upholsterer Jean Michel de Lerpine alleged that he had experienced an assault in December 1756 by a *traiteur* named Desmoulins, which was motivated by de Lerpine's refusal to pay his bill of 133 livres 8 sous.[156] The shop's apprentice upholsterer, Gautrot, was in the shop with de Lerpine's wife at the time (the shop was full of people, he said) and described Desmoulins' entry with a bayonet at the end of a gun. Another upholsterer, Charles Antoine Languigneux, aged 39, experienced a theft, though was fortunate enough to avoid any violent confrontation. Indeed, he did not even observe for some time that a piece of Gobelins tapestry two and a half ells high by four wide, worth 600 livres, was missing.[157]

Some of these police reports are useful not only in revealing another side of commercial life, but also because the precision with which each witness's testimony was recorded often included descriptions of shops and the way in which goods were displayed. René Laflaîche was on his way back to his shop in the Palais Royal at about 6 p.m. His wife told him that a thief had been taken to the *corps de garde.* While she was replying to someone who was bargaining with her over some buckles, she had seen the thief examining several pairs of buckles attached to some chains hanging on a hook outside the shop – a typical *étalage* of the arcades of small shops at the Palais Royal. The thief took the buckles in his hand, then at a moment when he thought she was not watching, tore off a pair which he threw to the ground when he heard shouts of 'thief'. The buckles and the piece of chain were taken to the guard. Laflaîche declared that the buckles were his and identified them by means of their description and a tag attached to them with 'no. 2756' in his

---

155The text continued, 'Les petites-maîtresses sont aux abois; à qui s'adresser desormais? qui tournera un pouf? qui arrondira un toquet? qui posera des plumes? qui inventera un nouveau juste? On assure que mademoiselle Bertin cédera à toutes les larmes et continuera son commerce. On dit aussi qu'elle a été ingrate pour la reine, et que sans cela Sa Majesté ne l'eut point abandonné dans son malheur, bien qu'elle fut occupé de tristes choses et d'intérêts plus graves' (*ibid.*, 478). Rose Bertin's business is discussed in detail by E. Langlade, *La marchande de modes de Marie Antoinette: Rose Bertin*, Paris, 1911, and in summary by M. Garland, 'Rose Bertin: minister of fashion', *Apollo*, January 1968, 40–5.

156AN, Y11314, 4 December 1756.

157AN, Y15OOO, 5 November 1779. Languigneux's shop was in the rue de la Harpe, paroisse St Benoit. The tapestry was described as a 'Piece de tapisserie de Gobelins fraiche comme neuve representant des enfants jardinieres a petittes bordures doublee en plain de grosse toile grise de la valeur de 600 livres environ'.

writing.[158] Small items were notoriously easy to steal. A goldsmith in the rue St Honoré reported that a pair of women's buckles had been stolen from the glass surface of a display case.[159]

Despite these intrusions, the environment of luxury shops in Paris seems to have been controlled in a number of ways – in terms of comfort, security, sophistication and style. The design of exterior and interior elements of a shop contributed to the distinction of one business with another and, in the most successful examples, helped to create an impact which entered into printed and conversational discourse. Although Granchez is an exceptional example, both because of the range and success of his marketing strategies and the amount of surviving evidence which provides a basis for documenting his career, many of the devices employed by him were used by other merchants seeking to occupy the high throne of fashion and to seduce the public.

The case study of an individual such as Granchez provides much detailed information about the strategies of an individual mercer who sought to compete at the most fashionable end of the market. However, broader questions about the mercers' role in 18th-century French commercial developments, and their significance within the history of design, remain to be evaluated. Colbert's grand plan to turn France into a great manufacturing and trading nation clearly depended, in part at least, on the commercial activities of the mercers, and his support of the Six Corps of merchants and his special relationship with the mercers is indicative of their significance in his mercantilist scheme. Evidence of the mercers' intersection with so many of the trades in Paris and provincial France, the large European trading companies importing from the Orient, other specialist European merchants and factories and with the colonies, shows that there were very few branches of commerce within which they did not play some role.

Their strategies were based on stocking a wide range of goods in terms of design and quality and price and on pricing these goods aggressively both at the novelty end of the market and at the end of their fashionable life in

158AN, Y12644, 10 September 1789, *vol d'une paire de boucles d'argent fait à la boutique du Sr. Laflaîche, md bijoutier au Palais Royal suivant proces verbal 29 aout 1798.* Other witnesses elaborated – the lieutenant Roussel described the buckles as 'boucles d'argent de forme ovale ciselée a poites de diamans avec chapes et ardillons de fer'. Louis Seguneau, *bourgeois de Paris*, 66, rue de Clery, was looking at some buckles when the theft took place. François Fenart, another mercer, at no. 30, Palais Royal, who was 34 years old, followed the rush over to the guard, and declared that he recognized Leroux as the man who had stolen three pairs of silver buckles from him on two separate occasions in May 1789. Leroux had been arrested a few days later for stealing silver buckles from Venant, *md bijoutier* at the Palais Royal. He said that Jean Baptiste Leroux was a *garçon tappissier*.

159AN, Y11370, 12 July 1768, *Declaration du Sr Maillard marchand orfevre au sujet du vol d'un paire de boucles a pierre a usuage de femme.*

second-hand markets. Mercers operating at the top end of the market were extraordinarily successful in creating the illusions and associations around objects such as clothing, accessories and snuff boxes which would entice consumers and support a high pricing policy. Like Wedgwood in late 18th-century England, Granchez exploited court approval of his designs. However, his strategies were not unique, and others sought equally to place their products at court and distribute less fashionable goods to less sensitive markets: Mademoiselle Bertin, for example, was notorious for palming off out-of-date fashions (in Parisian terms) onto provincial clients. But the status of certain goods as fashionable, or of new design, depended only in part on the physical properties of the goods themselves. As Lesley Miller has shown elsewhere in this book, the demand for novelty was met by a number of design strategies which included new designs created in their entirety (often on paper), adaptations of existing designs and alterations made to existing patterns. This was not a phenomenon exclusive to silk markets: bronze designers and furniture-makers in Paris were also keen to exploit design archives by reproducing successful models and adapting expensive designs.

Although many of the mercers' goods were ready-made (particularly those which were imported), the form, decoration and function of many of these goods were transformed by the mercers' practice of *enjolivement.* The combination of elements of different materials, origins and dates, into the porcelain, lacquer and bronze confections described above exemplifies another approach to design employed by the mercers. This practice of assembling new forms of ornament from objects kept in stock seems to have represented a new kind of design process unique to these merchants. Their role was therefore often very different from the kind of design process which produced drawings and prints, and which forms the subject of the historiography of design in early modern Europe.

These design strategies allowed the mercers to manipulate the concept of *nouveauté* in collusion with their suppliers, in order to satisfy demand with relatively minor design changes. Up-market objects often differed only slightly, and the desire for a certain level of difference or distinction could apparently be satisfied by the introduction of relatively minor changes into a range of forms. Thus designs for patterned silks were considered by the Lyonnais to have a life of 15 to 20 years, a series of *bonheurs-du-jour* with Sèvres porcelain placques were made over a period of 15 years or so with only minor variations and even Granchez's gold boxes were not always of such novel design as he might wish his clients to believe. Even direct copies were not denigrated in the way that they now are. A lively secondhand market encompassed goods of extremely high value such as old Boulle and Japanese lacquer furniture and porcelain classified by origin, date and pattern. The high cost of materials and workmanship were two factors in the maintenance of high values within the marketplace for second-hand luxury goods.

However, old styles and used objects could also be sold down at competitive prices at the end of the fashion cycle, and fierce disputes between the corporations of mercers, upholsterers and second-hand dealers over the rights to trade in old goods bear witness to the lucrative nature of this market.

In all of these markets, the mercers operated at the nexus of the cycle of supply and demand. These very words immediately conjure up a history of debates about production and consumption. However the question 'supply or demand?' which has long been linked to historical enquiry into the nature of 19th- and 20th-century economies seems in some ways unhelpful for discussions of the luxury trades. This is in part because luxury markets are perhaps more likely than any other to be 'demand-led', in the sense that these markets usually comprise consumers who are especially sensitive to changes in novelty, fashion and taste, and who demand highly differentiated goods. A further complication in using the supply–demand equation in relation to the 18th-century French luxury trades is that it is rather difficult to define the point at which supply meets demand, and therefore to characterize the relationship between the two. Were the mercers suppliers or were they, in a sense, demanding consumers in their own right – themselves representing a market to be satisfied by many workshops and factories? What of their place within a string of intermediaries, and their role as finishers, 'enjoliveurs', of part-finished goods? The mercers specializing in luxuries were in many ways much closer to their consumers than to their suppliers.

What is perhaps more interesting in the case of the mercers is the question of their position *between* consumers and clients, and their negotiations with each group over the look, price and quality of goods in pursuit of their own business interests. To best serve their own aims, they exploited information about fashion and taste in order to acquire from suppliers goods which were highly likely to be desirable to their clientele (often adapted or finished to the mercers' or clients' precise specification), while simultaneously creating a sophisticated context around these commodities in their shops that would encourage their customers to believe in the credibility of the mercer and the fashionability of the objects on sale. Purchasing luxuries was an act of faith, and the mercers were uniquely positioned to manipulate demand and create confidence. They played a significant role in the history of the luxury trades and consumption, both in terms of *ancien régime* Paris and in establishing practices which were taken up in the post-Revolutionary luxury economy.

6

Paris–Lyon–Paris: dialogue in the design and distribution of patterned silks in the 18th century

*Lesley Ellis Miller**

> ...dans les questions soyeuses on parle toujours de la dépendance du canut à l'égard du fabricant et pour ainsi dire jamais de celle du fabricant à l'égard du marchand mercier parisien, représentant de la mode.[1]

Until fairly recently, Louis Gueneau remained unappreciated for this identification of the gap in the literature on the silk industry, particularly with regard to the agents involved in the design of the patterned silks which were such an important part of the textiles manufactured in the city of Lyon

*This article would not have been possible without the collaboration of Carolyn Sargentson (now Assistant Curator, Furniture and Woodwork, Victoria and Albert Museum) who has complemented my own work on the Lyonnais brocaded silk industry with her ongoing research into the *marchands merciers* of Paris. I have not only benefited from regular and inspiring discussions on the links between our individual areas of work, but am indebted to her for her generous sharing of research that has only just been published. She is in large part responsible for the sections on the state of decorative arts history, and for all material on the *marchands merciers*. Her PhD thesis, published as *Merchants and Luxury Markets. The Marchands Merciers of Eighteenth-Century Paris*, London and Malibu, 1996, contains a similar discussion in Chapter 5.

We are both grateful to the Pasold Fund for Research in Textile History and the Maison des Sciences de l'Homme Networks Scheme/ESRC for facilitating research in France, and giving us the opportunity to present early versions of this paper at far-flung conferences. Mary Schoeser and Judy Attfield kindly gave their informed responses to the present version.

[1]L. Gueneau, 'Paris, les industries et la commerce de la soie et des soieries à la fin de l'Ancien Régime', *Revue d'Histoire moderne*, i, 1926, 282.

From *Luxury Trades and Consumerism in Ancien Régime Paris: Studies in the History of the Skilled Workforce*, ed. Robert Fox and Anthony Turner. Published by Ashgate Publishing Ltd, Gower House, Croft Road, Aldershot, Hampshire, GU11 3HR, Great Britain.

throughout the 18th century.[2] Although many of his successors have accepted uncritically the existence of communication between Paris and Lyon, and the role of the former in the consumption of the products of the latter, there is no detailed analysis of this symbiotic relationship. In recognition of consumption as a far more complex process than the simple act of buying and using a manufactured product, it is possible to investigate the way in which the consumer may intervene in the stages preceding manufacture. Lyonnais silk production of the 18th century has left many records of the process of negotiation between producer and consumer. These reveal just how complicated decisions over design were, and how difficult it is (and was) to apportion ultimate responsibility for the look of these textiles to any single individual.

The apportionment of responsibility (or authorship) has, however, been one of the major themes in histories of luxury objects, and it is essential to understand its place in the methods and approaches utilized by different textile historians before embarking upon a reconstruction of the dialogue between the two cities.[3] Therefore, this paper begins by demonstrating how the current treatment of the two cities in isolation, and historians' tendency to concentrate on showing how silk designs changed over the period, has led to the simplistic assumption that silk design relied solely on the creativity of Lyonnais designers and the way in which they constantly changed patterns in a quest for novelty to stimulate sales. I intend to challenge the notion that the dynamic of design was as original or revolutionary as historians have implied – a hypothesis which is interrogated through the analysis of commercial correspondence and documents concerning the issue of design theft. The main parties in this paper are firstly the historians who have promulgated a particular

---

[2]Patterned or figured silks (*façonné*) are patterned silks whose motif is created during the weaving process, rather than added afterwards. In the 18th century, this seems to have been the main method of patterning which meant that the designs for such silks had to be translated on to point paper ready for transferral on to the loom, warp and weft thread by warp and weft thread. It was a most time-consuming process, from the point of view of everyone involved in it (merchant, designer or weaver). Over the period covered in this article (approximately the 1720s to the 1780s) patterns changed seasonally, and it is possible for the present day specialist to date a silk to within a few years of its production. In generally, the patterns became more and more naturalistic, the scale for dress fabrics diminished and spots, stripes and small motifs were popular from the 1770s onwards. Plain silks, however, were also produced in Lyon, and were a solid staple throughout the period. For more detail, see P.K. Thornton, *Baroque and Rococo Silk*, London, 1965, and N. Rothstein, *Silk Designs of the Eighteenth Century*, London, 1990.

[3]The more practical problems associated with access to archival material in two different geographical locations have also made it difficult to follow both the Parisian and Lyonnais sides of the process; hence the benefits of collaboration. Not surprisingly, Gueneau and his Parisian successors tended to focus their work around the trades of the capital and derived their material from Parisian archives. In contrast, historians of the Lyonnais industry have concentrated on their local archives and often divorced the silk industry from its main commercial outlets.

view of how the trade in silks worked, and secondly the manufacturers, designers and mercers who were jointly responsible for creating the silks.

HISTORIOGRAPHY AND SOURCES

The literature on silks woven in Lyon in the course of the 18th century falls into the following categories: histories of production, histories of art and design, and exhibition catalogues. In theory, all three deal with design and distribution, as well as production. In practice, there is a clear divergence between the type of social/economic histories of production which ignore design, and the other two categories which take design as their focal point. This is surprising as the designer features as a distinct occupation in the records of the different types of employees within the industry at that period. Not only did designers exist in great numbers but they also held prominent positions, earning higher incomes than weavers, and salaries comparable with those of merchants.[4] Such evidence in itself suggests that the designer's role is relevant to the study of the manufacturing process, industrial relations within the industry, and the economic success of the trade. Admittedly, the nature of designers' work makes them a hybrid species, potentially of more interest to museum curators and historians of art, design and the decorative arts, and indeed it is they who have championed study of occupations with an artistic dimension.

Given the conventional visual bias of such research, studies have largely centred around surviving artefacts, documenting methods of production, stylistic change, and the clients or scenarios for which fabrics were intended. The dominant historiography has treated silks as designs and objects assumed to be unique, or highly differentiated with price as no object. This has also been the approach of histories of luxury markets in general and has tended to result in a history of great objects and well-documented but atypical commission, without any broad analysis of market mechanisms and trends. Design of luxury goods has usually been framed in terms of individuals – designer, maker, consumer, locating any innovative design within a chronology of the avant-garde, thus ignoring subsequent replicas, imitations and adaptations. Recent research by historians of design suggests that designs for all sorts of objects (including some that were not originally intended for execution) were often modified and recycled, exploited long after their original conception.[5] In addition, attention is only rarely given to

---

[4]See L.E. Miller, 'Designers in the Lyon silk industry 1712–1787', PhD (CNAA) thesis, Brighton Polytechnic, 1988, chapter 6.

[5]See, for example, Peter Fuhring's unpublished PhD thesis on Juste-Aurèle Meissonier, Leyden University, 1993; Peter Fuhring, 'Designs for and after Boulle', and Carolyn Sargentson, 'Markets for Boulle furniture in early eighteenth century Paris', both in *Burlington Magazine*, cxxiv (1071), 1992, 350–62 and 363–7.

either the simple but varied striped, spotted, floral (*à bouquets*) and plain fabrics mentioned so often in domestic and commercial correspondence throughout the century or the vast body of relatively anonymous designers who created them.[6] In Lyon, some 600 individuals worked in this capacity over the 18th century, yet historians have only enthusiastically picked out the few named designers from the contemporary published texts which refer to design, and sought examples of their work, which tends to be among the most lavish and probably most innovative of its time.[7]

Museum displays, not surprisingly, perpetuate the image of the Lyon textile industry in terms of creativity, extravagance and talented artists. The recently renovated Musée des Tissus (MT) in Lyon is one such example. The 18th-century rooms show a range of the more sophisticated silks which incorporate gold, silver threads and polychrome silks and whose styles are shown as developments over time, set alongside the 'signed' works of Jean Revel (1684–1751) and Philippe Lasalle (1723–1804), with the paintings of Jean Pillement (1727–1808) and several models of looms of the period. This interpretation of the Lyon silk industry is not surprising given the miraculous survival of such fragile items, their marvellous visual impact, and the amount of historical work devoted to their provenance and their creators. Although such studies are often based on extensive documentary research, they remain problematic because the survival of written documentation of exceptional rather than run-of-the-mill commissions, of elaborate pieces of fabric, and of complicated paper designs biases the image of design and its markets. The result is an emphasis on the theme of novelty and constant change in design, and on the exceptional qualities of a handful of designers who have become heroes.[8]

---

[6]The kind of correspondence that deals with these matters is discussed with reference to *marchands merciers* and their clients in M. Schoeser, 'The Barbier Manuscripts', *Textile History*, xii, 1981, 37–58, and in more detail in her unpublished MA thesis, 'Letters to M. Barbier, Parisian silk merchant 1755–97', Courtauld Institute of Art, 1979; with regard to commercial dealings in J. Peyrot, 'Les techniques du commerce de soies au XVIIIe siècle à travers les documents commerciaux et comptables des fabricants de soieries', *Bulletin du Centre d'Histoire Economique et Sociale de la Région Lyonnaise*, no. 1, 1973, 29–49; and with reference to designers and *marchands fabricants* in Miller, op. cit. (n. 4), chapter 5.

[7]This literature begins with and follows on from Joubert de l'Hiberderie's book of 1765 (*Le Dessinateur pour les fabriques d'étoffes d'or, d'argent et de soie*, Paris), receiving a boost in the early 20th century in E. Leroudier's seminal article, 'Les dessinateurs de la soierie lyonnaise au XVIIIe siècle', *Revue d'histoire de Lyon*, 1908, 241–66. Stylistic change is charted, notably in P.K. Thornton, *op. cit.* (n. 2) and N. Rothstein, *op. cit.* (n. 2). More recently, the emphasis has lain on Royal Orders (e.g. J. Coural and C. Gastinel-Coural, 'La fabrique lyonnais au XVIIIe siècle. La commande royale de 1730', *Revue de l'art*, lxii, 1983, 49–63) or on building up a more general picture through the use of notarial records (e.g. Miller, *op. cit.*, n. 4).

[8]Miller, *op. cit.* (n. 4). Appendix 1 in volume II carries a list of about 600 designers and represents the findings from only four years of research in archives in Lyon and Paris.

Nevertheless, much of this meticulous museological work provides a firm basis for a more rounded analysis. In terms of curatorship, the staff of the Mobilier National and the Musée des Tissus are at the forefront of research into the production and distribution of 18th-century commissions from the Court.[9] Their exhibition catalogues present a large range of documents and notes relevant not only to royal orders but also to the day-to-day running of the Lyonnais industry and its communications with Paris.[10] Without actually setting out to construct a full narrative, they contain a wealth of information about the individuals involved at different stages in the manufacture and consumption of the royal orders: clients, Court officials, *marchands merciers, dessinateurs, marchands fabricants*. They reveal the complexities of the network and different versions of the dialogue in design, even if only at one particular level of the market. The one constant was the place of manufacture: Lyon.[11] The variables were the actual named manufacturers, the source of the order and of the design: the *Gardemeuble* or a *marchand mercier* might make the order; the designer might compose his work in Lyon or Paris, and might reside habitually or temporarily in either city. Hence systematic documentation of exclusive textiles is useful in the study of broader ranges of fashionable patterned silks whose final destination and use are less easy to pinpoint. For the more mundane orders, commercial correspondence replaces the accounts of the Gardemeuble as the main source, whether it is between client and mercer, between mercer and manufacturer, or between designer and manufacturer.[12] Such correspondence also lies at the heart of the investigations of Jean Peyrot, who has concentrated his energies on unravelling the way in which Lyonnais commercial manufacturing houses worked, their business networks and terms of credit, research that adds substantially to an understanding of the industry as a whole.[13]

It is against this questioning of past historical interpretations that this paper concentrates on more general design in the 18th-century silk industry as a case study for the transmission of ideas and their transformation into

---

[9]In particular, J. Coural, C. Gastinel-Coural, P. Arrizoli-Clementel, and M.-J. de Chaignon.

[10]*Soieries de Lyon. Commandes royales au XVIIIe siècle (1730–1800)*, Musée Historique des Tissus, Lyon, 1989. This exhibition was assembled by Pierre Arrizoli-Clementel and Chantal Gastinel-Coural and was part of an ongoing research programme.

[11]Although, of course, other orders were made to manufacturers in Tours and Paris.

[12]In this particular article, the emphasis is on correspondence between manufacturers and their intermediaries in Paris. Most of this is in Série B, *Fonds des commerçants* (now 8B) in the Archives Départementales du Rhône (hereafter ADR). Mary Schoeser has however written about the surviving correspondence between the Parisian *marchand mercier* Barbier and his clients, and Gilberte Vrignaud has carried out a technical analysis of fabrics in similar papers in the Archives Départementales de Meurthe-et-Moselle (*La Vêture et la parure en France au XVIIIe siècle*, Paris, 1994). There are distinct parallels between the content of the letters, although the precision of descriptions of fabrics and their patterns is often greater in the type used in this article. Schoeser, *op. cit.* (n. 6).

[13]Peyrot, *op. cit.* (n. 6).

fabric. Specifically, it will concentrate on the role of Parisian intermediaries in negotiating design: the Parisian mercers (*marchands merciers*) and agents (*commissionaires*) who bought stock from Lyon, sometimes for a specific client, sometimes on purely commercial speculation, and the Lyonnais designers who visited the capital and informed their manufacturers of the capital's current or future requirements in fabric design.

To carry out this analysis, several specific types of documentation have been investigated. None, however, allows quantitative analysis. In Paris, inventories of some of the most prestigious *marchands merciers* in the rue St Honoré provide evidence of imports of fabrics from Lyon, of the range of stock and of the prominence of Lyonnais manufacturers among the providers of Parisian retailers, as well as their role in the mercers' financial solvency. This concrete testimony of contact and negotiation functions as a backdrop for the more detailed analysis of the Lyonnais side of the equation, for which the most fruitful sources are several series of commercial correspondence in the Archives Départementales du Rhône (ADR), and the papers concerning copyright disputes and legislation in the Archives Municipales de Lyon (AML) and the Bibliothèque Municipale de Lyon (BML). Unfortunately, the commercial correspondence is one-sided, bearing witness only to the demands on Lyon from the capital and offering limited insight into the reaction of the Lyonnais manufacturers to these demands. It also reflects the business interests of only a very few merchants, all of whom eventually went bankrupt in the course of the century (which was often also the case for the Parisian *marchands merciers*). Nonetheless it does reveal that Parisian correspondents outnumbered those from any other national centre, in terms of both the number of correspondents and the sheer volume of letters.[14] Consequently, it is invaluable as a means of detailing exactly what the capital was demanding in silks. Some letters even go into great detail on the subject of the visual appearance of the fabrics – interestingly, something that, in some cases, their authors manage to convey in words without the aid of sketches or samples.[15] Their graphic descriptions are paralleled by the discussions which surrounded copyright disputes in which legalistic precision determined the case for or against particular complaints or claims. Additionally, the deliberations surrounding the creation of new rules and regulations with regard to copyright reveal the main working concerns of

---

[14]ADR,Série 8B, *Papiers commerçants*. For example, the firm of Fayet, active between the 1730s and 1758, had 42 correspondents in Paris, and no more than a dozen elsewhere; Seilhade had 30 correspondents in Paris, just ahead of the 24 in Geneva; in Carret's papers, Paris (43) fell between Amsterdam (67) and Bordeaux (36). See P. Léon, *Lyon et le grand commerce au XVIIIe siècle. Papiers d'industriels et de commerçants lyonnais*, Lyon, 1976, for more details. For the early history of the *marchands merciers*, see J. Cleret, 'La Corporation des merciers de Paris, des origines à la fin du XVIe siècle', Ecole Nationale de Chartes, 1941.

[15]Some letters do have samples attached, some show signs of having lost their samples, and other clearly never had any.

designers and manufacturers who needed to protect their work or possessions. Most of these data are from the second half of the century, when designs were becoming simpler, and probably easier to copy quickly.

These are, then, the main sources through which this paper begins to unravel the dialogue between designers (*dessinateurs*), manufacturers (*marchands fabricants*), and mercers (*marchands merciers*). But before tackling this main issue, it is useful to offer a brief overview of the main Lyonnais and Parisian protagonists, their numbers, sphere of activity and finally the claims of two of their articulate spokesmen, the designer and manufacturer Joubert de l'Hiberderie and the mercer Bourjol. Both men had a slightly different slant on the relationship of their professions to each other, and are important, not just because current histories have generally used their visions in isolation one from the other, but also because their testimony demonstrates that contemporaries had difficulty in establishing exactly who was responsible for the design of patterned silks.

DESSINATEURS, MARCHANDS FABRICANTS *AND* MARCHANDS MERCIERS

Designers, merchant manufacturers, and mercers in many ways parallel the stereotypical view of their respective cities. Designers and manufacturers were as important in Lyon (where the economy was based on a highly specialized form of production) as were mercers in Paris, the international centre of the *commerce de luxe*, a luxury economy largely based on a network of specialist makers and retailers. The activities of each group were quite different, although they shared a common interest in the commercial advantages of 'appropriate' design, a subject on which they discoursed person to person and in writing throughout the century.[16]

Maurice Garden has estimated that at the end of the *ancien régime* the silk industry in Lyon accounted for a substantial amount of the workforce, perhaps as many as 14,076 souls, approximately 38.35 per cent of the city's population.[17] Most laboured hard for little remuneration; they were in the control of the *marchands fabricants* who numbered about 400 throughout the second half of the century.[18] These were men with sufficient capital to buy

---

[16]I use the term 'appropriate' here because the correspondence maker clear that there was a difference between 'good', 'new' and 'fashionable' design, and correspondents were very aware of the importance of seeking out what suited their clients. Taste was relative rather than absolute.

[17]M. Garden, *Lyon et les Lyonnais au dix-huitième siècle*, Paris, 1975, 180.

[18]The tax rolls for the Grande Fabrique in 1758 and 1768 reveal 406 and 410 *marchands fabricants* respectively. Archives Municipales de Lyon (hereafter AML), CC178 *Rolle de capitation, Grande Fabrique*, 1758–9, and *Rolle de capitation* of 1768 cited in Garden, *op. cit.* (n. 17), 280.

raw materials (including designs), provide work for weavers (paying them piece rates), negotiate markets outside Lyon, and were ranked among the most powerful and wealthy of Lyon's citizens although their fortunes were modest in comparison with Lyon's new nobility.[19]

One of the clearest snapshots of the prominent place of the *marchands fabricants* and their aides, the *dessinateurs*, is the *Rolle de capitation* of 1758–9.[20] It lays out the tax paid by each type of worker, from the lowly drawgirls and apprentices upwards. At the top of the hierarchy sat the 125 wealthiest *marchands fabricants*, paying between 40 and 300 livres and below them the 55 freelance *dessinateurs*, whose payments were in line with the majority of *marchands fabricants*.[21] Not surprisingly, these two better-off professional groups lived side by side in the areas of the city in which rents were highest.[22] The proximity of their living quarters underlined their closeness in terms of working relationship, but also the way in which designers could merge into the businesses of *marchands fabricants* as partners, sometimes becoming in their own right *marchands fabricants* or *négociants*. They all had one other feature in common which differentiated them from other workers: travel. The *rolle* confirms the impression gained from commercial correspondence that they worked both in Lyon and away from home. In 1758, for example, some five designers were absent, and although Tarare and Spain were the only recorded whereabouts, it can be deduced that three were most probably in Paris.[23]

These large numbers of designers served the merchants who specialized in patterned silks. For an impression of the balance between plain and patterned silks in Lyon, it is possible to turn to another tax roll taken in 1768. It revealed the proportion of weavers who specialized in different types of manufacturing – and by implication the proportion of *marchands fabricants*.[24] About half (2141) were involved in the manufacture of patterned silks (*façonnés*) while the other half (2061) specialized in plain silks (*plein*) whose brilliance lay in their colours rather than their patterning.[25] Their fortunes were probably more stable because they could cater for periods of mourning

[19]Garden, *Lyon et les Lyonnais au dix-huitème siècle*, op. cit. (n. 17), 243ff.

[20]AML, CC178, *op. cit.* (n. 18).

[21]This was only a proportion of the designers, as many are hidden within the categories of the firms for whom they worked – perhaps as many as another 150. For a detailed breakdown, see Miller, *op. cit.* (n. 4), chapter 6. 125 *marchands fabricants* paid over 40 livres in *capitation*. The rest paid up to 40 livres.

[22]Garden, *op. cit.* (n. 17), 135–45 and Miller, *op. cit.* (n. 4), 147–58.

[23]AML, CC178, *op. cit.* (n. 18): Demontigny was in Spain and Georges Antoine Simonnet had returned to his native town of Tarare.

[24]This is not an exact calculation, but gives a rough impression from which to work out how the industry divided up. Some *marchands fabricants* may have been involved in giving out work for different types of fabrics, plain and patterned.

[25]Garden, *op. cit.* (n. 17), 280.

and hardship merely by dyeing their products in hues of black and grey. They were also able to produce far more fabrics faster than their counterparts because of their simplicity. Fashionable patterned silks were more problematic, because they were less easy to adapt once on the loom and required substantial capital investment. The *marchands fabricants* had to buy hank-dyed polychrome silk yarns, real gold and silver yarns, appropriate designs that changed seasonally and weaving labour. The nature of yarns and realistic three-dimensional floral patterns made weaving particularly onerous and long-winded, as the drawloom took some time to prepare (possibly between one and four months), and had to be operated by a minimum of two people. Moreover, the fact that new patterns arrived each season has led historians to assume that these silks were hazardous investments, because even the slightest hiccup in the manufacturing chain might render them obsolete by the time they came off the loom.[26] Even once the fabric was made up and sent to *marchands merciers* or other clients, the *marchands fabricants* had to wait for payment – and this sometimes depended on the retailer making a fast sale.[27] As a result of these financial constraints, businesses of this type were initially founded on a capital investment of between 40 and 150 thousand livres, and *marchands fabricants*' credit schemes worked on a cycle of anything from nine to eighteen months.[28]

Some concrete examples illuminate further the expense in time and materials, and the nature of the products under discussion. A memorial sent to De Gournay in 1751, for example, laid out the differential between the retail and the weaving price per ell of different ranges of fabrics (see Table 6.1).

Although a number of overheads are hidden, including the profit of the *marchand fabricant* (usually 12–15 per cent), it is clear from the table that weaving was the least expensive part of the process, and that materials must have contributed substantially to the cost – especially in the metallic categories at the top of the hierarchy where the differential was greatest.[29] At the mid-century, when patterns were large and naturalistic, it might take a

[26]For example, J. Godart, *L'Ouvrier en soie*, Geneva, 1976.

[27]Commercial correspondence reveals the problems *marchands fabricants* faced in collecting for their product from *marchands merciers*. Often it seems they had to wait until the *marchand mercier* had sold it. Cash-flow problems in retail directly affected the Lyonnais. They may even account for the fall of such houses as Fayet and Carret who had particular difficulties in eliciting payment from Porlier, Barbier and Sanson, all *marchands merciers* who were going bankrupt.

[28]For initial capital, see ADR, Série B Formations de Sociétés and for credit patterns, G. V. Taylor, 'Some business partnerships in Lyon 1785–1793', *Journal of Economic History*, xxiii, 1963, and J. Peyrot, *op. cit.* (n. 6).

[29]In the top category, weaving represented approximately 9 per cent of the cost whereas at the top of the bottom category, it represented 19 per cent. See De Gournay, cited in Godart, *op. cit.* (n. 26), 390.

Table 6.1. Price differentials (retail/weaving) for fabrics in 1751

	Fabric type	Retail price per ell	Piece rate per ell
1.	Silks patterned in gold and silver	130–400 livres	3–36 livres
2.	Worked velvets	16–70 livres	3–18 livres
3.	Plain velvet	17–26 livres	0.5–4.5 livres
4.	Silks patterned in pure silk	4–30 livres	1–16 livres
5.	Plain silks	2–14 livres	8–22 sols
6.	Mixed silk and wool or line	4–8 livres	8–30 sols

Source: These categories are derived from a memorial sent to De Gournay in 1751 in which the differential between retail price and piece rate was emphasized (J. Godart, *L'ouvrier en soie 1899*, Geneva, 1976, 390).

weaver a whole day to produce only one quarter to one third of an ell.[30] By the end of the century, as patterns in dress silks because smaller, the time reduced. These factors must have contributed to notions of what was and was not acceptably commercial. In other words, it seems unlikely that the majority of patterned silks merchants would invest in the very top end of the range (category 1) which was only appropriate for domestic and foreign Court use, but were more likely to work within different specialist ranges, or at least balance their operations between different types of fabric. Certainly, the surviving commercial correspondence provides a good cross-section of fabrics from the 1720s to the 1770s, thus illuminating both the elaborate and the simpler patterns.

Two contrasting examples reveal differences between fabrics, the length of time to produce them, and their end uses. The first fabric was an elaborate furnishing silk for the royal household (at the top end of De Gournay's category 1); the second a simple striped silk for women's gowns (De Gournay's category 5). In 1730, in response to the plight of the Lyonnais silk weavers, the royal household made a substantial order for seven sets of furnishings 'pour le service du roi'; one was velvet with a gold ground, the other six were patterned silks, and all demanded sufficient yardage to deal with the walls, curtaining and upholstery of rooms at Versailles.[31] Although

[30]Archives Nationales (hereafter AN), F12 1441, *Lettre contenant les moyens de soulager les ouvriers de la fabrique de Lyon*, 1760. This letter claimed that a fabric with metallic threads which retailed at 90–100 livres per ell and for which the weaver earned 15 livres per ell could proceed at the rate of one third of an ell per day. In this case the fabric was for furnishings. As a modest room might take about 92 ells, a minimum length of time from beginning of order to completion would be at least 276 days, approximately 10 weeks, if all was executed on the same loom. It could be executed on more than one loom, but only in lengths appropriate to the height of a room. A French ell measured about 45 inches.

[31]J. Coural and C. Gastinel-Coural, *op. cit.* (n. 7).

the actual date of the order is not defined in the secondary accounts, it seems to have been about a year before the first deliveries of fabrics arrived in Paris. Fairly typical was the green brocaded silk with gold flowers. Sent in two separate bundles in March and October 1731, it had taken between a year and a year and a half to produce, and had employed four weavers, Tisserand, Gabriel Rigod, Tissot and Delaware. This brocade remained in store until 1753 when it was hung at Versailles as the winter furnishings in the Dauphin's bedchamber. Still available in 1785, it moved to the *cabinet du conseil du roi*, from whence it departed for the foundry in November 1793 to be melted down.[32] This example underlines the fact that quality (or grandeur) had more to do with the acceptability of this piece than the novelty of the motif which was clearly acceptable over a 50-year period – even at this level of society. In contrast, a simple fabric such as striped satin could be available fairly quickly, as a letter from Razuret to Fiard indicates. On 3 June Razuret ordered 54 ells (about three gown lengths) of blue and pink striped satin which he expected to receive if not by mid-July, by mid-August at the latest.[33] Given that this letter had to reach Lyon, and the bolt of fabric arrive in Paris, Razuret was allowing about a month for weaving. He was no doubt aware of the speed and regularity of communications between the two cities, from the *Almanach Royal*, and also from experience.

Six days per week, post left each city with the destination of the other where it arrived within three days. Passenger travel took five to six days, depending on the weather conditions. It seems that this service was very reliable, as the runs of regular commercial correspondence reveal the impatience of intermediaries in the capital if they did not receive letters by return of post (in other words within approximately six days). They complained not only of poor written communication, but also of lack of speed in expediting packages of silks which seem to have been transported by post and barge (i.e. a journey of three days and ten days respectively).[34] Thus *marchands merciers* in Paris could expect rapid response if fabric was already in stock in Lyon: an important factor given their reliance for their livelihood on products made by others.

Official records of the corporation of *marchands merciers* define the mercers'

---

[32] *Soieries de Lyon*, *op. cit.* (n. 10), 51.

[33] ADR, Série 8B, Fonds Fayet, Liasse I, Letter from Razuret to Fayet, 3 June 1759.

[34] The length of time the journey took does not seem to have changed between 1746 and 1785. *Almanachs royaux* for the 18th century specify that the journey took five to six days according to the season, and that mail took approximately three days. This is borne out by correspondence between manufacturers and their Parisian counterparts throughout the century; cf. ADR, Série B, Fonds De Vitry et Gayet, Liasse I, and Fonds Fiard, Liasse I. In a letter of 25 April 1771, for example, Broque writing to Fiard suggested that single pieces of fabric could be sent by *courrier*, rolls of fabric fast by *diligence*, and bulkier goods by *coche d'eau*.

activities as 'makers of nothing, sellers of everything'.[35] Indeed, they had no right to practise any manual skill, nor to stock tools or house workshops in their shops. They had rights to trade in most markets, including textiles, porcelain, furniture, tapestries, toys and trinkets, and precious metals made outside Paris. Commercial dictionaries of the late 17th and 18th centuries list 20 separate branches of specialization within the corporation by product type. These dictionaries place the trade in 'étoffes d'or, d'argent et de soie' at the top of the hierarchy, just as the more precious silks featured at the top of the hierarchy of silks manufactured in Lyon. This implies that the most risky, but most lucrative branches of trade were long-distance and capital intensive commerce.

By the 1780s, various Paris mercers advertised themselves as exclusive suppliers of goods made in the provinces, that is as depot for particular factories. Most of them, however, seem to have pursued a strategy of buying stock from a range of different suppliers, thereby ensuring both a range of products and prices, and a spread of business risk across suppliers. It is noteworthy that if one mercer went bankrupt, others in the chain of credit became vulnerable unless their risk was more widely distributed. Certainly the Lyonnais, like the Sèvres factory, chose to place their products with a number of different mercers in Paris, again spreading risk but also extending their market to as many potential consumers as possible.[36]

The wealthiest and most highly reputed Parisian mercers set up their shops in and around the rue St Honoré, which during the 18th century became established as the *quartier de luxe*. As early as 1715 a commentator spoke of the 'shops where the luxury is only surpassed by the flow of gracious words and eager civilities'.[37] Diaries and almanachs testify to the splendour of these shops, to the variety and quality of their stock and the personalities and fashion consciousness of their proprietors. Several of the inventories of *marchands merciers* who were retailing silks estimate the value of the shop fittings alone to be several thousand livres.[38] By the mid-century, the shops were glazed, and the inventories show them to have been furnished with mirror glass, panelling (*boiseries*), glazed display cases and comfortable seating. Shopping and window shopping had become sophisticated pursuits for the international clientele that was drawn to Paris by its luxury goods.

---

[35]Statutes for the corporation date from 1407 (though the *merciers* were constituted as a *communauté* from 1137. See Alfred Franklin, *Dictionnaire des arts, métiers et professions*, New York, 1968, 478–80 and Vidal and Duru, *L'Histoire de la Corporation des Marchands Merciers*, Paris, 1911.

[36]Marin Fiard, for example, sold to at least 10 *marchands merciers*: including, Barbier, Buffault, Bourjot frères, and Lenormand, Prosper et Leduc. ADR, Fonds Fiard, *op. cit.* (n. 12).

[37]From L. Viger, *Le Voyageur fidèle*, 1715, cited in R. Henard, *La Rue St Honoré*, Paris, 1908–9, 377.

[38]For example, the silk dealer Jean François Buffault, AN, *Minutier Central* (hereafter MC), LIII, 408, 30 August 1772, and Charles Raymond Granchez, AN, MC, IX, 795, 4 October 1784, *Inventaire après décès de Margueritte Leveque* (Granchez's wife).

The wealthiest of the Parisian mercers established their businesses on much higher capital sums than the Lyonnais manufacturers. Of those documented as trading with the Lyonnais, several were in partnerships with combined capital of up to 700,000 livres.[39] The wealthiest mercers in and around the rue St Honoré stocked silks valued in total between 50,000 and 300,000 livres. Shops stocked up to 1500 different product lines, ranging from the most expensive patterned silk with gold and silver thread to the plainest. Businesses had over a hundred clients at the time of the inventory, and perhaps half that number of suppliers.[40] They advertised silks for men and women, for furnishing and upholstery of furniture and coaches, for mourning and religious use. Some specified fashions and furniture appropriate for the opera, theatre, and *spectacles due Roy*.

The highest, and exceptional, sums found were associated with Jean François Barbier, supplier to the King and over 200 high-ranking clients. In 1762, he went bankrupt due to severe cashflow problems. His debts and assets each totalled over 4 million livres, within his stock represented about a million. That the business was seen as crucial to the economic well-being of the Lyonnais was clear, for the King's intervention in setting up a syndicate promised the continuation of the business. Such continuity in trade for a technically bankrupt business was not uncommon. In Barbier's case, however, the Lyonnais syndicate agreed to continue to supply him with stock for the shop, sending over 1,300,000 livres worth of silk to him between January 1762 and May 1763. By the latter date, a general air of optimism about improvements in commerce and the recovery of debts enters the records. Plans were made for supplying him with stock for the coming autumn and winter.[41] The Lyonnais listed in Barbier's bankruptcy were predictably the wealthy merchant manufacturers (*marchands fabricants*).[42]

This evidence does more than corroborate the intimate relationship between Lyon and Paris, and, in the case of Barbier, it reveals the mutual benefit to be gained from close collaboration with Lyonnais suppliers. Clearly, it cannot be asserted that Paris was the dictator to whose tune Lyon danced, although this is the view which the *marchand mercier* Bourjol wished to propagate in the memorial he sent to the *intendant de commerce*, De Cotte, in 1780; it is also the view that

---

[39]The case of a marriage and partnership between two well-established silk-dealing families in 1738 is a typical example. AN, MC, LXXXIII, 363, 4 August 1738, *Mariage Boscheron/Bauvin* and 29 September 1738, *Transport Sr Bauvin à Madame Aubertin*. I should like to thank M. Jollain for this reference.

[40]For example, AN, MC, LXXV, 672, 26 and 28 February 1762, *Union des créanciers de Jean François Barbier, Buffault, Bentabole*; CXVIII, 454, 18 December 1748, *Dissolution de Société* (Jean-François Bentabole, Pierre Charles Rohault).

[41] AN, MC, LXXV, 672, 26 and 28 February 1762, *Union des créanciers de Jean-François Barbier*.

[42]They numbered 80, about 40 of whom can be identified in the Lyon tax roll of 1758. Most of these were paying relatively high rates of tax in Lyon, over 100 and up to 288 livres. AML, CC178 *Rolle de capitation*, *op. cit.* (n. 18).

historians of Paris have tended to accept. Bourjol was anxious to display just how much influence he had had upon the fortunes of the Lyonnais manufacturers over a 40-year period.[43] If his version of the relationship between Paris and Lyon is assessed alongside that of the Lyonnais designer and manufacturer, Joubert de l'Hiberderie, a slightly more complex picture emerges – one which suggests that the situation was far from simple, and that here again, histories of textiles need to revise their stance to take into account views from all parties. Designers, manufacturers and mercers all played a part in the design of silks.

Bourjol emerged from the archives thanks to Gueneau's seminal article of 1926, in which he identified areas within the study of the French silk industry that merited further investigation.[44] Gueneau took Bourjol's testimony at face value, describing the content of the memorial written in 1780. In dire financial straits, Bourjol had petitioned the *intendant de commerce* for aid, in the belief that his role in promoting innovation in the Lyonnais silk industry over the previous 40 years deserved recognition. He depicted himself as saviour of the Lyonnais in matters aesthetic and technical. His provision of freehand designs (*esquisses*) for 55 looms in the early 1740s for a certain type of satin, and his investment in a range of striped taffetas were a great success.[45] Encouraged by his input at this lower end of the market, he then turned to richer patterned silks, with gold and silver threads, chenille, and *cordonnet*, and sent designs for them, too.[46] Apart from this aesthetic input from Paris, Bourjol also claimed to have contributed to the introduction of the perfected moiré silk technique to Lyon. Thus, reading of Bourjol's memorial leads to the conclusion that the Lyonnais benefited from Parisian expertise and creativity, and bowed to the mercers' greater knowledge of fashionable taste. It was definitely a one-sided relationship.[47] To some extent, this picture

---

[43]Gueneau, *op. cit.* (n. 1), based on Bourjol's *Mémoire* of 25 May 1780 (AN F12 1453A) and a letter of 15 January 1780 (AN F12 1448).

[44]*Ibid.* The article was devoted to looking at the Parisian silk trade, rather than Lyon, mainly because it had been overshadowed by the Lyonnais. The Bourjol in question was no doubt Jacques whose *inventaire après décès*, taken on 28 April 1788, describes him as 'ancien marchand d'étoffes de soie à Paris, rue d'Anjou au Marais, par St Nicolas des Champs' (Archives de la Ville de Paris, Y13980). He was in correspondence with Carret, Fayet, and Fiard in Lyon about 20 years before his death.

[45]Gueneau, *op. cit.* (n. 1), 284. He very possibly meant his work with Fayet, as there is evidence in the letters in the ADR that he intended to visit Lyon in 1749. See note 47, below.

[46]'Cordonnet was a thick silk thread obtained by doubling and throwing several tram ends in the direction opposite to the twist of the individual tram ends', according to Dorothy Burnham, *A Textile Terminology*, Ottawa (Royal Ontario Museum), 1980, 30. It therefore created a different textural effect from other yarn used in patterning.

[47]Commercial correspondence in Lyon substantiates in part Bourjol's story. He was undoubtedly involved with the Lyonnais and even visited them in Lyon to see samples and pieces of fabric at first hand. Certainly on 6 November 1749, he announced his imminent arrival to the manufacturer Fayet; on 6 November 1770 he licensed a payment for merchandise from Fiard; and between 1772 and 1774 he corresponded with Carret. See ADR, Fonds Fayet, Fiard, and Carret.

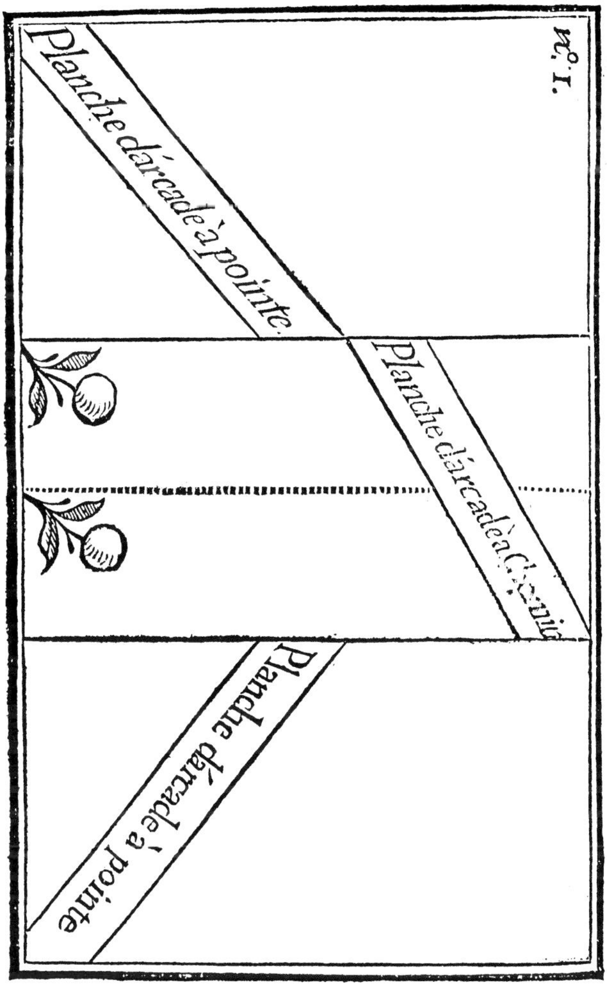

6.1 Joubert, *Le Dessinateur pour les fabriques d'étoffes d'or, d'argent et de soie*, Paris, 1765, 58

is substantiated by the Gardemeuble's initiative in ordering the silks from Lyon at various times over the century, often in response to petitions from suffering weavers. In some cases, the Lyonnais manufacturers worked to Parisian design specifications. In others, however, they produced their own models and probably worked along the lines suggested by Nicolas Joubert de l'Hiberderie (1729–after 1770) in his little book on silk design which was published during Bourjol's period of 'dictatorial' activity, in 1765. It was the first manual on silk design to appear in print in 18th-century France and the author was a Lyonnais silk designer and manufacturer with a particular affection for Paris. He had much to say about how the Lyonnais could and did use the capital.[48] His claims may also be substantiated from other sources.

Joubert's *Le Dessinateur pour les étoffes d'or, d'argent et de soie*, published in Paris, devoted some space to the relationship between the two cities. Although its first section described the trade of silk designer and the different fabrics manufactured in Lyon in some detail (Figures 6.1 to 6.4), the second section comprised a guide to Paris. Entitled 'Le Voyage de Paris' it constituted 32 pages (over a quarter of the text) of shops, sights and collections. All were evidently important in the development of ideas and designs.[49] Joubert explained its inclusion as follows:

> Lorsqu'un Dessinateur fera le Voyage de Paris, et qu'il voudra s'instruire relativement à son Art, voici, à-peu-près, la conduite qu'il doit tenir, pour voir tout ce qui est analogue au dessein. Il doit loger dans un quartier qui le mette à portée de voir, à chaque instant, les fameux Magasins d'étoffe de soie... C'est là que se développe chaque jour, ce que la Fabrique de Lyon produit de

[48]The most detailed account of Joubert's work is to be found in the unpublished thesis by A.M. Wiederkehr, 'Le dessinateur pour les étoffes d'or, d'argent et de soie', doctorat de 3e cycle, Université de Lyon II, 1981. However, Wiederkehr did not manage to track down Joubert's origins. He was, in fact, baptised Nicolas-Jean-Baptiste Jaubert in Antibes on 6 July 1729. His parents were Antoine Jaubert, *marchand*, and François Delisle. Joubert first appeared in Lyon in 1756 when he registered as apprentice, journeyman, master, and merchant *par ordonnance consulaire*, bypassing the guild regulations for a ten-year apprenticeship due to his talents in design. See Archives Municipales d'Antibes, Etat civil, 1729, f. 22; AML HH579, f. 440 *Registre des maîtres*; HH572 *Avis et déliberations de la communauté des fabriquants* 1755–74, ff. 3 and 92–3; AN F12 1444A, no. 2760, *Mémoire tendant à obtenir une pension pour avoir inventé des nouvelles étoffes dans la fabrique, formé des élèves pour le dessin et composé un ouvrage*; AN, MC, LXXXIII, 490 (52), 30 January 1761, Tontine.

[49]It should be noted that Lyon was still a flourishing centre of book printing and that there seems every likelihood that such a specific text aimed at the designers of that city would have been welcomed there. Yet, he chose Paris, and also dedicated the book to his Parisian benefactor. Apart from the dedication, preface and contents (some 48 pages), the text divided into 85 pages of discussion of different types of fabrics and their designs and 32 pages on the trip to Paris. It should be noted that Joubert's sponsor, M. De Freminville, *trésorier général de l'Hôtel des Invalides*, also acted on the author's behalf when he wished to buy shares in the 1761 *Tontine*. In this contract he was described as 'Sr Christophe de Freminville avocat en parlement demeurant à Paris rue de Richelieu, paroisse St Roch' (AN, MC, LXXXIII, 490 (52), 30 January 1761).

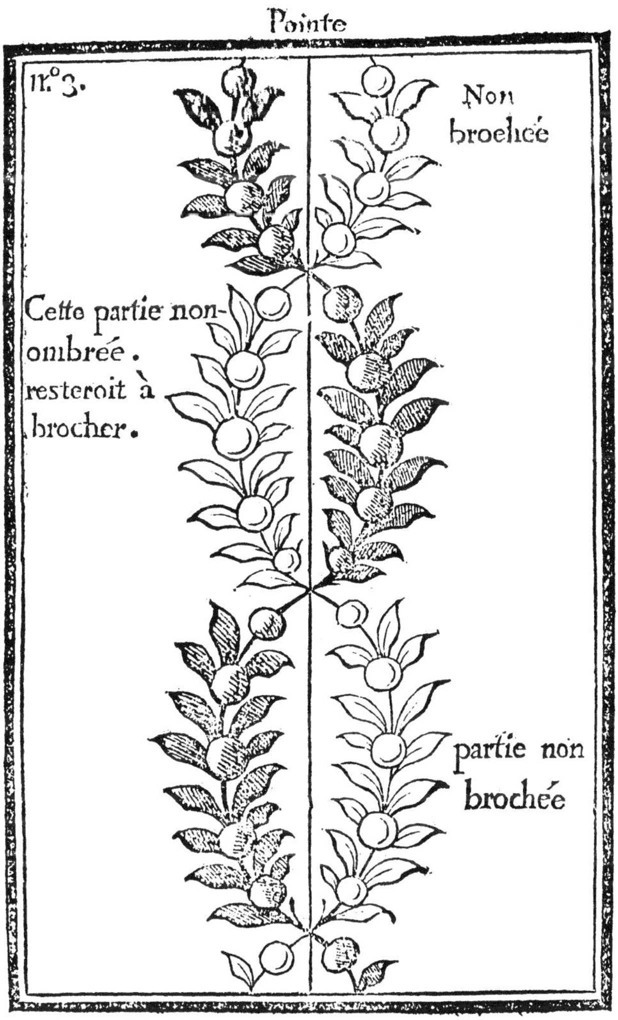

6.2 Joubert, *Le Dessinateur…*, 62

> merveilleux toutes les années. Dans le même quartier, il y a deux Personnes... qui levent au papier verni, tous les beaux desseins qui paroissent, et que l'on a la facilité d'acheter. Ces desseins sont d'une grande ressource quand on compose, soit pour y puiser des idées nouvelles, soit pour ne pas tomber dans le goût des autres, ni répéter ce qui a déja été fait.[50]

Jourbert's belief in the value of the trip to Paris echoed that of his manufacturing confrères in Lyon, some of whom wrote it into their partnership contracts, usually as part of the designer's remit.[51] As early as 1723, for example, René Marie Lamy spent three full months between the end of August and the beginning of November in the capital. During this time he corresponded once a fortnight with his merchant, sending him designs and comments on current taste.[52] Agreements surviving from later in the century, specify the trip and its cost. Claude Camille Aubert's contract with Pernon father and son, for example, stipulated one trip per year to the capital and an allowance of 600 livres to cover the costs.[53] (The journey to Paris was expensive at 200 livres for the return fare: approximately 10 per cent of what Aubert expected to earn annually.) Aubert's contract did not define how long he was to spend in the capital on each visit, but as the evidence from earlier in the century suggests, visits could be quite lengthy. The designer's main tasks while in the capital revolved around design and taste, whether it were in the very concrete sense of following Joubert's advice, sketching and sending material to Lyon, or simply reporting back on the different news and society events which affected patterns of consumption. In their capacity as reporters, designers echoed the words of *marchands merciers* and commissionaires.

Thus, news from visiting designers and commissionaires – of periods of mourning (for French and other royalty), war, the absence of the Court from Paris, the weather conditions, and poor harvests – all reached Lyon in record time and were understood as negative effects on the market.[54] In March 1771, for example, the commissionaire Bezodit wrote to Marin Fiard to encourage him to alter his range in response to a new period of mourning:

> ...le roy de Suëde est mort, nous contons que le Deuille sera de six semenes il nest pas encore fixé insy vous auré le tems de faire quelque petite veste noir pour quant a moy jan prendre bien six. Arange vous en consequence....[55]

---

[50]Joubert, *op. cit.* (n. 7), 86.

[51]Joubert (*ibid.*) mentions this aspect of partnership contracts and surviving contracts bear out his claim.

[52]ADR, Série B, Fonds de Vitry et Gayet, Liasse I.

[53]ADR, 3E3866, Dalier (Lyon), 11 October 1753, *Acte d'apport de société Claude Camille Aubert/Claude and Etienne Pernon.*

[54]In the case of the weather, Roland wrote to Fayet on 6 June 1750: 'le mauvais tems qu'il a fait jusqu ce jour on coupé... la vente du printems et cela ne rend pas le detailleur de bonne humeur'. Bentabole reported on the poor harvest and adverse weather conditions on 6 June 1750. ADR, *op. cit.* (n. 33).

[55]ADR, Série B, Fonds Fiard, Liasse I, letter dated 11 March 1771.

Such periods of mourning also affected the range of products required for the following season, usually adversely, as much stock was left over. As the mercer Bentabole wrote after an earlier bereavement of 1749:

> ...je ne pense pas que la consommation pour l'hiver prochain soit avantageuse, tous les marchands icy ont presque tout leur hiver dernier de reste. Ils ont tous beaucoup souffert par cette circonstance, et il est a presumer qu'ils achetteront fort peu...je crois qu'il vous convient de ne donner que peu dans le façonné. Le satin rayé peut avoir de la consommation....[56]

More encouraging were the snippets about joyous forthcoming events such as prestigious weddings and royal or public festivities and spectacles which stimulated the consumption of luxury silks. The prospect of the marriage of the Dauphin caused the designer Achard to write in 1769:

> Je ne vous dit rien de ce pays si non que beaucoup de misere. Je croy quil nan est pas moins a Lyon. Je crois que le mariage de Mr le Dauphin vous donne de loccupation car lon dit que lon travaille a force a Lyon. je souhaite que vous en ayé votre part. Lon fait des preparatifs icy pour la feste.[57]

In brief, although both Joubert and Bourjol testify to the relationship between Paris and Lyon, commercial correspondence from designers, commissionaires and mercers reveals how news of current events and future demand impacted on the trade, from the point of view of the appearance or design of silks. There was even an implication that some design was as much a reaction or adaptation to what already existed in the capital, as it was genuinely creative and inspirational. Joubert's description of the way in which design might derive from seeing fabrics that were already in the shops, and of the value of taking tracings of designs from other luxury products, implies a heavy dependence on previous design work.

Given that information could be relayed regularly, relatively reliably and rapidly between the two cities, and that manufacturers could produce simple patterned fabrics fairly quickly to order, it is important now to define the way in which designs were actually put together. This section deliberately delves into some of the more reactive responses and methods of working in Lyon as most work to date has favoured new design (*nouveauté*) and fashion. This other side of the coin is equally fascinating and an important factor in the overall picture of the industry because it illustrates that there was a range of products which responded to the demands of different clients, and relied on the knowledge and expertise of mercers, designers and manufacturers and their ability to communicate with one another. Historians of this period have not seriously considered the extent to which minor changes in design formed the basis of design practice, yet Joubert's description intimates this

---

[56]ADR, *op. cit.* (n. 33), Bentabole to Fayet, 28 April 1750.

[57]ADR, Série B, Fond Fiard, Liasse I, letter from Achard to Fiard, dated 27 December 1769.

6.3 Joubert, *Le Dessinateur…*, 70

possibility, commercial correspondence is full of it, and present-day silk houses maintain their reputation through it.[58]

Both design theft cases, and ensuing copyright legislation, provide useful evidence in the study of the design process. They bear witness to the life of a fashion pattern in the second half of the century, in terms of aesthetic and monetary value, indicating that the value of a particular fabric diminished by approximately 25 per cent the season after it first came onto the market. There is no indication however that this fall from top fashion meant that sales were impossible.[59] In fact, merchants in Paris deliberately packed up stock ready for sale the following year. Their manufacturing counterparts in Lyon still felt justified in complaining about the theft of designs when they had been weaving them into fabric for two to three years and they objected when national copyright legislation imposed a six year life on designs for dress fabrics and fifteen years on furnishings in 1787.[60] One of their objections was that a design might, in fact, have a lifespan of fifteen to twenty years – and clearly they sometimes received new orders for 'old' designs.[61] In fact, choice of fabric was consistently seen in terms of price, quality and pattern.[62] If the price or quality were not right, the pattern would not suit the mercers or their clients. This fact is important because it underlines the way mercers and manufacturers had to collaborate and negotiate.

Some examples of mercers' correspondence with Lyonnais manufacturers reinforce the complexity of clients' choice and show how novelty and fashion were not necessarily the most important feature. The manufacturer Carret's correspondent, Lefevre, made this point in a letter in April 1771, when he requested particular fabrics for individual clients. He defined them in terms of colour, season, pattern and price. Although it was a personal order rather than a bulk one, it was nonetheless representative of the way in which Lyonnais manufacturers had to adapt to Parisian clients:[63]

> Une Robe pour la Mama quelle puisse porter en toute saison, comme quelque

[58]The recent article by John Styles is perhaps an exception. See his 'Manufacturing, consumption and design in eighteenth century England' in J. Brewer and R. Porter (eds) *Consumption and the World of Goods*, London, 1993, 527–54.

[59]Bibliothèque Municipale de Lyon (hereafter BML), Imprimé 354461, *Mémoire sur l'envoi des échantillons de la fabrique de Lyon*, 1760, ff. 92–3. Correspondence between merchants and their representatives in Paris reveals that goods were kept for the following season when they were sold. See, for example, ADR, Série B, Fonds Fiard, Liasse I, Correspondence Achard/Fiard, 2 September 1758 and 9 July 1773.

[60]BML, Imprimé 113949, *Arrêt*, 14 July 1787.

[61]BML, Fonds Coste, MS 1005, *Requête au Roi et au Conseil d'Etat par les fabriquants d'étoffes de soie, etc concernant les dessins*, July 1784, f. 2v.

[62]See, for example, correspondence between Bourjol père and Carret, 1772–4, in ADR, Série B, Fonds Carret, Liasse I.

[63]Schoeser, *op. cit.* (n. 6).

> chose en beau gris, ou bleu, ou brune, et a bouquet
> Une Robe d'une Etoffe brochée à bouquet nué et de taché couleur brunne, mordoré, et pour une dame environ de lage de la mama, denviron £4 à £4.10s...
> Une Robe de taffeta rayé ou autre jolie couleur de £6 à £6.10s
> Une Belle Robe satinée pour une des plus jolie femme d'Amsterdam, elle est jeunne et jolie...[64]

It should be noted from this brief list that these gowns were meant to be serviceable, and long-lived, and as such the novelty of the design was not even mentioned. Moreover the client trusted the taste of the manufacturer in making the final decision about what was sent – a Parisian concession to Lyonnais experience. This is very similar in tone to the results of Schoeser's analysis of the mercer Barbier's correspondence with his clients, many of whom were French aristocrats. They, too, demonstrated an interest in price, practicality and longevity in their selection of fabrics. Moreover, if Barbier left choice to Lyonnais manufacturers, then some clients who relied on his good opinion as they were desirous of Parisian taste, may well have indirectly received Lyonnais advice instead.[65]

Colour also seems to have been more of an issue in some correspondence than the actual motif. Sometimes, colour was seen as more or less fashionable, but mainly it was merely what distinguished one fabric/gown from another. Thus, the commissionaire Motte wrote to Fayet in April 1754 apropos a gown length for his wife:

> ... l'echantn taff ombré soucy ne peut convenir, parcequ ma famme a une robe grodetour en camayeuse soucy. Vous aurés la bonté dy supleer par un glacé verd a peu pres comme l'eschantillon cy inclus dans la disposition qu'il vous sera le plus commode dont il m'en faudra 16 au...[66]

Not all clients in Paris were necessarily from Paris or in search of the newest fashions – nor were they knowledgeable about the latest fashions. Some designers even wrote to their manufacturers in quite disparaging terms about the knowledge of the manufacturers' potential clients, suggesting that Paris was somewhere for the Lyonnais to rid themselves of their older stock. The designer Jean Baptiste Lamy, for example, wrote to Marin Fiard in January 1768 with an interesting request:

> ...quelques personnes qui m'ont vu une veste satin bleuf sans nuance que jachetai il y a deux ans a la place neuve, ont pris envie d'en avoir, a cet affet jay jetté les yeux sur vous. Jay pensé que malgré la bonté de vos desseins vous vous entrouveriez a cause de la circonstance quelques unes dont vous ne seriez pas

---

[64]ADR, B Carret, Liasse I, Baptiste Lefebvre to Carret, 14 April 1771.
[65]Schoeser, unpublished MA thesis, cited in note 6.
[66]ADR, *op. cit.* (n. 33), letter from Motte to Fayet, 16 April 1754.

Deſſeins à deux chemins pour Gros-de-Tours en $\frac{11}{24}$ de large.

6.4 Joubert, *Le Dessinateur…*, 72

> faché en vous deffaire. Ainsi si vous jugez apropos envoyez cinq ou six je suis moralement sur de vous les placer.[67]

Although the prospective clients of Lamy's manufacturer may have been natives of Paris, there is also the possibility that they came from the provinces, as the capital acted as a centre of distribution to other areas in France and abroad.[68] Sometimes they, rather than Paris, were an outlet for older designs. Like Lamy, the commissionaire Broque proposed to sell a two-year-old design on behalf of Fiard in 1771 and he was certainly dealing with outsiders:

> On me demande de Province quelques vestes pareilles a celles que vous m'aves vendu il y a 2 ans ou bien quelquechose d'approchant dans les plus petits desseins. Elles etoient bordures et nuées sans or ny argent le fonds étoient rayé avec des petits bouquets nuances.[69]

It is not made explicit in this case that these were out-of-date. Requests for fabrics therefore show a wide range of approaches to new purchases, and show why the copyright legislation opted for a six-year lifespan for dress fabrics.

Design theft cases further enhance the picture of the way in which designers acquired ideas, and the simplicity of some changes in design – in other words, how easy it was to update designs. On the one hand, they testify to the existence of seasonal change within this branch of the trade and perhaps overemphasize the speed with which the particular design might descend from fashionability into common currency. On the other, they underline the fact that most 'new' design constituted only minor changes in the motif or background of a patterned silk. This applied to both the small patterns for men's suiting (*droguet*), and the more expansive patterns for women's dress and domestic furnishings.[70] In this context the role of the design studio within a firm (*fabrique*), and that of the archive of designs (*fond des dessins*) were seen as complementary.[71]

The design studio worked in two ways. First, it turned out new designs

---

67ADR, Fonds Fiard, Liasse II, letter dated 25 January 1768.

68A memorial of 1731 indicated that completely out-of-date fabrics could in fact be exported successfully to South America. Bibliothèque Nationale, MS. fr. 11855, *Mémoire général sur la manufacture d'étoffes de soye, or et argent qui se fabriquent dans la ville de Lyon*.

69Série B, Fonds Fiard, Liasse I, letter from Broque to Fiard, dated 23 February 1771.

70This is borne out by the range of cases which deal with different fabrics. Ten or so are to be found in AML HH139. They range in date from 1673 to the 1770s. It is perhaps worth pointing out that today some firms have the practice of working their designs from what is already selling in the top stores. As long as there are several minor differences in the motif on the resulting fabric, no one can be prosecuted for design theft.

71BML, Fonds Coste, MS 1005, *op. cit.* (n. 61), f. 2.

and secondly it altered – or 'corrected' (*corriger*) old designs in the archive.[72] The addition of a new motif or change of colour combinations or background effect transformed an old design into a new design. The company archive was made up of all the designs produced or changed during the years of the firm's existence. It was regarded as one of the firm's assets that allowed constant manoeuvring to suit both mercers' and consumers' taste. At the end of the century some 400 merchants had considerable archives, reputedly worth between 30,000 and 40,000 livres.[73] This sounds perfectly reasonable as, to go by the numbering of Fiard's designs, he was selling over 40 new designs in any one year.[74] Like other *marchands fabricants*, Fiard may well have used old designs to provide the stimulus for both creativity and servile copying.

A definition of the difference between creativity and servile copying is available for the 18th century. In the dispute between the manufacturers Ribier et Bertrand and their competitors Assada et Reynard in the 1740s, the defendants pointed out that the whole system of designing relied on the practice of taking inspiration from existing designs and adapting ideas. They stated, as did others in the same position:

> la pratique des dessinateurs que l'on envoye a Paris est constante… ce n'est qu'en copiant les differens desseins des etoffes fabriquées en cette ville qu'ils forment leur gout qu'ils en composent d'autres qui sont ensuite executés par leurs marchands fabricants, en saisissant dans ceux qui ont deja paru ce qui peut plaire le plus et en corrigeant ce quil y a de deffectueux… cette pratique est le soutient de la Fabrique de Lyon.[75]

This documentary evidence relates very well to surviving silks, as inspection

---

72It should be noted that Paulet commended the point paper (*papier reglé*) made in Lyon on the basis that the colour could be washed off them at least three times, so that corrections were possible. It would thus be relatively easy to alter an existing *mise-en-carte* in the design archive, rather than spending time making a totally new one. J. Paulet, *L'Art du Fabriquant des Etoffes de Soie*, Paris, 1789, 894.

73BML, Fonds Coste, MS 1005, *op. cit.* (n. 61), f. 4v. Living evidence of the importance attached to such archives is available in Lyon today. The collections of the firm of Dutillieu et cie and of the designer manufacturer, Philippe Lasalle, form the basis of the archives housed in the MT, and two Lyonnais firms with their roots in the 18th century, Prelle et cie and Tassinari et Chatel, still use their archives for the purposes of reproduction and adaptation. They therefore provide the stimulus for both creativity and servile copying.

74ADR, Série B, Fonds Fiard. This approximation is based on evidence from commercial correspondence in which each fabric is ordered according to a number. The numbering system seems to be related to the year of activity of the company, although I cannot claim to have broken the code completely. Thus, on 11 May 1774, no fewer than 66 different designs for waistcoats and breeches were ordered by Brail et Burelle. Those whose numbering began with the prefix 13 were presumably the new season's designs, but several from the previous two years (prefix 11 and 12) also featured in the order.

75AML, HH139, Mémoire pour les sieurs Ribier et Bertrand contre les sieurs Assada et Reynard, circa 1740, f. 2v.

of a sample book of 1763 in the collections of the Victoria and Albert Museum reveals.[76] In this sample book, the fabric swatches from 31 Lyonnais manufacturers show that the same basic pattern or design could feature several times with minor alterations. The alterations consist of changes in the shading of the motif (a monochrome flower may become polychrome), in the weave and pattern of the background (a plain satin weave may give way to a taffeta weave with a fancy diaper pattern) or in the addition of a motif (a new leaf may be added to or subtracted from a basic floral motif). Verbal descriptions of this process of alteration also survive in merchants' correspondence between Paris and Lyon, and are quite precise. Usually the writer, a *marchand mercier* or *commissionaire*, instructed the manufacturer in ways of changing his samples to suit his taste. For example, when the commissionaire Rohaut wanted changes in a sample of striped satin in 1749, he suggested:

> faire couper la raye soucy ainsy que nous l'avons marqué [on the sample] par un hait de plume et laisser subsister celle en paille tout entier et pour rendre la rayure egale de faire diminuer le raye paille a proportion de ce que nous retranchons sur la raye souci.[77]

The precision of this description is exceptionally professional, noticeably different from the much vaguer guidelines given in letters to manufacturers or mercers by individual clients.[78] It is significant that the correspondent understood how minor modifications could change the nature of a design, transforming it into something recognizably different. Starting from the manufacturers' sample, he could initiate change to suit his stock and his clients. Thus a number of different individuals had a say in the look of the final product: in this case, the original designer, the manufacturer and the commissionaire.

At this point, it is worth viewing the design of silks in relation to other luxury production in order to highlight the similarities between design practice for different products. The Boulle workshops stored their repertoire of designs, templates and models for bronze mounts, ready to be reused or adapted as appropriate. (Such material could be considered a furniture design archive). In the 1730s the cabinet-maker Cressent stated that the reason that furniture makers kept their own models for mounts and contravened corporate regulations by having bronze mounts gilded in their own workshops was that 'they fear that their models will be stolen'.[79] It was not until the 1760s that a more formal document was drawn up by the *bronziers*

76Victoria and Albert Museum, London, T373–1972.

77ADR, Série B, Fonds Fayet, Liasse I, 17 January 1749, letter from Rohaut to Fayet.

78See ADR, Fonds des commerçants, and Schoeser, *op. cit.* (n. 6).

79Cited in Alexandre Pradère, *French Furniture Makers. The Art of the Ebéniste from Louis XIV to the Revolution*, London, 1989, 130.

requiring that designs and models for mounts be registered with the office of the corporation, in order to control and prevent 'the theft and plagiary which are made daily of their model'.[80]

A further parallel with the preoccupations of the silk merchants of Lyon in the 1750s and 1760s may be drawn here. In this particular decade their deliberations on the problems of the theft of designs centred around the dispatch of samples to Paris, the provinces and abroad, and culminated in legislation of 1765 and 1766 banning such activities.[81] Evidently the practice of sending such samples to potential clients had been formalized in the 1740s. Unfortunately, however, the dissemination of information in this way led to corrupt practices. Once commissionaires and potential clients had the samples in their power, they were able to order the same design from another source. Not only would the motif be within their grasp, but so too would be the art of combining dyed yarns in the appropriate way and also the basic weave structure which could be analysed thread by thread. According to one probably rather inflated estimate, about nine-tenths of what the Lyonnais produced as samples were copied in Hamburg, Naples, London, Germany, Holland and Flanders. Only one-tenth was actually ordered from Lyon and made up there.[82] However, the Lyonnais were not above stealing samples themselves when the opportunity presented itself. The designer François Grognard wrote to the manufacturer Camille Pernon from Madrid in 1787, excited that he had managed to hijack a package from the Parisian mercer, Le Normand. Having appropriated it, he intended to acquire orders from the Spanish Court, and then relay them to Lyon with the relevant sample for copying:

> Tous les momens ne sont pas malheureux. Je viens d'intercepter un paquet d'échantillons de Bordure d'habit en nombre de 85 tout pour homme que pour femme, c'est M. le Normand de Paris qui les envoyait, et ils sont autant que je puis le presumer de M. Piroux et Bergeon [Lyonnais maker and designer of embroidered silks]. Pour en tirer parti j'ai saisi l'occasion de les presenter à l'infant don Gabriel comme de votre fabrique et voici ci inclus la commission

---

80Reproduced in full by Svend Eriksen in *Neoclassicism*, London, 1974, 271–6.

81BML, Imprimés 113923 and 113925: Arrêt ... qui homologue la deliberation de la communauté des maître-marchands et maîtres-ouvriers fabriquants en étoffes d'or, d'argent et de soie de la ville de Lyon du 15 mars 1765 concernant le prohibition de l'envoi des échantillons des mêmes étoffes hor la ditte ville, 14 mai 1765; and Arrêt ... qui permet aux syndics-jurés et maîtres-gardes de la communauté des fabriquans en étoffes d'or, d'argent et de soie de la ville de Lyon d'établir un commis au bureau de la régie de Paris, à l'effet de visites et perquisitions des échantillons de leur fabrique, qui pourroient y être envoyés en contravention; et de faire des recherches chez tous les dessinateurs de fabriquans, commis et autres de la ville de Lyon, logés à Paris et chez tous particuliers soupçonnés de recevoir lesdits échantillons et d'en favoriser l'exportation,' etc., 6 March 1766.

82*Ibid.*

> qu'il m'a donné. Je vous recommande la plus prompte expedition et surtout la meilleure execution.[83]

Another *marchand mercier*, Nau, had been involved in an earlier scandal that had resulted in the follow-up legislation on samples in 1766.[84] In 1760–1, he had received samples from the Lyonnais firm, Thevillon et Vingtain, and had shown them to the French Queen who was seeking a chiné silk for furnishing her appartments at Versailles. The Queen had not been altogether happy with any of the samples although one had seemed almost to her taste. Seeking alterations, Nau had then approached Jean Baptiste Saint Michel, the designer partner in the competing firm of St Michel, Dany et Cie. The result satisfied the Queen and disgusted Thevillon et Vingtain. Unfortunately for St Michel, his fabric was recognized on the loom and he was prosecuted.[85]

CONCLUSION

This paper began with the intention of interrogating historians' assumption that Lyonnais silk design in the 18th century relied solely on the creativity of Lyonnais designers and the introduction of novelty for its success (a proactive approach to design). For this reason, it has focused in particular on distribution as a crucial link in the chain, offering a fuller view of the dialogue between Parisian *marchands merciers* and Lyonnais *marchands fabricants* and designers, and establishing that in this area, there was movement between the two cities in terms of people as well as products. Visits to Paris by designers, and to Lyon by mercers – as well as regular correspondence – kept consumers and manufacturers in touch with current events which might impact upon taste in design. On the one hand, manufacturers welcomed the insights to be gained from interacting with Paris, and the excitement their designers could bring back after a visit. This outward-looking approach balanced their care in preserving their existing collections of designs. Fear of losing what belonged to them led to the national copyright legislation of 1787 which ensured that designs in present production were safe, but also that anything created or altered within the studio within the six (or fifteen) years was the property of that one firm – hence the great care and attention devoted to the archives, a practice that is still a feature of silk houses in Lyon today.

---

[83]BML, Fond ancien, MS 1923, Letter from Grognard to Pernon, dated Madrid, 24 July 1788. It continued, 'Ce sera toujours les deux points qui me feront donner quelque preference, et prenant toujours un benefice honnete, je ne crains personne'.

[84]BML, Imprimé 113925, *op. cit.* (n. 81), f. 4.

[85]AML, HH139, *Saint-Michel, Dany et compagnie contre Thevillon et Vingtain*, 5 documents, 1761–2.

What this way of working meant for designers and their work was a combination of different things. Firstly, and probably optimistically in the case of most designers, the existing archives in Lyonnais studios and travel to Paris to view all the exciting products it stocked (and Lyon did not) could all be inspirational. In the hands of a creative individual, such material could change in spirit, heralding a truly new fashion. Secondly, and probably more realistically, the temptation to adapt without thought, make minor changes without altering the spirit of the design, must have remained great, and the kinds of alterations suggested by Parisian correspondents must have encouraged such uncreative work. This is very much a reactive way of working; it is also sound because it takes little risk and relies on the conservative nature of many consumers. Again there are parallels today in the way in which design houses use their archives to present their own design signature, a mark of security for consumers. Thus, in the 18th century, design for fashionable silks, so often described in fine art terms, was not necessarily as original or as revolutionary as historians have inferred. It is only by studying the full range of silks stocked by the *marchands merciers*, and provided by firms such as De Vitry et Gayet, Fayet, Carret, and Fiard, rather than the exceptional masterpieces of Revel and Lasalle, that the more conservative angle becomes visible.

This paper has attempted to draw attention to the complexity of the relationship between Paris and Lyon. It has become clear that neither the business nor the fabrics can be understood purely through an examination of production, but form part of a more complex discourse between clients, mercers, manufacturers and designers. To reveal this discourse requires a reassessment of the role of novelty (*nouveauté*) in the sale of silks and the role of the *marchands merciers* as *enjoliveurs* of basic goods, or of raw materials and part-finished goods. A conservative market also existed and may well have represented a substantial share of both Parisian and Lyonnais business practice.

7

Noël Gérard (1685–1736) et le Magasin Général à l'Hôtel Jabach

*Jean-Dominique Augarde**

À Paris, le soir du 20 octobre 1736, dans le salon de compagnie de l'hôtel Jabach brillamment éclairé, une assemblée un peu mélangée, où se côtoyaient l'aristocratie et l'artisanat parisiens, écoutait la lecture du contrat de mariage d'une jeune orpheline.[1]

Louis-Pierre comte de La Marck et du Saint-Empire, chevalier des Ordres du Roi, son frère le comte Louis-Egembert, Jean Paris de Montmartel, Garde du Trésor Royal, Louis Bontemps, Premier Valet de Chambre du Roi, étaient les témoins du marié. Don Ferdinand Trévigno, Chargé des Affaires du Roi d'Espagne à la cour de France, Pierre Porlier et Denis-Claude Midy, magistrats à la Chambre des Comptes, Louis-Antoine Nobelle de Romery, Conseiller au Parlement de Paris, figuraient au nombre des témoins de la mariée. Pour celle-ci signèrent encore ses demi-frères, René et Jean-Baptiste Chrétien, marchands de bois, et ses oncles, Jacques et Louis Dubois, maîtres-ébénistes.[2]

Le marié était André Potor, bourgeois de Paris, Receveur du Marc d'Or, Fermier de S.A.S. Mgr le Comte de Clermont en son duché de Châteauroux, la mariée Marie-Anne Gérard, fille unique de Noël Gérard, maître-ébéniste et maître-marchand-mercier-grossier-joaillier, qualifié dans l'acte de marchand bourgeois de Paris, à l'activité étonnante duquel est consacrée cette étude.

---

*L'auteur tient à remercier vivement Mesdames Vibet et Mazel qui, en 1983, ont bien voulu attirer son attension sur l'existence de Noël Gérard. Il est redevable à Madame Mazel de la communication de divers documents concernant celui-ci.

[1]Archives Nationales (AN)/Minutier Central (MC), CXXI, 306.

[2]MM. Midy, Porlier, les frères Chrétien et Dubois furent membres du conseil de famille de Marie-Anne Potor (AN, Y4530A, 13 août 1736).

Bien que le réglement de la succession de son père soit à peine entamé, la mariée avait de belles espérances. La qualité de son époux, la position qu'occuperont les enfants nés de cette union – les filles devinrent respectivement comtesse de Quengo de Tinquedec, comtesse de Barberé et madame François-Philibert Parseval de Fontaine, fermier-géneral, et un petit-fils devint chambellan du roi de Prusse, Frédéric-Guillaume II – confirment admirablement l'assertion de Dufay de l'Yonne, énoncée en 1821: 'Un mercier jadis pouvait se croire plus qu'un bourgeois et presque autant qu'un gentilhomme'.[3]

LES PREMIERES ANNEES DE NOEL GERARD

Mort à Paris le 10 août 1736, Noël Gérard naquit à Pontoise où il fut baptisé, du prénom de son aïeul maternel, le 4 septembre 1685.[4] Il était le fils de Nicolas Gérard, corroyeur, qui devait mourir le 24 juillet 1686, et de Marguerite Montigny. Cette dernière se remaria le 11 mai 1690 avec Louis Dubois, également corroyeur, et mourut, à 37 ans, le 23 décembre 1697. Du second mariage naquirent sept enfants, dont Louis et Jacques Dubois qui s'établirent à Paris. Le premier y devint ébéniste, puis marchand-mercier, le second, maître-ébéniste, développa un talent exceptionnel. La famille maternelle de Gérard donna également deux ébénistes parisiens Louis Montigny et son fils Philippe-Claude, le second fut particulièrement brillant dans son domaine.

L'orientation professionnelle de Noël Gérard, et peut-être sa formation première furent certainement déterminées par Pierre Lelibon, marchand-menuisier en ébène à Paris, qui fut son tuteur comptable dès 1699.[5] Celui-ci était devenu son oncle. Veuf en premières noces de Suzanne Thuillier,[6] nièce d'Alexandre-Jean Oppenordt, *Ebéniste du Roi*, il avait en effet convolé avec Geneviève Montigny,[7] sœur de Marguerite. Gérard lui emprunta peut-être aussi son goût pour les placements spéculatifs, et les affaires dans des domaines étrangers à son activité ordinaire, puisque nous voyons Lelibon financer une brasserie dans le faubourg Saint-Antoine en 1710.[8] En tout état de cause, le 30 janvier 1701, Gérard entra, pour deux

---

[3]Cité par Pierre Vidal et Léon Duru, *Histoire de la corporation des marchands merciers grossiers jouialliers.. de la ville de Paris*, Paris, 1911.

[4]Relevés effectués par Madame Mazel dans les registres de l'église Saint-Maclou de Pontoise.

[5]Information donnée par Stéphane Boiron, 'Jacques Dubois, maître du style Louis XV', *L'Estampille-L'Objet d'Art*, 237, juin 1990, 42–59.

[6]AN, MC., IX, 102, 28 mars 1681.

[7]AN, MC., V, 235, 17 juillet 1695.

[8]AN, MC., XI, 407, 11 décembre 1710.

ans, comme alloué dans l'atelier de François Clabaux, ébéniste audit faubourg.[9]

C'est probablement par son mariage avec Marie Collin en décembre 1710[10] que Noël Gérard parvint à la maîtrise.[11] Son épouse, un peu plus âgée que lui, était veuve avec quatre enfants de l'ébéniste Jean Chrétien et nantie d'un beau-fils de cinq ans plus vieux que son nouveau mari. Marie Colin appartenait à une famille de menuisiers-ébénistes : son père Nicolas, ses frères Urbain, Jean et Nicolas, ainsi que son beau-frère Pierre Moulin, pratiquaient ce métier. Moulin avait pour demi-frère l'ébéniste François Painsun, dont le fils fut le gendre et successeur d'Etienne Doirat.[12]

Noël Gérard reprit donc en 1710 l'atelier de Jean Chrétien, installé rue du faubourg Saint-Antoine, à l'enseigne du Cabinet d'Allemagne,[13] atelier dont une des spécialités était les ouvrages en marqueterie d'écaille et de métal.[14] Gérard élargit la gamme des productions, et il déploya une activité suffisamment intense pour parvenir à un état de fortune qui lui permit de racheter le Magasin Général en février 1725. Pour y exercer avec plus de facilité, il se fit recevoir, le 17 juillet 1726, marchand-mercier-grossier-joaillier.

Le *Magasin Général*, par sa nature – il fut probablement le premier dépôt-vente d'objets de luxe organisé sur une vaste échelle en France – et par sa taille, a été une institution suffisamment originale du commerce parisien du début du règne de Louis XV pour qu'il convienne de s'y arrêter.

LE *MAGASIN GENERAL*

Cet établissement avait été fondé en vertu des lettres patentes signées par le roi, le 30 juin 1722, au profit d'Hubert Houdart,[15] écuyer et officier de la Garde-Robe du Roi, qui avait déjà obtenu en 1685 des lettres de Marchand Mercier Joaillier & Banquier, et soutenu alors plusieurs fabriques de tissus d'or et d'argent. Houdart exploita le Magasin Général, en association avec le banquier David Crosne. Le projet était très ambitieux, ce que confirme son

---

9AN, MC., XXVIII, 55, 30 janvier 1701. Le contrat d'alloué se distinguait de celui d'apprentissage en ce qu'il ne permettait pas d'accéder à la maîtrise. Alors que l'apprenti payait son maître pour apprendre son métier, l'alloué était rémunéré tout en recevant les leçons de son maître. Noël Gérard devait toucher douze sols par jour, sauf dimanches et jours fériés pendant la première année, et quatorze sols pendant la seconde.

10AN, MC., LXXXVII, 14 décembre 1710.

11L'article XXVI des statuts des maîtres menuisiers-ébénistes permettait aux maris des veuves de maîtres d'être reçus maître, sans avoir été apprenti, mais en faisant chef-d'œuvre.

12J.-D. Augarde, 'Etienne Doirat, Menuisier en Ebène', *The J. Paul Getty Museum Journal*, xiii, 1985, 33–52.

13AN, MC., XXVIII, 133, 28 février 1715 et XXVIII, 156, 25 février 1719, baux.

14AN, MC., LXXXVII, 352, 15 janvier 1710.

15Paris, Bibliothèque nationale. BNF, Imp. VP, 631.

installation dans les vastes locaux de l'hôtel Jabach, élevé au XVIIe siècle, rue Neuve Saint-Merri, et décoré par Mignard et Lebrun.[16] Jean-Baptiste Fleuriau d'Armenonville (1661–1728), Garde des Sceaux de 1722 à 1727, joua certainement un rôle décisif comme protecteur de l'institution, son buste en bronze en ornant encore les locaux en 1736.

Marchands et particuliers, connus et domiciliés, pouvaient confier à cette maison la vente d'objets divers. Leur prix était fixé d'un commun accord entre les vendeurs et des estimateurs 'pour la sureté des Acheteurs; en sorte que le moins connaisseur sera certain de ne pas acheter trop cher'. Le dépôt d'un article était inscrit sur un registre, confié à l'inspection du Lieutenant-Général de Police de Paris, et faisait l'objet d'un récipissé établi en double exemplaire, dont le second était remis au propriétaire. Lors de la vente, les dirigeants du Magasin Général prélevaient sur son produit une commission de 5% (1 sol par livre).

Houdart et Crosne, dans un *Avis au Public*,[17] écrivirent à propos de leur entreprise :

> 'On espère que le Public trouvera tous les avantages que l'on peut attendre de cet établissement, avec toute la fidélité dans la vente, toute l'exactitude possible dans le payement, & tout l'ordre que l'on peut souhaiter.
>
> Les uns auront la satisfaction de trouver en un instant rassemblés dans un même lieu tous les meubles dont ils auront besoin; les autres seront assurés d'y vendre à un prix raisonnable ce qui leur est superflu.'

Pour en faciliter l'écoulement, ils avaient reçu l'autorisation de publier mensuellement une liste détaillée de tous les meubles et objets disponibles au Magasin Général, à condition d'en communiquer un exemplaire au Lieutenant-Général de Police, lequel possédait la faculté d'en faire vérifier l'exactitude. Pour exercer les missions confiées à celui-ci, Claude Dupin, Conseiller du Roi, Receveur Général de la Finance de Metz, fut nommé le 24 juin 1724, Inspecteur du Magasin Général.

Houdart et Crosne s'offraient aussi comme intermédiaires entre particuliers et artisans, affirmant, dans l'Avis déjà cité, que :

> 'les Ouvriers s'empressent à l'envy, les uns des autres, de travailler pour le Magasin Général, on pourra s'y adresser pour commander toutes sortes d'Ouvrages; & on assure le Public qu'on les fera fournir de la meilleure qualité, et de la plus grande perfection, & à meilleur marché que si on les commandoit à l'Ouvrier même, auquel à cet effet on donnera des avances.'

La nature de cet établissement était d'une grande nouveauté. Immanquablement des contestations devaient surgir. Les juridictions étaient multiples à Paris, et nombreux étaient ceux qui pouvaient porter leur cause

---

[16]Mazière de Monville, *La Vie de Pierre Mignard*, Paris, 1730.

[17]*Cf. op. cit.* (n. 15).

devant le tribunal de leur choix, en fonction de privilèges particuliers, personnels ou territoriaux. Aussi, le 5 juillet 1723,[18] Houdart obtint que tous les conflits, difficultés ou contestations liés aux activités du Magasin Général, à l'exception du contentieux né des lettres de change et billets à ordre,[19] seraient déférés à une commission extraordinaire du Conseil d'Etat du Roi, formée de cinq membres au moins, qui jugerait souverainement et en dernier ressort. Douze maîtres des requêtes furent désignés pour y siéger. Outre le comte d'Argenson, Lieutenant Général de Police, les autres membres étaient MM. Lallemant de Levigne, de Fontanieu, Aubert de Tourny, Mandat, Pinon d'Avord, Bonnel, de Caumartin, de Pontcarré, Dujardin, Dodart, Ravot d'Ombreval et Meliand. Le 24 juin 1724, M. Doublet de Persan remplaça M. de Fontanieu.[20] Ses archives n'ont pas été conservées[21] bien que la commission ait été appelée à rendre au moins un arrêt, le 18 décembre 1725, portant sur un litige de 33.060 livres.[22]

Les deux fondateurs durent rencontrer quelques difficultés dans la gestion de l'établissement de la rue Neuve Saint-Merri. Aussi faut-il voir là la cause qui leur en fit confier les rênes, le 15 février 1725,[23] à Noël Gérard, avec qui ils étaient déjà en relations d'affaires.

LA REPRISE DU *MAGASIN GENERAL* PAR NOEL GERARD

Les clauses du contrat prévoyaient le transfert du bail de l'hôtel Jabach et le transport du 'droit et privilège de faire le commerce de meubles meublants d'ébénisterie, bronzes, glaces, pendulles, feux, bras, carrosses, chaises [à porteurs] et autres meubles générallement quelconque ainsi qu'il a été accordé au Sr Houdart par Sa Majesté', pour une durée de sept ans. Noël Gérard rachetait comptant 25.000 livres de marchandises, dont la moitié provenait de celles qu'il avait vendues à Houdart et Crosne, avec un escompte de 16 pour cent sur le prix marqué dans les livres. Le surplus du stock devait être vendu par Gérard au profit de ses prédécesseurs, moyennant une commission à son profit, de 5 pour cent, et il s'engageait à racheter comptant les invendus au bout de deux ans. Gérard s'obligeait, en outre, à leur verser une redevance de 6 pour cent sur toutes les opérations du

---

18AN, E* 2049, f. 73–4.

19Il restait l'apanage d'une juridiction spécialisée le 'Consulat'. Il s'agissait d'un tribunal de commerce, créé en 1563 et réorganisé par le titre XII de l'Ordonnance du Commerce de mars 1673. Le Parlement de Paris lui fut toujours hostile car il était composé d'anciens édiles et de représentants des grands corps de marchands, tous élus à intervalles réguliers; cf. Marcel Marion, *Dictionnaire des institutions de la France aux XVIIe et XVIIIe siècles*, Paris, 1923.

20AN, E* 2057, f. 583.

21Du moins dans la serie V^7 des Archives Nationales où elles devraient normalement figurer.

22Cité dans l'inventaire après décès de Noël Gérard : AN, MC., CXXI, 306, 17 août 1736.

23AN, MC., CXVI, 245.

Magasin Général. Il renonçait à faire acte de commerce ailleurs que dans l'hôtel Jabach, et acceptait de 'se soumettre à l'esprit de l'établissement dudit magasin… et aux arrêts et règlements rendus à ce sujet'. Enfin, il était tenu de 'faire en sorte que ledit magasin soit abondamment et richement fourny et qu'il y ait toujours au moins pour la somme de cent cinquante mil livres d'effets.' Ce dernier chiffre, révélateur des ambitions des promoteurs, l'est surtout de l'assise du crédit déjà atteint par Noël Gérard.

Les parties convenaient de soumettre les éventuels problèmes à deux arbitres désignés d'un commun accord. Ce que firent, moins d'un an plus tard, Crosne et Gérard, en l'absence d'Houdart, en nommant Philippe Masson et Isaac Thélusson, banquiers à Paris.[24] Leur sentence arbitrale du 1er mars 1726[25] prescrivit:

1. L'obligation de faire un inventaire intégral du contenu du magasin,
2. L'obligation de tenir un seul livre de vente, que Gérard transmettrait tous les dimanches matins à Crosne, qui devrait le lui renvoyer le même jour,
3. Que les contestations pour bris et accidents à la marchandise seraient tranchées par un négociant en objets meublants,
4. Que même en l'absence d'Houdart, Gérard était tenu de verser à Crosne les 6 pour cent, sans retenir la part du premier.

Noël Gérard et David Crosne restèrent en société jusqu'au 1er janvier 1735.[26]

L'ACTIVITE DE NOEL GERARD A L'HOTEL JABACH

Celle-ci peut se décomposer en trois volets : le dépôt-vente proprement dit, la vente de marchandises achetées à cette fin, et une fabrication – sur les lieux – de meubles destinés à la vente.

Le détail des opérations de dépôt-vente ne nous est guère connu. Les livres-journaux n'ont pas été conservés, et sur les cent-quatre cotes de l'inventaire après décès de Noël Gérard,[27] décrivant ses papiers, une seule concerne cette activité. Il s'agit du double d'un récépissé fait à M. Moreau de Briville pour un meuble de tapisserie fine composé d'un lit et de huit fauteuils d'une valeur de 1000 livres. Le 10 août 1736,[28] lors de la pose des scellés sur l'hôtel Jabach, la veuve de Gérard ne mentionna que trois lustres de cristal, deux paires de girandoles et un secrétaire de bois de la Chine comme n'appartenant pas à la succession. Le lendemain, Louis Liancourt, maître teinturier, fit opposition

[24] AN, MC., CXXI, 273, 24 janvier 1726.

[25] AN, MC., CXXI, 273, 1er mars 1726.

[26] AN, MC., CXXI, 301, 20 janvier 1735, *Compte et décharge entre Gérard et Crosne pour toutes les opérations menées entre eux du 1er janvier 1724 au 1er janvier 1735.*

[27] *Cf. op. cit.* (n. 22).

[28] AN, Y 14530.

aux scellés pour réclamer deux tableaux qu'il avait mis en dépôt, et en donna mainlevée le 18 août. En tout état de cause, l'activité de dépôt-vente semble être devenue marginale longtemps avant la mort de Gérard, bien qu'il continua à agir à bien des reprises comme marchand d'objets d'occasion.[29]

La valeur et la composition de son stock, en 1736,[30] sont révélatrices de l'importance de son négoce. Gérard proposait tout ce qui était nécessaire à la décoration d'une demeure, à l'exception de l'argenterie. Peut-être exceptionnel dans sa structure, par la présence simultanée d'armes, de carrosses, et de tapisseries, ce stock était estimé à 116.838 livres. C'était, à son époque, un des plus considérables de la capitale.

Une analyse quantitative est significative de sa diversité. Les meubles d'ébénisterie représentent 15.5 pour cent de la valeur de l'ensemble, les pendules 10 pour cent, les sièges, tables et autres objets de bois sculpté et doré 7.5 pour cent, les miroirs et trumeaux 9.8 pour cent, les tapisseries 7 pour cent, les tissus 4.8 pour cent, les armes 4.5 pour cent, les bronzes dorés d'ameublement (lustres, feux et bras de lumière) 11.5 pour cent, les lustres et girandoles de cristal 14 pour cent, les sculptures 2.5 pour cent, les bois d'ébénisterie 4 pour cent, les voitures 2.2 pour cent, les porcelaines 2 pour cent, les tableaux 0.8 pour cent et les divers 4.1 pour cent.

Ces pourcentages appellent quelques observations. Ainsi, si on écarte deux lots exceptionnels, estimés 6000 livres, l'importance des meubles d'ébénisterie est ramenée, en valeur, à 10.4 pour cent. Les tables en bois doré sont une cinquantaine alors que le groupe des sièges n'inclut que six ensembles, recouverts de tapisserie. Il n'y a que trois suites de tapisseries murales, dont une de six pièces des Flandres à dessins chinois. De même, si les articles en cristaux atteignent 16.100 livres, ils ne comportent essentiellement que deux lustres de cristal de roche, 'en lanternes', estimés à 6000 et 4500 livres, et une paire de girandoles assorties, évaluée à 4000 livres. En revanche, les armes à feu – 49 fusils et 87 paires de pistolets – se rencontrent rarement en telle abondance chez un marchand-mercier. Porcelaines et tableaux, numériquement très nombreux, représentent des montants dérisoires. Les premières, associées à quelques faïences de Marseille, viennent pour la plupart de Chine et du Japon, parfois de Saxe, certaines montées en argent ou en bronze doré. Parmi les seconds,[31] beaucoup étaient des dessus de porte ou de

---

29C'est dans ce sens que doit être comprise l'expression figurant dans l'opposition de Pierre Abraham Caulis de Choyras à la levée des scellés de Gérard, qualifiant ce dernier de *Marchand Tapissier, Fripier à Paris*. Le terme de fripier désignant les marchands d'articles d'occasion.

30*Cf. op. cit.* (n. 22).

31Aucun nom d'auteur n'est indiqué. Il s'agissait sans doute d'oeuvres de contemporains dont les noms sont appréciés de nos jours. Le dépouillement effectué par Mireille Rambaud, (*Documents du Minutier Central concernant l'Histoire de l'Art, 1700–1750*, Paris, tome II, 1971) montre qu'au cours de cette période des peintures de Boucher, Coypel, Desportes, Oudry, Lajoue, Patel, Francisque, étaient souvent estimées à moins de 100 livres. En 1736, treize tableaux de Watteau sont évalués ensemble à 350 livres avec leurs cadres, soit un prix moyen de 27 livres.

trumeaux notamment ceux à sujet de 'Baladins'. D'autres paraissent d'une qualité supérieure tels un 'Un enlèvement des Sabines' estimé à 100 livres et une grande 'Bacchanale' valant 200 livres. Les bronzes d'ameublement occupent 118 numéros de l'inventaire. Les chenets à la dernière mode rivalisent de prix avec cinq lustres en bronze doré dont deux à huit branches, surmontés d'une Renommée, par André-Charles Boulle. Les sculptures dépassent la trentaine, bronzes d'après l'Antique comme le Laocoon, le Gladiateur Borghèse et le Gladiateur mourant, Mercure, Hercule, Milon de Crotone, ou de traitement plus moderne comme Apollon et Daphné, Psyché et Vénus, des vases Médicis, et deux statues équestres de Louis XIV. Le stock ne contient plus que deux voitures, dont une déjà cédée au roi de Pologne, mais Gérard en avait antérieurement régulièrement commercialisées, à l'instar d'une berline, doublée de drap écarlate, de 9000 livres en 1728, dont le prix suggère un carrosse d'apparat.[32]

LES CLIENTS DE NOEL GERARD

La clientèle de Gérard fut celle des grands marchands de son temps, composée d'aristocrates, de riches financiers et de diplomates. On relève, parmi bien d'autres, les noms du prince de Carignan, des comtes de Wateville et de La Marck, du marquis d'Huxelles, du maréchal-duc de Noailles, du chevalier d'Erlac, des présidents Molé et de Saint-Hubert, du fermier général Le Riche de La Poplinière, du comte von Hoym, chargé d'affaires de Saxe,[33] de Lord Waldegrave, ambassadeur d'Angleterre. Il est évident que Gérard joua auprès de quelques uns le rôle moderne de 'décorateur'.

Le roi Stanislas Lezczynski fut client de Gérard. Ses ultimes acquisitions, notamment douze pièces de tapisserie neuves de Bruxelles pour 5000 livres et une berline à 2500 livres, sont décrites dans l'inventaire.

Le marquis de Castelar, ambassadeur d'Espagne, avait passé des commandes d'une grande ampleur : entre 1732 et 1733, Gérard lui livra pour 108.012 livres 19 sols de meubles et leurs relations durent être suffisamment étroites pour que Gérard se porte caution du bail de l'hôtel de Mézières loué par le diplomate.[34]

Le 31 décembre 1735, le président Bernard de Rieux, fils du fameux financier Samuel Bernard, pour se libérer d'une somme de 4500 livres avait fait délégation à Gérard du paiement des loyers d'une maison sise rue de l'Université à partir seulement du 1er janvier 1737.[35]

---

[32]Cf. sur les prix des carrosses cf. Claire Mazier, 'Aspects du carosse au XVIIIe siècle', mémoire de Maîtrise, Paris, Université de Paris-I, 1994.

[33]Baron Pichon, *Vie de Charles-Henry, Comte de Hoym (1694–1736)*, Paris, 1880.

[34]AN, MC., CXXI, 298, 1er décembre 1733.

[35]Le loyer annuel étant de 3000 livres, Gérard n'aurait fini d'être payé que le 30 juin 1738.

Le plus important des derniers clients de Noël Gérard fut Louis de Bourbon-Condé, comte de Clermont, cousin de Louis XV, abbé commendataire de Saint-Germain-des-Prés et protecteur de la Société des Arts. Antérieurement au 22 janvier 1735, il acquit pour plus de 140.000 livres de meubles. Pour régler Gérard, outre un acompte en espèces, il lui constitua 10 titres de rentes perpétuelles pour un montant global de 120.000 livres au taux annuel de 5 pour cent.[36] Au cours des deux mois suivants, Gérard lui céda encore pour 44.000 livres de meubles qui firent l'objet de 18 billets dont le paiement était échelonné jusqu'en 1740. Le comte de Clermont continua ses achats, dont le dernier connu, deux bibliothèques de bois violet de 6 pieds de long, fut livré le 27 juillet 1736. Selon les habitudes du temps, pour lui marquer sa satisfaction, le prince avait offert son portrait à Gérard, qui l'avait placé dans son cabinet de travail.

Les deux modes de règlement cités sont synonymes de la bonne trésorerie de Gérard qui pouvait s'accommoder de ces règlements à longue échéance (même si les billets et les contrats de rentes étaient facilement transmissibles). Ils mettent en exergue la réalité des transactions entre marchands et riches clients, où le paiement comptant était extrêmement rare et le réglement en numéraire peu fréquent. Bien entendu, chaque artisan, ou marchand, intégrait dans son prix de vente les éventuels intérêts suscités par des paiements lointains, ce qui conduisaient, d'une manière presque systématique, dans le cas des livraisons aux administrations royales, les trésoriers de celles-ci à retrancher environ 10 pour cent des sommes réclamées.[37]

La puissance et la nécessité des marchands étaient telles qu'il n'est pas sans pertinence de rappeler ici les conditions de la vente aux enchères qui eut lieu après le décès de monsieur Randon de Boisset en 1777, reflet probable d'une pratique courante. Les vendeurs, héritiers du défunt, accordèrent une année de crédit gratuit aux marchands adjudicataires, un escompte de 5 pour cent à ceux qui réglaient comptant, escompte qui s'amenuisait en cas de paiement dans l'année. Au bout d'un an, ces acheteurs devaient régler le montant exact de leurs enchères, et, au-delà, des intérêts débiteurs leur étaient facturés.[38]

Ces délais accordés par et aux marchands-merciers sont une des justifications, jusqu'ici peu étudiée, de leur rôle décisif dans l'activité économique du luxe. C'est leur crédit qui soutenait la création, et à ce titre

---

[36]AN, MC., XCII, 481, 25 janvier 1735.

[37]Cette attitude était si normale que lorsque, par extraordinaire, cette diminution n'était pas opérée sur un article, le comptable était tenu de justifier sa décision. Pour un exemple précis *cf.* AN, R[1] 335, mémoire de Delaroue du 17 novembre 1785.

[38]Geneviève Mazel, '1777, La vente Randon de Boisset et le marché de l'art au 18e siècle', Notes du CRHME *L'Estampille*, 202, avril 1987, 40–47.

ils étaient bien des intermédiaires indispensables. La plupart des artisans dont, par exemple, bien des ébénistes les plus brillants tels Bernard (II) Van Risemburgh, Joseph Baumhauer dit Joseph, ou Martin Carlin, ne pouvaient consentir le moindre crédit, n'ayant aucune trésorerie. Cette capacité de financer la création, fut rappelée dans le prospectus d'Houdart et Crosne, déjà cité, à l'intérieur duquel ils insistent sur leur pouvoir d'obtenir de meilleurs prix parce qu'ils consentiront des avances. Ce rôle d'intermédiaire entre clients et fabricants, au-delà de l'influence que purent avoir sur le goût les marchands-merciers, était l'essence même de leur profession de marchand-mercier au XVIIIe siècle et allait être sa caractéristique principale aux yeux de la postérité.

LA LIQUIDATION DU MAGASIN GENERAL

A la mort de Noël Gérard, sa veuve et les tuteurs de sa fille décidèrent de procéder à la liquidation du Magasin Général.

Une vente aux enchères en fut la conséquence. Celle-ci débuta le 26 novembre 1736 et fut rapidement arrêtée 'les offres étant trop basses, et il y aurait eu une perte par trop considérable'. Son produit ne fut que de 3064 livres. On revint donc au schéma traditionnel de la poursuite partielle de l'activité sans renouvellement du stock. Le Magasin Général ne ferma définitivement ses portes qu'au cours du second semestre 1737. La veuve Gérard se retira chez sa fille, rue du Grenier-Saint-Lazare, où elle disposa d'un 'entrepôt'. Aidée par son gendre André Potor, au moyen de petites annonces, par dépôts chez d'autres marchands, notamment chez Thomas-Joachim Hébert, par ventes directes à ceux-ci, par exemple deux lustres et deux girandoles de cristal de roche cédés à Claude-Antoine Julliot,[39] et à quelques relations, telle l'armoires à trophées (Figure 7.1) vendue au Contrôleur Général des Finances Machault d'Arnouville, qui signa les contrats de mariage des enfants Potor, la veuve Gérard poursuivit jusqu'à sa mort la réalisation des biens de son mari et la succession ne fut réglée que de nombreuses années après.[40]

---

[39]AN, MC., III, 928, 28 mars 1747.

[40]AN, MC., III, 921, 8 mars 1745, partage de la succession de Noël Gérard; *ibid* III, 940, 23 août 1749, compte entre André Potor et Marie Colin; *ibid* III, 941, 15 novembre 1749, inventaire après le décès de Marie Colin.

Ces différents documents portent pour les mêmes objets des valeurs différentes. Marie Colin et sa fille Marie-Anne Gérard étaient héritières pour moitié de Noël Gérard. Marie Colin avait pour héritiers potentiels, outre Marie-Anne Gérard, ses enfants nés de son premier mariage avec Jean Chrétien. Les opérations menées par André Potor, époux de Marie-Anne Gérard, et sa belle-mère consistèrent à réduire le plus possible la part d'héritage de celle-ci. En 1745, le calcul de la valeur des biens fut établi sur celle définie par l'inventaire. Pour remplir partiellement sa part, Potor abandonna à sa belle-mère, la moitié des effets non vendus, mais en les revalorisant,

AUTRES ACTIVITES DE NOEL GERARD

Le Magasin Général ne fut pas le seul secteur d'activité de Noël Gérard.

Il s'intéressa en premier lieu au marché du bois brut. Le volume de ses affaires dans ce secteur fut important. Leurs premières traces remontent à 1724, mais rien n'interdit de penser que cette activité ait été plus ancienne d'autant que ses beaux-fils Chrétien étaient alors marchands de bois. En 1725, il fut en relation avec Mathieu Guieral de Beaulieu pour la commercialisation de bois de Hollande.[41] En 1726, il traitait ce type de marché avec Jean-Paul Guyot,[42] et en 1727, il s'était associé à Cuesin L'Aîné pour faire venir six bateaux de Rotterdam dont la cargaison valait 15.000 florins. Une société formée avec Simon Oursel ayant le même objet lui rapporta entre 1730 et 1734, toutes charges déduites, la somme de 70.000 livres. Enfin, au cours des opérations d'inventaire, une cargaison de plus de 300 chênes façonnés en planches et madriers, pour une valeur de près de 13.000 livres, fut livrée pour son compte au quai de la Râpée.

Noël Gérard détenait aussi, à son décès, des quantités imposantes de bois de placage, qu'il commercialisait certainement en majeure partie. Il s'agit essentiellement de trois cents livres pesant de bois de caienne et amarante en feuille, dix-sept cent treize livres pesant de bois de palissandre, quatre mille neuf cent vingt livres pesant de bois d'amarante dur, neuf mille livres pesant de bois de caienne, six cent cinquante livres pesant de bois rouge de plusieurs façons, sept cent trente-sept livres pesant de bois d'ébène, deux mille cent cinquante livres pesant de bois d'amarante doux, cent planches de chêne de Hollande de deux pouces d'épaisseur sur six pouces de large, et de deux cent vingt-deux morceaux de noyer de 6, 8 et 10 pouces d'épaisseur. La masse totale des bois ainsi sur place était donc de plus de 16.478 livres pesant (soit plus de 8 tonnes). Les essences sont évaluées à dix livres le cent pour le

---

en général, de 25 pour cent, et plus encore pour deux lots particuliers (le bureau qu'il conserva et la commode à décor de chasse). En revanche, il conserva dans la part de son épouse les valeurs solides. Potor et Marie Colin procédèrent à d'autres opérations qui vidèrent de son contenu la succession future de celle-ci, qui à son décès, à part quelques marchandises non encore vendues ne disposait plus que d'un capital, placé en rente, de 3562 livres 7 sols. Après sa mort, les objets restants furent inventoriés fort bas, ce qui réduisit encore la teneur de sa succession. Ainsi la même pendule est évaluée 1800 livres en 1736, 2250 livres en 1745 et 800 livres en 1749. Marie-Anne Gérard renonça à ladite succession. Bien entendu, les enfants Chrétien protestèrent, et cette succession, après de nombreuses péripéties judiciaires, ne fut réglée par transaction amiable que le 16 mai 1777 (AN, MC., III, 1087), soit 41 ans après la mort de Noël Gérard.

[41]On appelait bois de Hollande, les billes de chêne provenant des Vosges ou d'Europe Centrale qui descendaient le Rhin par flottage jusqu'à Rotterdam. Ramenées par cabotage jusqu'à Rouen, elles étaient halées jusqu'à Paris. Leur transport par voie terrestre était beaucoup plus coûteux.

[42]AN, MC., CXXI, 274, 8 août 1726.

palissandre, à vingt livres pour l'ébène, vingt-cinq livres pour l'amarante doux, à trente livres pour le chêne et à douze livres le cent pour les autres.

D'autres affaires purement financières relevant à la fois du prêt et du cautionnement sont attestées. L'une d'entre-elles fut le sous-cautionnement partiel, en 1728, de Nicolas Bion, 'Ingénieur du Roi pour les instruments de Mathématiques', lui-même caution directe d'un de ses parents auprès de la Compagnie des Indes pour la Recette du Tabac en la Ville de Dieppe.[43]

La dernière entreprise de Gérard fut le bail des *Forges de Clavières*. Ces établissements, situés près de Châteauroux, appartenaient au comte de Clermont et avaient été affermés, en février 1734, à Mathieu Clément agissant comme prête-nom de financiers conduits par Claude Leblanc de Marneval.[44] Le 12 juillet 1735, Noël Gérard s'associait pour un tiers à ce dernier et Lay de Serizy pour exploiter cette fonderie.[45] On devine que cet investissement devait marquer un tournant dans la carrière professionnelle de Noël Gérard, orientation nouvelle sans concrétisation effective en raison de sa mort advenue un an après à peine.

LA NAISSANCE D'UN MYTHE

Il convient d'aborder un dernier point, qui relève essentiellement de l'histoire de l'art: l'œuvre de Noël Gérard en tant qu'ébéniste.

Nous avons vu plus haut qu'il avait été formé dès son adolescence, et qu'il exerça, nominalement jusqu'à sa mort, cette profession. Or, le nom de Noël Gérard est resté ignoré des historiens du meuble, à l'exception de Vial, Marcel et Girodie,[46] jusqu'à ce que j'insère, en 1984, une note à son sujet, dans une étude consacrée à Etienne Doirat, et publiée dans le *J. Paul Getty Museum Journal*.[47]

En 1985, visitant le Toledo Museum of Art, j'examinais un bureau plat en poirier noirci datant des années 1720–1730, portant une estampille 'N.G'. Parallèlement, Monsieur Théodore Dell attira mon attention sur un autre bureau de la même époque, mais aux formes et ornements très différents, portant une marque identique.[48] La possibilité que cette marque fut celle de

---

[43]AN, MC., LXXXV, 423, le 27 juillet 1728. Les autres sous-cautions furent David Modenx de Saint-Vaast, Commissaire Provincial de l'Artillerie, Pierre Joron, Gabriel Bidault, Orfèvre-Joaillier, et Nicolas-Antoine Blandin, Procureur au Châtelet de Paris, chacun pour 6666 livres 13 sols 4 deniers, sans solidarité entre eux.

[44]AN, MC., CXXI, 21 février et 20 mars 1734.

[45]Les comptes ne furent arrêtés que le 20 mars 1747. Le reliquat perçu par la veuve Gérard fut de 72000 livres, *cf.*. AN, MC., III, 930.

[46]Vial, Marcel et Girodie, *Les Artistes Décorateurs du Bois*, Paris, tome I, 1912, 213.

[47]*Cf. op. cit.* (n. 12). J'y indiquais mon intention de consacrer une étude à Noël Gérard, dont la carrière me semblait mériter d'être traitée autrement que du point de vue très partiel de l'histoire du mobilier.

[48]Londres, Sotheby's, 20.11.1964.

Noël Gérard, puisqu'elle est constituée de ses initiales, ouvrait des perspectives intéressantes, mais qui se devaient de rester prudentes.

Cette prudence fut oubliée par ceux qui allaient me lire. Alexandre Pradère a cru devoir transformer l'hypothèse que je lui avais indiquée, en conclusion formelle.[49] Ajoutant aux deux meubles cités une commode portant la même marque, il attribua à Gérard différents meubles dépourvus d'estampille.[50] C'était aller un peu loin. Malgré le peu de fondement de ce 'corpus', Noël Gérard devint en quelque sorte à la mode. Le mouvement des attributions abusives était lancé.[51] Le mythe atteint son apogée provisoire dans un catalogue en 1994,[52] où figure un bureau, attribué à Noël Gérard, ne pouvant même pas être rattaché aux oeuvres publiées par Pradère et accompagné d'un ahurissant commentaire: 'Il y a une grande similitude entre les bronzes du bureau et ceux de Boulle, rien d'étonnant quand on sait que lors de la vente après décès de ce dernier Noël Gérard racheta ses modèles'!

LE STOCK DE MEUBLES D'EBENISTERIE DU MAGASIN GENERAL A LA MORT DE GERARD

En réalité, comme nous allons le voir, rien n'autorise d'affirmer, que même dans le cas où Noël Gérard aurait été le titulaire de la marque 'N.G.', il soit l'auteur des meubles cités. Il faut reprendre la question à la base et il convient dès lors d'analyser avec une attention particulière le contenu des meubles en vente au Magasin Général à la mort du maître. On devine que la question centrale sera d'y discerner les éventuels lots que l'on pourrait penser relever de sa fabrication propre par opposition à ceux soit commandés par lui à des ateliers externes, soit achetés d'occasion, et éventuellement restaurés en vue de la revente.

Les meubles d'ébénisterie décrits dans l'inventaire de Noël Gérard atteignent la centaine. Le stock comprend vingt-sept commodes – intitulées à la 'Régence', en 'tombeau', en 'S' – six paires d'encoignures, dix serre-papiers, seize bureaux de différentes formes, deux paires de piédestaux en bois d'amarante, dix bibliothèques dont quatre à hauteur d'appui, six armoires, un secrétaire en armoire et trois secrétaire de pente, dix-sept tables diverses. Sept pièces seulement, dont «un vieux bureau», sont en marqueterie de métal. Les placages employés sont le noyer, l'olivier, le bois

---

49 *Les Ebénistes Français de Louis XIV à la Révolution*, Paris, 1989, pp. 110–11.

50 Y compris un bureau conservé au Bayerisches Nationalmuseum de Munich qui est de fabrication allemande avec des bronzes surmoulés sur des originaux français, *op. cit.* fig. 67, p. 111.

51 Sotheby's, Monaco, 3.03.1990, no. 247, Christie's, Londres, 10.06.1993, no. 66, Galerie Koller, Zürich, 15.06.1994, no. 1032.

52 Galerie Michel Meyer, Paris, 1994, publié à l'occasion de la Biennale des Antiquaires.

de violette, l'amarante, le palissandre, le satiné, le bois de cayenne, le bois noirci et le merisier massif. Des documents établis en 1745 et 1749[53] apportent quelques précisions. Les descriptions sont dans tout celà très succinctes.

Trois meubles y figurant ont pu être néanmoins identifiés avec certitude. Nous avons déjà publié[54] les 'deux grandes armoires de marqueterie d'écaille à deux grands batans en devant et de petits aux deux cotés de chacune, le tout orné en bronze doré d'or moulu, prisées quatre mille livres' (no. 150 de l'inventaire). La première de ces armoires à trophées, acquise en 1749 par Jean-Baptiste Machault d'Arnouville, est conservée au Musée national du château de Versailles (Figure 7.1), la seconde appartient à une collection privée. A cette double identification, il faut ici en ajouter une troisième. Il s'agit du no. 96 du stock, une 'commode en secrétaire, de bois de caienne satiné, avec ses bronzes en noir, et serrures, au bas de laquelle est un coffre fort, prisée trois cens livres', œuvre de l'ébéniste Jacques-Philippe Carel (Figure 7.2).

Quelques descriptions retiennent l'attention, telles que celle de 'deux grands coins de bois d'amarante [à filets de cuivre] à deux guichets par haut, deux par bas, et tiroir dans le milieu, ornés de bronze doré d'or moulu, estimés 600 livres', description et prix qui impliquent une grande richesse de bronze dans le goût des oeuvres de Cressent.

La mention de 'deux secrétaires de nacre de perle, garnis de bronze doré d'or moulu, non achevés, prisés 2000 livres' mérite quelques reflexions. Leur prix, élevé, joint à la nature de leur matériau, en font, avec les armoires à trophées, les meubles plus étonnants de l'inventaire. En effet, à la fin du règne de Louis XIV, sous la Régence et durant la majeure partie du règne de Louis XV, le mot 'secrétaire' désigne exclusivement ce que nous appelons de nos jours les secrétaires de pente.[55]

L'état de 1745 cite un 'bureau de bois de violette orné de bronzes dorés d'or moulu avec le serre-papiers et la pendule [mouvement d'Etienne Lenoir], 3000 livres', conservé par André Potor,[56] dont les éléments avaient été inventoriés individuellement en 1736. Rien ne permet pour le moment de le rapprocher d'une œuvre connue.

Le même document fait état d' 'une belle commode de bois de violette

---

[53]AN, MC., III, 921, 8 mars 1745, partage de la succession de Noël Gérard; *ibid* III, 940, 23 août 1749, compte entre André Potor et Marie Colin; *ibid* III, 941, 15 novembre 1749, inventaire après le décès de Marie Colin.

[54]J. D. Augarde et J.N Ronfort, 'L'Armoire des princes Beloselsky-Belozersky', *Catalogue de la vente du 18 juin 1989, Christie's, Monaco*, no. 212 .

[55]ou bureaux de pente, qu'une terminologie abusive née au XIXe siècle avait, un moment, fait appeler 'bureaux dos d'âne', les secrétaires droits sont au XVIIIe siècle appelés secrétaires en armoire.

[56]AN, MC., CXV, 8 novembre 1790.

7.1 Armoire à trophée, début XVIIIe siècle, Musée national du château de Versailles

7.2 Commode en secrétaire, par Jacques Philippe Carel. Collection privée.

garnie de bronzes dorés d'or moulu représentant une chasse et le marbre dessus de Seracolin, 1875 livres'. L'inventaire de 1749 précise qu'elle est 'en tombeau à deux grands tiroirs'. Cette description fait écho stylistiquement à la suite de cinq commodes et de deux encoignures livrées par Bernard II Van Risamburgh pour l'Electeur de Saxe.[57] Il est probable que la commode n'a été achevée qu'après la mort de Noël Gérard.

Un autre aspect important du stock d'ébénisterie est la présence de vingt-neuf boîtes de pendules munies, ou non, de leur mouvement. A l'exception de deux 'pendules à secondes' (c'est-à-dire de parquet), les autres reposaient soit sur des scabellons (gaines à hauteur d'appui), soit sur des pieds (consoles d'applique), ou enfin sur des 'tailloirs' (pieds en terrasse). Les pendules à secondes étaient en bois noirci, deux boîtes étaient plaquées de satiné, les autres en marqueterie de métal. Ces dernières étaient généralement à fond d'écaille brune, sauf deux à fond d'écaille rouge et une à fond de cuivre, c'est-à-dire en contrepartie. Leurs prix, en 1736, variaient de 100 livres à 1800 livres, mais la plupart d'entre elles valaient entre 450 et 600 livres. La plus importante est décrite en 1749 comme 'une grande pendule sur son pied en scabellon dans sa boete à fond d'écail à cadran de cuivre et heures d'émail, ladite boette et pied garnis de figures et ornements de cuivre doré d'or moulu'. Par l'inventaire de 1736, nous savons que son mouvement sonnait les quarts.

Le numéro 129 du même document fait état d' 'une pendule en boisseau avec deux figures de bronze et son pied et boëte de bois noircy avec ornements de bronze doré, prisée 600 livres', mention à rapprocher de 'deux figures pour mettre à costé d'une pendulle estimées à 200 livres' restées en stock et citées en 1745. Celles-ci furent vendues avec une boîte en marqueterie à fond d'écaille. Leur prix est révélateur d'une taille relativement importante. Un rapprochement très prudent de ce modèle est envisageable avec celui d'une pendule, conservée à la Wallace Collection de Londres,[58] dont la boîte est flanquée des figures de la Justice et de la Prudence, pendule que nous avons proposé d'identifier avec celle appartenant à l'horloger Pierre Gaudron en 1748.[59] Une pendule semblable avec mouvement de Gaudron est conservée dans une collection privée parisienne.

---

[57]Les trois grandes commodes sont conservées à Dresde, les deux petites au J. Paul Getty Museum à Malibu, et les deux encoignures semblent perdues.

[58]Peter Hughes, *French Eighteenth-Century Clocks and Barometers in the Wallace Collection*, Londres, 1994, 26.

[59]AN, MC., XVIII, 757, 31 mai 1745.

L'ATELIER DE GERARD

La période au cours de laquelle la production de meubles fut la principale activité de Noël Gérard se situe entre 1710 et 1725 au plus tard. Il est évident que le développement de ses affaires, et leur gestion quotidienne, le conduisirent à renoncer très tôt à l'établi. Il est même probable que ce fut une volonté manifeste. L'assise de son crédit, que reflète les conditions de reprise du Magasin Général en janvier 1725, interdit de voir dans Noël Gérard à cette époque, un simple ébéniste attaché à son atelier. L'importance des meubles vendus à Houdart et Crosne, préalablement à la prise de gestion du Magasin Général, est le signe que Gérard était déjà devenu dans ce domaine un véritable entrepreneur.

Aussi l'atelier installé à l'hôtel Jabach doit-il être considéré plus comme une annexe indispensable à ce grand établissement que comme son élément central. En 1736, il était dirigé par un nommé Delaître, peut-être identifiable avec Louis Delaître, reçu maître-ébéniste à Paris en 1738;[60] il comportait sept établis et était installé au rez-de-chaussée avec des dépendances au second étage; les bois étaient entreposés dans la cour et dans la cave. Au rez-de-chaussée, sont inventoriés quatre bâtis de bureaux, deux bâtis de commodes à la Régence, deux bâtis de commodes en tombeau dont un plaqué en bois de violette, trente-quatre boîtes de pendule non encore plaquées, neuf boîtes plaquées et deux petits secrétaires non finis. Ailleurs sont dispersés un corps de commode de bois de violette, deux corps de serre-papiers, l'un plaqué, l'autre non, deux bâtis de bibliothèque de bois de sapin, un bureau en deux corps, sans garniture ni dessus, un bâti de secrétaire d'ébène et de chêne, et les secrétaires de nacre de perle non achevés que nous avons cités précédemment.

Gérard, nous le savons, possédait tout la fois des modèles de bronze et des éléments de fonte non encore ciselés. Parmi ces derniers figuraient des ornements de meuble, ainsi que le confirme le libellé du dernier item de l'inventaire de sa veuve en 1749: 'un tas de fonte composé de différents ornements et garnitures de commodes et bureaux'. Une garniture de bureau 'en cuivre noir' complète à l'exception du quart-de-rond et deux garnitures complètes de commode – également non dorées – l'une estimée à 90 livres, l'autre à 150 livres, sont citées en 1736.

Par ailleurs, les plus de huit tonnes de bois de placage détenues en stock, essentiellement destinés à la revente, n'en fournissaient pas moins une source évidente de matériaux lorsqu'il en était besoin. Enfin, la mention de vingt-deux petites feuilles de *caret* (la variété la plus usuellement utilisée d'écaille de tortue des Indes), de quarante-six feuilles de corne peinte en

[60] *L'Etat des paiments* (*cf.* n. 35) contient la mention suivante : ' Payé au Sr Delaître pour une année à raison de douze livres par semaine la somme de 624 livres.'

bleu et de douze feuilles de bois vernis de la Chine, atteste de l'usage de ces matériaux chez Noël Gérard.

La réunion de ces différents éléments, bâtis, bronzes d'ornement et bois de placage, établit de façon certaine la production de meubles, singulièrement de commodes, secrétaires, bureaux et boîtes de pendule, sous la direction nominale de Noël Gérard, et effective de Delaître dans l'atelier de l'hôtel Jabach. En revanche, les descriptions trop imprécises de l'inventaire, le mélange probable de meubles nouveaux et de meubles en cours de restauration, empêchent d'isoler une image propre à la fabrication elle-même. Une analyse stylistique de l'oeuvre *personnelle* de Noël Gérard est donc impossible.

CONCLUSION

A défaut d'être exceptionnelle, la carrière de Noël Gérard n'est pas banale. Elle stigmatise plus d'un trait de son époque. Le canevas, singulièrement convenu, de sa destinée semble presque s'identifier à celui de la vie de l'un des nombreux héros qui peuplent les romans de mœurs du XVIIIe siècle. Plus largement encore, le schéma de l'histoire de Noël Gérard, personnage balzacien ou figure d'entrepreneur du monde moderne, est intemporel.

Il s'agit d'un ambitieux à qui les nécessités de l'existence imposent de se lancer adolescent dans la vie active et qui trouve dans un événement aléatoire, ici un mariage avec une veuve aisée, le socle sur lequel il bâtit sa fortune. Nous le voyons alors parcourir le chemin qui le mène, en moins de vingt-cinq ans, du monde artisanal aux *limes* de la haute finance parisienne. Et on peut présumer, sans peine, que sans sa mort prématurée à l'âge de cinquante ans, Noël Gérard les aurait pleinement franchies.

Faute de pouvoir identifier ses œuvres, son activité d'ébéniste est intéressante, non qu'elle soit séparable de la première partie de sa carrière ou qu'elle fut le moyen initial de sa fortune, mais bien par la mise en lumière de la permanence du phénomène de sous-traitance qui caractérise les livraisons des grands ébénistes, marchands de meubles, actifs sous les derniers Bourbons. De ce point de vue, traiter en parallèle les pratiques de Noël Gérard et celles de Pierre II Migeon ne serait pas sans intérêt.

L'existence et l'activité du Magasin Général, phénomène unique tant par les moyens mis en œuvre que par sa structure juridique, sont autrement plus significatives. Outre l'abondance de son stock, qui ne souffre nulle comparaison en son temps, c'est son aspect novateur et précurseur qui retient ici l'intérêt. Il atteste des progrès accomplis dans le domaine de la distribution des produits de luxe au XVIIIe siècle, et son encadrement juridique, par les bornes qu'il imposait, est un témoignage remarquable de l'attention que les pouvoirs publics portaient déjà à la protection des consommateurs. Même si la brièveté de cette expérience est patente, ce mode de distribution devait perdurer, et, à la veille de la Révolution, différents dépôts-ventes, d'une moindre ampleur, prospérèrent à Paris. Finalement, c'est l'association de Noël Gérard au Magasin Général, et son intelligence large et aiguë, qui font de lui une figure un peu à part dans l'histoire du commerce de luxe à Paris au XVIIIe siècle.

Part Three

Consuming

8

L'imaginaire comme support du luxe: les fêtes royales de Versailles de mai 1664

Jean-Jacques Gautier

Le choix des fêtes versaillaises connues sous le nom des Plaisirs de l'île enchantée ne peut surprendre l'historien. Elles révèlent, à l'aube de l'histoire de Versailles, la jeune cour de Louis XIV. Elles sont l'expression du luxe la plus accomplie, ne laissent qu'un souvenir mais on y fait preuve de magnificence. C'est la combinaison de ces deux éléments en un seul qui donne l'image de la fête, avec sa démonstration luxueuse de parfaite inutilité. Mais pour nous, la recherche se révèle fructueuse, si on prend comme parti dans une étude restreinte telle que celle-ci, de se fixer l'objectif de montrer en quoi se nourrit le processus de création.

LE ROLAND FURIEUX

La qualité de la fête royale s'inscrit dans une règle du genre qui permet à toute une société de repérer ce qui constitue à ses yeux le réel de la fête. Ce réel de la fête royale puise son imaginaire dans le lot commun aux manifestations théatrales et romanesques. Plus encore, et encore pour peu de temps, dans la tradition du roman médiéval. Mais, au-delà de cet imaginaire mis en mouvement avec une symbolique traditionelle toujours manipulée avec licence, on repère également et avec non moins d'importance, un rituel de la fête qui peut être commun aux ballets, aux entrées, aux carrousels. Je ne parle pas du leurre festif avec sa polychromie, la richesse de ses costumes, mais de l'aspect volontairement répétitif et convenu de ce qu'offre le spectacle de la fête.

En effet, autant pour les participants que pour les spectateurs, la fête s'inscrit dans un souvenir et se doit d'être comme une remémorisation. 'Les préparatifs du carrousel dont il voulut régaler les deux Reines, à l'exemple de celui qui s'étoit fait au mariage du feu Roi, occupèrent longtemps les princes et les seigneurs qui furent nommés pour en être.' Madame de Motteville, pour le fameux carrousel de 1662, nous rappelle que l'on cherche l'exemple. Cet aspect répétitif est le moteur de ce qui est réellement à retrouver lors d'une fête dans l'esprit des contemporains, nous le voyons fonctionner plusieurs fois. Que l'on se souvienne des ballets constamment dansés, durant les hivers à Paris, en particulier, celui des Arts, pendant l'hiver qui précéda les fêtes versaillaises où *La Princesse d'Elide* avec ses ballets fut représentée quatre fois à Fontainebleau devant la cour, pour s'en tenir aux événements exactement contemporains. La fête royale accomplie cumule les mots magiques, éléments incontournables parfois synonymes: carrousel, joute, ballet, comédie, qui constituent les signifiants de la fête.

Celles des Plaisirs de l'île enchantée se tinrent à Versailles les 7, 8 et 9 mai 1664, et n'échappent pas à la loi du genre. Dans quel imaginaire se place Versailles en la circonstance? Celui de l'amour précieux, lui-même héritier abâtardi de l'amour courtois. Ce n'est rien d'autre qui est ainsi sollicité auprès de l'imaginaire des courtisans. L'amour courtois romanesque établit le consensus autour du fait festif et suggère un réel psychique commun. Les intervenants techniques dans la création, pour la circonstance, sont Carlo Vigarani, Isaac de Benserade, Molière, Lully et Henry Gissey pour respectivement: la machinerie, les spectacles, les discours, la musique et les costumes. Notre regard portera surtout sur Vigarani et Molière; les machines et les spectacles.

C'est donc dans la jouissance que procure l'image de ces fêtes qui se tinrent à Versailles, que peut se définir l'art versaillais réel alors qu'il ne laisse pratiquement aucune trace si ce n'est, et c'est là le but recherché, la raisonnance d'un plaisir.

Il faut se souvenir que le désir toujours ardent de Louis XIV de posséder immédiatement ce qu'on lui imagine marqua ces fêtes d'une précipitation qui eut plusieurs conséquences dont celle par exemple d'obliger Molière ainsi qu'il nous en avise, à finir en prose *La Princesse d'Elide* qu'il avait commencée en vers. 'Le dessein de l'auteur était de traiter ainsi toute la comédie. Mais un commandement du Roi qui pressa cette affaire l'obligea d'achever tout le reste en prose, et de passer légèrement sur plusieurs scènes qu'il aurait étendues d'avantage s'il avait eu plus de loisir.' Les quelques ratés de la fête, n'empêchèrent pas que l'on rédigea une relation illustrée de gravures à l'usage de ceux qui n'en furent pas et de l'étranger, qui reproduit les textes de Benserade et du président Périgny, publiée dès 1664. C'est le document qui nous servira de base, avec comme complément, le compte-rendu de la *Gazette de France* daté du 17 mai 1664, ainsi que l'extraordinaire des *Particularitez des Divertissemens pris à Versailles, par Leurs Majestez*, et qui est reproduit en annexe ici. Enfin on trouve dans la relation de Carpentier de

Marigny, de 1664, une tournure d'esprit légèrement insolente, qu'il est bon de relever.

Voici comment ouvre la relation, en donnant le prétexte des réjouissances:

> Monsieur de Vigarani, gentilhomme modénois, fort savant en toutes ces choses, inventa et proposa celle-ci; et le roy commanda au duc de Saint-Aignan, qui se trouva lors en fonction de premier gentilhomme de la Chambre, et qui avait déjà donné plusieurs sujets de ballets fort agréables, de faire un dessein où elles fussent toutes comprises avec liaison et avec ordre, de sorte qu'elles ne pouvaient manquer de bien réussir. Il prit pour suject, le palais d'Alcine, qui donna lieu au titre des Plaisirs de l'Ile enchantée, puisque selon l'Arioste, le brave Roger et plusieurs autres bons chevaliers y furent retenus par les doubles charmes de la beauté, quoique empruntée et du savoir de cette magicienne, et en furent délivrés, après beaucoup de temps consommés dans les délices, par la bague qui détruisait les enchantements. C'était celle d'Angélique, que Mélice, sous la forme du vieux Atlas, mit enfin au doigt de Roger.

L'étonnant est que le sens de l'ordre et de la liaison évoqués ci-dessus semblèrent faire particulièrement défaut dans le déroulement des festivités.

> Cette belle magicienne, de qui les enchantements étaient d'une force prodigieuse, n'étant pas satisfaite que sa puissance parût en un seul endroit de la terre; afin de porter en tous lieux le triomphe de sa beauté, par les hommages de ses chevaliers, a rendu son ile flottante. Et après avoir visité plusieurs climats, elle l'a fait aborder en France, où par le respect et l'admiration que lui causent les rares qualités de la Reyne; elle ordonne à ses guerriers de faire en faveur de Sa Majesté, tout ce qu'ils auront pu inventer pour lui plaire par leur adresse et par leur magnificence.

Relevons dès à présent, le rôle énoncé dévolu à la reine Marie-Thérèse, qui lui fait occuper la place de la Dame, dans la tradition de l'amour courtois. On peut en être certain car la *Gazette* reprend presque mot à mot le texte de la relation de Benserade.

> On avait aussi feint très agréablement, qu'Alcine n'estant pas contente de ne faire par être la force de ses enchantemens qu'en un seul endroit, après avoir visité divers climats, l'avoit fait aborder en France, & que pour rendre hommage à la Reyne, dont les rares qualités lui causaient autant de respect que d'admiration, elle avoit ordonné aux Guerriers qu'elle tenait ainsi enchantées, de faire tout ce qu'ils pourroient pour plaire à une si grande et si belle princesse.

L'image de la fête nous est perpétuée par les documents contemporains – écrits ou gravures – et il faut noter immédiatement combien leur abondance fait dire en quoi, on voulait laisser une trace mnésique. Le prétexte est tiré du *Roland furieux* de l'Arioste, roman du XVIe siècle.

Les réjouissances se déroulèrent ainsi: premier jour: défilé avec char, course de bague, second défilé avec apport des plats, puis festin à la tombée du jour; deuxième jour: représentation de *La Princess d'Elide* de Molière;

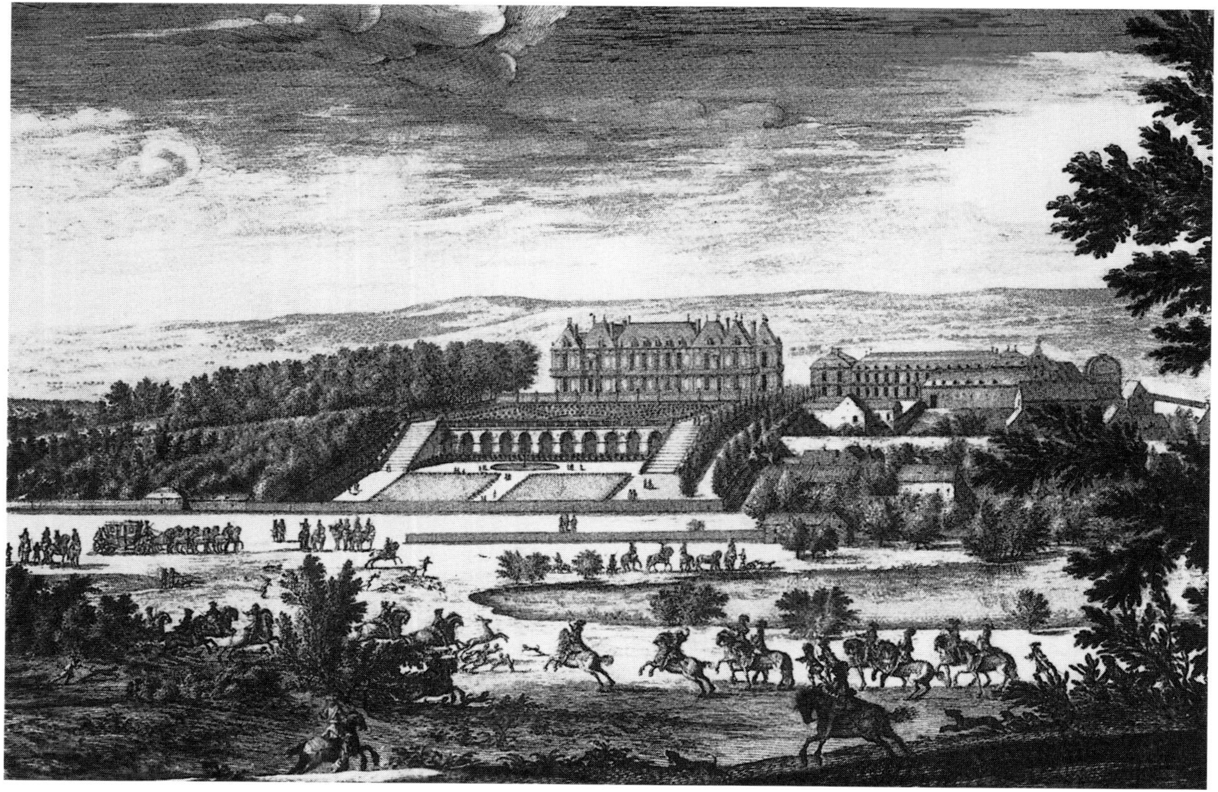

8.1 Gravure d'Israel Sylvestre. Le château, côté orangerie

troisième jour: concert, ballets sur l'île d'Alcine avec feu d'artifice, rupture de l'enchantement en final. Mais, on quitta Versailles pour Fontainebleau le 14 mai, seulement. Il fallut passer le temps, avec encore deux courses de têtes dans les fossés du château dont une gagnée par le roi était évoquée quatre ans plus tard avec admiration par Mlle de Scudéry, une promenade à la ménagerie, une loterie où la reine gagna bien sûr le gros lot. Molière donna aussi deux reprises; *Les Fâcheux* et *Le Mariage forcé* et surtout une création mémorable: la première version du *Tartuffe*.

Il semble évident de voir dans ces fêtes de mai 1664, une expression de l'amour précieux, lui-même ultime avatar de l'amour courtois. Les fêtes sont données officiellement en l'honneur de l'épouse du roi, la reine Marie-Thérèse d'autriche, mais il ne faut pas oublier la présence de Louise de la Vallière dont le frère, le marquis de La Vallière, fut le vainqueur de la course de bague.

TOPOLOGIE DE LA FETE

Topologie de rêve où imaginaire et réel coïncident, dans ce que toute création est fruit de l'homme et sert à mettre un imaginaire en commun. C'est-à-dire que nous voyons en l'occurence, sur un même axe, le palais du roi, et à l'opposé, celui d'Alcine. L'un et l'autre, champs d'expériences artistiques, et mise en œuvre de ce qui est donné à voir. Le premier résidence royale, déjà qualifié de palais enchanté dans l'introduction de la relation Benserade-Périgny (que nous suivrons essentiellement sauf indication contraire), le second palais magique. Les questions qui se posent sont: qui est tour à tour Alcine? Que symbolise-t-elle? Mais aussi en conséquence, où se place symboliquement l'image du roi?

La première journée a pour cadre le petit parc, avec un rond percé de quatre allées avec portiques en feuillages ornés de renommées. Le fond du tableau est le château ou la perspective vers le bassin, suivant l'endroit où l'on est placé. 'Le lieu de ce tournoy fut établi dans le Petit Parc, en milieu de la grande Allée qui regarde le chasteau de Versailles lequel estant un Composé de ce que l'Art & la Nature scavoient assembler de beau et de délicieux, pouvoit bien être une Image de cette Isle enchantée …' selon la Gazette. 'Lorsque la nuit du second jour fut venue, Leurs Majestés se rendirent dans un autre rond, environné de palissades comme le premier, et sur la même ligne, s'avançant toujours vers le lac où l'on feignait que le palais d'Alcine était bâti.' Ainsi, la deuxième journée – celle de la princesse d'Elide – est dans une salle de verdure avec comme décor, le parc et le palais d'Alcine sur son bassin. En tout cas, c'est ainsi que nous le montrent la gravure et le dessin préparatoire d'Israël Sylvestre. Les textes quant à eux, laissent supposer toutefois, que le rocher d'où sortira le palais d'Alcine le dernier jour est bien le fond de décor de la comédie ballet de Molière. De cette façon, la princesse d'Elide est superposée à l'image d'Alcine et de son mystère. Nous évoluons bien dans le même imaginaire. Notons aussi, qu'il s'agit là d'une forme de tableau dans le tableau, structure psychique appréciée dans l'art de l'époque.

> Le dessein de cette seconde fête était que Roger et les chevaliers de sa quadrille, après avoir fait des merveilles aux courses, que, par l'ordre de la belle magicienne, ils avaient faites en faveur de la Reine, continuaient en ce même dessein pour le divertissement suivant, et que l'ile flottante n'ayant point éloigné le rivage de la France, ils donnaient à sa Majesté le plaisir d'une comédie dont la scène était en Elide.

Le moins que l'on puisse dire est que le lien entre les différentes réjouissances n'est pas du tout évident, qu'il semble même artificiel et que le fil réel (les spectateurs courtisans ne devaient même plus avoir à l'esprit l'histoire d'Alcine lors des deux premières journées malgré le livret) est à chercher ailleurs. Justement dans une démonstration générale du spectacle de l'amour précieux, comme une carte psychique de Tendre illustrée où le sentiment l'emporte et bouleverse une forme de rigueur.

'Plus on s'avançait vers le grand rond d'eau qui représentait le lac sur lequel était autrefois bâti le palais d'Alcine, plus on approchait de la fin des divertissements de l'Ile enchantée … 'Le dernier jour est face au même rond d'eau qui supporte l'île enchantée et qui est le cadre du thème final. Le dessin du palais d'Alcine est un trompe-l'œil qui semble une perspective avec un point de fuite vers lequel convergent plusieurs lignes. Il trouve place sur une île qui est flanquée de deux autres qui sont situées exactement sur les lignes de fuite, si l'on en croît les gravures de Sylvestre. Ainsi la nature reconstituée ici est tout aussi tracée au cordeau sur scène que celle des jardins et des intérieurs. Ce qui nous invite à trouver dans ces différents champs d'activité le point commun qui en active la création et qui relève bien de l'imaginaire. Il s'agit ici absolument de voir coïncider l'espace réel et l'histoire imaginaire de Roland, et qui s'inscrit même temporellement avec précision puisque si le séjour à Versailles dura du 7 mai au 14, les Plaisirs de l'Ile enchantée ne recouvrent précisément et nommément avec leur mythe que les trois premiers jours. Sous quelle forme le plaisir surgit-il? D'abord par l'imaginaire que font apparaître les thèmes se référant à l'amour précieux. Preuve en est qu'il est toujours l'héritier de l'amour courtois puisque la chevalerie romanesque intervient dans l'histoire.

L'AMOUR PRECIEUX

Les images sont comme témoignages volontaires à l'usage de l'étranger et de la postérité. Israël Sylvestre a, en neuf gravures, représenté les trois journées. Cinq pour la première où apparaît souvent le roi, contre une pour la deuxième et deux pour la dernière.

8.2 Dessin du Char. Costumes d'Henry Gissey. BN Estampes, Oa 37

La première gravure, hors du déroulement des trois journées, représente le château de Versailles du côté de l'orangerie. Y sont associées les devises latines et emblèmes de ce qui constitue le mythe chevaleresque autour duquel tourne la fête. Ainsi la gravure confirme que le château est partie intégrante de la réjouissance. Point clef et miroir de ce qui est à l'opposé, mais sur le même axe: le palais de la magicienne Alcine. (Figure 8.1). Armes et devises sont là en survivance de l'idéal chevaleresque.

Deuxième gravure: 'Marche du roi et de ses chevaliers avec toutes leurs suites, autour du camp de la course de bague représentant Roger et les autres chevaliers enchantez dans l'Isle d'Alcine (Figure 8.3.)' Ainsi que la troisième, qui est une 'comparse du roy et de ses chevaliers avec toute leur suite dans le camp de la course de bague pendant l'ouverture de la feste faite par les récit(s) d'Apollon et des quatre siècles assis sur un grand char de triomphe.' (Figure 8.2). La Gazette précise qu'il s'agit là d'une référence selon une idée du duc de Saint-Aignan, 'aux jeux pythiens où Apollon présidait'. Quant aux chevaliers selon la même source, ils sont tous richement vêtus à la Grecque. Ainsi non seulement l'action se passe chez l'Arioste et ses personnages, mais aussi en présence d'Apollon chez les Grecs! On a là mélange des sources de l'imaginaire qui nous gênent, mais qui à cette époque était communément admis. On s'en justifiait toutefois, 'cette Magicienne se servoit des Tournoys, des Festins, de la Comédie, & de la Musique, aussi bien que du pouvoir de ses Démons, pour captiver ses Amans...' 'Duc de S. Aignan, reconnu pour l'un des plus beaux Esprits de la Cour, ayant enveloppé ces Divertissements, d'une si agréable Fable ...' selon la Gazette. Voilà qui en dit long sur l'usage de cet imaginaire, mais ce qu'il faut relever ici tient au jeu du tableau dans le tableau, plus précisément du miroir dans le miroir, que nous avons déjà noté.

Le défilé des chevaliers prisoniers n'est pas sans vouloir rivaliser avec le carrousel de 1662. Mais là, ce sont chevaliers d'antique mémoire qui ont pour noms: Roland, Roger, Ariodant, Oger le danois, etc ... On voit aussi surgir un char qui montre le Temps conduisant les quatre âges de fer, d'airain, d'argent et d'or avec Apollon, âge de Louis XIV, entouré des douze heures et des douze signes du zodiaque, figurés par des personnes physiques. La symbolique est directe, traditionellement érudite. Sur le char est figuré, sculpté le mythe apollinien: les monstres célestes, le serpent Python, Daphné, Hyacinthe, Atlas portant le Ciel. Atlas n'est pas à rapprocher des mythes apolliniens, mais plutôt de l'histoire d'Alcine, puisque c'est lui métamorphose d'une femme, la magicienne Mélisse, qui délivre les chevaliers. Symbolique toute conventionelle, avec la machine du char 'tirée par quatre grands chevaux qui représentoyent les quatre Saisons, par les différentes couleurs de leur poil', selon la Gazette. Il y a figurée trois fois, l'image du roi Louis. Symbolique avec le fauteuil sous un dais, qui est le symbole de sa présence au milieu de ses courtisans. Apollon maître d'un

8.3 Gravure d'Israel Sylvestre. Comparse des quatre saisons

nouvel âge d'or. Mais le roi est aussi présent dans le chevalier Roger, confronté à une adversité magique imaginaire.

Puis vient la 'course de bague disputée par le Roy et ses chevaliers, représentans Roger et les autres chevaliers enchantez dans l'Isle d'Alcine.' (Figure 8.3). La course de bague comme la course de têtes, sont les héritières des tournois chevaleresques antérieurs. Depuis la mort accidentelle d'Henri II, le tournoi est banni du rite de l'exploit physique chevaleresque. Ce qui est donné à voir à cette époque dans ce type de prouesse, est spontanément symboliquement hiérarchisé, très exactement mis en scène. Notons que bague est dans les documents contemporains presque systématiquement employé au singulier.

Après l'exercise une seconde entrée intervient qui est elle aussi riche de symboles. 'Comparse des quatre saisons, avec leurs suitte de consertans et porteurs de présens et de la Machine de Pan, et de Diane avec leurs suitte de consertans, et de bergers portans les plats pendant le récit des uns et des autres devant le Roy, et les Reynes.' On y voit l'arrivée de plats et la disposition des mets pour le festin sur une table que l'on dresse au fond de la scène. (Figure 8.4). Au même moment, on voit s'avancer sur un immense rocher, Pan et Diane au sommet. Quelle est en l'occurrence la référence mythologique? On s'attendrait plutôt à y voir Apollon en compagnie de Diane et pourtant c'est bien Pan. L'illustration la plus célèbre du mythe évoqué se trouve au plafond de la galerie Farnese peint par Annibal Carrache vers 1600. De chaque côté de la composition principale se trouvent deux peintures montrant Pâris et Mercure d'une part, Pan et Diane de l'autre. (Figure 8.5). L'érudition nous informe que la source se trouve dans Nicandre de Colophon, Macrobe, reprise ensuite par Virgile dans le livre III des Géorgiques. 'C'est grâce à la blancheur neigeuse de sa toison, s'il faut en croire la légende, que Pan, dieu d'Arcadie, te surprit, ô Lune, et t'abusa en t'appelant au fond des bois; et tu ne dédaigna point son appel.' Ainsi Diane, déesse de la Lune, s'est laissée une seule fois séduire – ne comptons pour rien quand elle s'amourache d'Endymion – par Pan métamorphosé en splendide bouc blanc. A la différence d'avec Endymion, il y a eut consommation. Dans le cadre de l'amour courtois ou précieux qui nous occupe, la leçon voulue par Molière et Vigarani nous semble évidente: Nul ne résiste à l'amour physique!

Ainsi le lendemain, la princesse d'Elide est comparée à Diane, déesse de la chasse, aux vers 73–75:

> Comme une autre Diane elle hante les bois,
> N'aime rien que la chasse, et de toute la Grèce
> Fait soupirer en vain l'héroïque jeunesse.

L'allusion est encore plus évidente à la scène I de l'acte II: 'on nous fait voir que Jupiter n'a pas aimé pour une fois, et que Diane même, dont vous affectez tant l'exemple, n'a pas rougi de pousser des soupirs d'amour.'

8.4 Gravure d'Israel Sylvestre. Course de bague

Si on se souvient que les fêtes sont dédiées à Marie-Thérèse et que l'on songe à l'allocution que Pan-Molière la veille avait adressé à l'épouse de Louis XIV du haut de son rocher, on reste rêveur. Pan s'adresse ainsi à la reine Marie-Thérèse:

> Jeune divinité, ne vous étonnez pas
> lors que nous vous offrons en ce fameux repas
> l'élite de nos bergeries:
> Si nos troupeaux goûtent en paix
> les herbages de nos prairies
> Nous devons ce bonheur à vos attraits.

On assiste donc là à un jeu de passe-passe qui fait le lien avec Diane, la princesse d'Elide elle-même superposée à Alcine, et la reine! Que vient faire Marie-Thérèse dans ce compliment qui est pour le moins ambigü? La reine devient l'interlocutrice de Pan comme Diane l'est au plafond de la galerie Farnèse, susceptible de recevoir une offrande. Chacun sait à ce moment là, la présence de Louise de La Vallière, mais le registre dans lequel se place ce jeu peut-être inconscient n'est pas dans une relation proprement amoureuse, mais bien plutôt dans celui d'une investigation psychique qui interroge par signifiants juxtaposés. Autrement dit la réponse n'arrive certainement pas à sa destinatrice, mais elle ne doit pas en être loin.

Le lendemain apporte un début de réponse avec la représentation de *La Princesse d'Elide*. Cette comédie galante mêlée de musique et d'entrées de ballets, raconte l'histoire d'une princesse qui refuse de s'abandonner à l'amour, mais qui finira par succomber aux avances d'un prince qui fera mine d'être indifférent à sa personne.' (Figure 8.6). On a bien là illustration d'un amour où les obstacles sont multipliés avant que d'aboutir. On sait par Marigny que les contemporains en eurent pleinement conscience:

> Toute l'Assemblée sortit charmée de ce divertissement, les Dames avoüerent de bonne foi, que l'on avoit découvert dans la Comédie le veritable moyen de les ramener à la raison, lors qu'elles font les difficiles & les farouches; les Cavaliers jurèrent de se servir plutost de cet expédient, que de se prendre de desespoir pour la plus belle Anaxarete de la terre; & je fus fort aise de les voir dans ces sentiments; car j'ai toujours trouvé le désespoir en amour une vilaine chose, & je me souviens d'avoir fait des Vers qui sont assez conformes à la résolution de ces Messieurs, qui avoient si bien profité à la Comédie ...

La question reste toutefois, pour quelles raisons la princesse d'Elide multiplie-t-elle les obstacles? Cette question rejoint l'essence même de la fête.

Le dernier jour est un 'théatre dressé au milieu du grand estang représentant l'isle d'Alcine, où paroissoit son palais enchanté sortant d'un petit rocher dans lequel fut dansé un ballet de plusieurs entrées et après quoy le palais fut consumé par un feu d'artifice représentant la rupture de l'enchantement après la fuite de Roger.'

8.5 Pan et Diane. Voûte de la galerie Farnèse à Rome. Annibal Carrache, vers 1600

Apparaît Alcine, magicienne envoûtante qui, pour contrer la destruction de son palais et la fin de ses pouvoirs sur Roger et ses pairs, adresse une supplique à la reine-mère, à Anne d'Autriche. C'est ainsi que la bonne question du bouc métamorphosé arrive à la hiérarchie qui place la veuve de Louis XIII au sommet, à la Dame dont la position de deuil est une des plus marquantes de l'amour courtois. Pourquoi et comment? Essayons de progresser, et nous y parviendrons en faisant intervenir l'aspect le plus signifiant: la machine.

LA MACHINE

En quoi la machine est-elle déterminante et que signifie-t-elle?

D'abord et avant toute chose, la machine est aux yeux de tous, prouesse technique. Il est important avant que d'aborder son aspect ludique, de remarquer combien la machine est liée à l'artisanat de luxe. Le signifiant machine est un des plus riches qui soit au XVIIe siècle. On parlait de machine pour des spectacles, pour des pompes funèbres, d'une machine pour une table volante, plus tard de la machine de Marly ou pour un surtout de table. Pour ce qui concerne la machine de spectacle chacun savait que c'en était une sous une apparence factice. C'est la plus gratuite de toutes! Les machines en l'occurence font tout l'art de Carlo Vigarani. On sait tout ce qui est dû au modénois. Mazarin lui avait demandé de réaliser avec son père Gaspare et son frère Ludovico, une salle des machines aux Tuileries.

Quelles étaient ces machines lors des Plaisirs de l'île enchantée? Les plus inventives étaient les animaux sauvages qui n'étaient rien que des machines. Lors de la scène II du deuxième intermède de *La Princesse d'Elide*, Moron qui n'est autre que Molière, le bouffon de la princesse, est attaqué par un ours qui ne peut être qu'une machine. D'ailleurs le même Moron/Molière qui dit toujours la vérité, au vers 214 lors de sa rencotre avec un sanglier, parle de 'faux animal'. Le char du Temps que nous avons déjà évoqué, est la moins fantastique et relève plus de l'accessoire que d'une machine propre. Le véhicule, en effet, est tiré par un quadrige et son aspect spectaculaire vient essentiellement de sa hauteur. La machine de Pan et de Diane est, pour sa part, dans la définition et la vocation d'une machine de spectacle. Elle semble mût d'une façon autonome. C'est un rocher planté de lauriers au sommet duquel se trouvent perchés Pan et Diane, Molière et Mlle Béjart. Autre machine à la fin du dernier intermède de *La Princesse d'Elide*, avec un chœur de pasteurs et de bergers qui dansent; 'pendant que ces aimables personnes dansaient, il sortit de dessous le théatre, la machine d'un grand arbre chargé de seize faunes, dont les huit jouèrent de la flute, et les autres du violon ...'

Enfin le troisième et dernier jour, Vigarani donna encore des témoignages de son talent avec, ayant disposé l'île enchantée au milieu du bassin, des

8.6 Gravure de Israel Sylvestre. *La Princesse d'Elide*

machines firent surgir des musiciens sur les côtés sur deux autres îles. Le palais lui-même était sorti d'un petit rocher, son frontispice s'ouvrit et laisse sortir des géants et des nains, 'mais ce qui surprit d'avantage, fut de voir sortir Alcine de derrière le rocher, portée par un monstre marin d'une grandeur prodigieuse. Deux des nymphes de sa suite sous les noms de Clélie et Pircé, partirent en même temps à sa suite, et se mettant à ses côtés sur de grandes baleines, elles s'approchèrent du bord du rondeau; et Alcine commença ces vers, auxquels ses compagnes répondirent et qui furent à la louange de la Reine Mère du Roy.' Ainsi Alcine apparaît et prend comme interlocutrice, la reine-mère Anne d'Autriche. Il y a là un lien entre la Dame souveraine et l'appareil qui surgit devant les yeux des spectateurs.

Que peuvent signifier ces machines qui véhiculent une réponse presque directe aux hésitations de l'amour précieux? Ce qui amène à considérer encore plus précisément où se situent réellement les protagonistes et l'adversité qui nécessite une telle réponse, voilée ou non. Adversité non représentée, mais bien plutôt diffuse, une chose dont on suggère la présence et qui ne se voit pas comme Alcine les deux premiers jours, vis-à-vis des compagnons de Roger, comme Circé avec ceux d'Ulysse.

ALCINE

Dans le déroulement de la fiction de l'histoire, il y a un moment où apparaît Alcine. Et bien sûr, l'apparition d'Alcine, qui concerne le dénouement, vide en même temps l'enchanteresse de tous ses pouvoirs. Au réel, Alcine apparaît comme tricéphale, trois figures féminines portées par des monstres. Les vers que s'échangent la magicienne et ses deux acolytes semblent constituer un monologue où une même reflexion est renvoyée d'un personnage à l'autre. Célie voit la reine-mère, Alcine la vénère, Dircé n'ose lui parler et Alcine rentre sous terre. La confrontation d'une forme de puissance face à une autre puissance laisse le champ libre à Anne d'Autriche qui devient ainsi la réelle détentrice, aux yeux des spectateurs, du pouvoir magique. Ainsi l'enjeu primitif posé par cette présence maléfique se résout d'une certain façon, et qui peut toutefois se considérer comme étant satisfaisante, puisque nous sommes là le temps d'une fête!

Toutefois pour nous, il semble essentiel de relever les charmes d'Alcine en quelque sorte, au milieu de tout cet appareil de festivité. Le charme agit jusqu'au dénouement et suggère une épée de Damoclès au-dessus de la tête de la cour, où judicieusement la topologie de la fête a mêlé réel et imaginaire.

Juste avant la fin de l'enchantement, matérialisé par un feu d'artifice, un ballet composé de six entrées, prend place. C'est l'illustration ultime du fait magique lié à l'amour courtois que souligne la IIIème entrée. 'Cependant un dépit amoureux oblige six des chevaliers qu'Alcine retenait auprès d'elle à tenter la sortie de ce palais; mais la fortune ne secondant pas les efforts qu'ils

8.7 Dessin: Louis XIV, costume d'Henry Gissey. BN Estampes Oa 37

font dans leur désespoir, ils sont vaincus après un grand combat, par autant de monstres qui les attaquent.' Enfin la sixième et dernière entrée, nous donne l'issue tirée du *Roland furieux*, qui est la seule illustration, notons le bien et faisons-nous en un dessin, du roman de l'Arioste, dans les Plaisirs de l'île enchantée.

> Mais à peine commence-t-elle à se rassurer, qu'elle voit paraître, auprès de Roger et quelques chevaliers de sa suite, la sage Mélisse, sous la forme d'Atlas. Elle court aussitôt pour empêcher l'effet de son intention; mais elle arrive trop tard: Mélisse a déjà mis au doigt de ce brave chevalier la fameuse bague qui détruit les enchantements. Lors d'un coup de tonnerre, suivi de plusieurs éclairs, marque la destruction du palais, qui est aussitôt réduit en cendres par un feu d'artifice, qui met fin à cette aventure et aux divertissements de l'Ile enchantée.

Seulement, en cette fin d'histoire, Roger n'a plus la même valeur symbolique puisque le chevalier n'est plus Louis XIV, mais le danseur Beauchamp. A ce moment là, la question reste en suspens, on note souvent un tel point de rupture dans beaucoup d'œuvres littéraires ou artistiques. Il est donc tant d'en tirer les conclusions.

LE LUXE DE LA FETE

Les chevaliers sont personnages travestis dans leur identité qui demandent de par leur parade quelque chose à Alcine, à la Dame. Pour ce faire, ils sont amenés à mettre en évidence plusieurs caractères; celui du leurre avec la beauté des costumes d'Henri Gissey, d'une grande polychromie. Celui du travesti mythologique, avec Louis XIV malgré le fauteuil vide qui montre pourtant la place symbolique, monarchique et familiale du roi, entouré de sa mère, son épouse, son frère et sa belle-sœur. Mais le roi est aussi Roger, le participant de la course de bague, lui même soumis à enchantement malgré son statut de premier parmi ses pairs.

En réalité, il ne s'agit pas de donner une interprétation univoque de ces fêtes, mais bien de restituer en quoi il y a processus de création. Ici ce processus est rendu psychiquement par le fait que le spectacle est l'expression de plusieurs volontés, de plusieurs formes d'art qui ne donnent pas toujours le sentiment d'une cohérence dans ce qui est donné à voir. Mais justement, cette relative incohérence est le rendu le plus fidèle de ce que l'on veut montrer. C'est-à-dire comme un flagrant délit de l'amour courtois. Et pourquoi cet amour courtois trouve-t-il à s'exprimer par le jeu des signifiants?

Confirmons la vocation réelle des signifiants en relevant cette particularité de l'arrivée des plats le premier jour, où ces plats sont associés aux quatre saisons figurées étrangement par quatre membres de la troupe de Molière,

8.8 Tapisserie de la première tenture de l'histoire de Don Quichotte. Gobelins, vers 1714–1718. Collection privée. Détail montés sur un cheval, un ours, un dromadaire et un éléphant. On s'attendrait plutôt aux quatre continents, le caïman traditionel de l'Amérique étant remplacé par l'ours. Détail qui témoigne que dans la précipitation des réjouissances, ou pour une raison quelconque, il fallut remplacer ou réutiliser les quatre continents par les quatre saisons pour amener les mets d'une façon plus évidente. N'est-ce pas ainsi révéler le caractère secondaire de ce qui est symbolique, de ce qui est proprement du domaine du signifiant?

Rappelons-nous aussi les armes et devises des cavaliers, le fait que selon la volonté du duc de Saint-Aignan, la course de bague s'inscrivait dans l'imaginaire des jeux pithiens et que les cavaliers étaient habillés en Grecs! Que l'histoire se situe dans la fiction du palais d'Alcine, la place dans un registre particulier qui fait des chevaliers, les otages d'une force magique volontairement difficile à définir. Le roi est Roger, Saint-Aignan, Guidon le sauvage, les autres ont pour noms: Dudon, Olivier, Astolphe, Zerbin, Brandimart, Aquilant le noir, Ariodant, Griffin le blanc, Oger le danois, Renaud, Richardet et Roland. Il y a là pour les contemporains des noms qui évoquent la chevalerie. Notons dès maintenant que ceux de Roland, Astolphe et Brandimart se retrouvent en haut de trois tapisseries de l'histoire de Don Quichotte, tissée aux Gobelins entre 1714 et 1718. (Figure 8.8) Le rapprochement vaut pour montrer non seulement, la persistance du mythe chevaleresque dans les mentalités, même retourné comme un gant comme celui de Don Quichotte, mais aussi qu'un des chevaliers dans cette tenture a pour nom Roncevaux! (Figure 8.9). Ce qui nous laisse soupçonner que l'on avait plus que des noms signifiants et que le signifié recherché est ailleurs, que l'on cherche à faire surgir, d'un imaginaire de convention. Voilà quels sont les ressorts de l'art somptuaire à cette date de 1664.

La conclusion immédiate de cet article – au-delà des questions posées qui foissonnent devant un fait esthétique aussi considérable – est que l'iconographie avec tous ses constituants, avec les signifiants que l'on voit répandu à profusion dans l'art de cette époque et qui est obsessionnellement demandée aux artistes et artisans de tous corps de métier, si il n'est que le jeu convenu souligné par une technique éblouissante, ne vaut que par sa faculté de laisser soudre autre chose pour exciter les composantes de l'imaginaire des contemporains. On est en présence d'un réel de la fête qui, continuellement voué à être recherché, remis sur le métier, est à la base de l'histoire artistique et esthétique de Versailles. Ne nous-y trompons pas, c'est bien la touche précieuse de la jeune cour de Louis XIV – même si on se défend de l'être – qui impose Versailles dans cette décennie 1660, perdure jusqu'à la mort du roi, et qui sollicite dans la technique artisanale la prouesse exigente du don chargé de combler.

Est-il permis d'ajouter que le Tartuffe de Molière est là comme la démonstration inverse de ce qui est recherché dans Alcine? L'art classique, si il existe, est bien dans une mise en œuvre ordonnée, non pas tant de la forme, mais du fond.

8.9 Tapisserie de la première tenture de l'histoire de Don Quichotte. Gobelins, vers 1714–1718. Collection privée

'... comme il le fit encor voir n'aguéres, par ses défenses de représenter une Pièce de Théatre intulée l'Hypocrite, que Sa Magesté, pleinement éclairée en toutes choses jugea absolument injurieuse à la Religion, & capable de produire de très-dangereux effects. *Gazette de France* du 17 mai 1664.

ANNEXE. RELATION DE LA *GAZETTE DE FRANCE* DATÉE DU 21 MAI 1664

Les Particularités des Divertissements pris à Versailles par Leurs Majestés

Puisqu'ils sont des effets de cette Paix glorieuse que nostre Grand Monarque a procurée à toute l'Europe, il est bien juste qu'on fasse une Peinture parlante en faveur de tous les Peuples qui la composent: & d'ailleurs, ils ont esté trop éclatants & trop magnifiqùes, pour n'être pas un sujet d'amiration à un chacun, en leur donnant pour Théatre, tous les lieux où l'Histoire journalière en peut transporter le Spectacle.

Ils avoient pour titre, Les Plaisirs de l'Isle enchantée, où la Magicienne Alcine que nous dépeint l'Arioste, arrestoit auprès d'elle, grand nombre de Chevaliers, tant par les charmes de sa beauté, que par ses enchantements; & le Duc de S. Agnan, reconnu pour l'un des plus beaux Esprits de la Cour, ayant envelopé ces Divertissements, d'une si agréable Fable, comme cette Magicienne se servoit des Tournoys, des Festins, de la Comédie, & de la Musique, aussi bien que du pouvoir de Démons, pour mieux captiver ses Amans, ils furent composés d'une Course de Bague pour la premiére Journée, d'une Comédie pour la seconde, & d'un ballet pour la 3, avec Festins, Concerts, & tout ce qui étoit capable de les rendre dignes de la plus galante, & de la plus pompeuse Cour de l'Univers. On avoit, aussi, feint très agréablement, qu'Alcine n'estant pas contante de ne faire parêtre la force de ses enchantements qu'en un seul endroit, après avoir visité divers climats, l'avoit fait aborder en France: & que pour rendre hommage à la Reyne, dont les rares qualités lui causoient autant de respect que d'admiration, elle avoit ordonné aux Guerriers qu'elle tenoit ainsi enchainés, de faire tout ce qu'ils pourroient pour plaire à une si grande & si belle princesse.

Suivant un project si bien concerté, les Plaisirs de l'Isle enchantée se commencèrent le 7 de ce mois, par la Course de Bague, pour le sujet de laquelle le Duc de Saint Agnan avoit, pareillement, choisi les Jeux Pythiens où Apollon présidoit: & le lieu de ce Tournoi fut établi dans le Petit Parc, au milieu de la grande Allée qui regarde le Château de Versailles, lequel étant un Composé de ce que l'Art & la Nature saurroient assembler de beau & de délicieux, pouvoit bien être une Image de cette Isle enchantée.

On avoit dressé sur les trois Avenues autant de grands Portiques de verdure, ornés D'Echaffauts, avec de hautes Figures, & des Trophées qui les rendoyent fort superbes: & à l'entrée d'un Rond qui se forme au milieu de cette Allée en descendant du Château, l'on avoit mis les hauts Dais pour les Reynes, avec des Echafaux pour toute la Cour.

Leurs Majestés s'y estant placées sur les six heures du soir, le Roy, & les principaux Seigneurs qui représentoient avec Sa Majesté, autant de Chevaliers, parurent en cet ordre, tous richement vestus à la Grecque, & formant un très brillant Quadrille.

Un Hérault d'Armes marchoit à la tête avec trois Pages, l'un de Roger, Chef de la Quadrille, le 2, de Guidon le Sauvage, Maréchal de Camp, & le 3, d'Oger le Danois, Juge des Courses, dont ils portoient les Lances, & les Ecus.

Sur leurs pas, étoient 4 Trompettes & deux Tymbales qui inspiroient la Gaïté, en remplissant l'air de leurs fanfares, & de leurs sons: & près eux, venoit Guidon le Sauvage Maréchal de Camp, représenté par le Duc de S. Agnan, qui avoit pour corps de sa Devise, un Timbre d'Horloge frappé par le marteau, avec cette Ame, *De mis Golpes, mi Ruido*, & pour sa couleur blanc & or, avec des galants incarnats & noirs. Il étoit joint par huit autres Trompettes & deux Tymbales qui devançoient Roger, représenté avec tous les avantages du plus achevé des héros, puis qu'il l'étoit par un Roy qui ne peut avoir de pareil. Aussi, le Corps de sa Devise étoit un Soleil, pour montrer qu'il est unique comme ce bel Astre: & ces paroles, *Nec cesso, nec erro*, qui en faisoient l'ame, exprimoient, pareillement des mieux, qu'il ne se lasse, ni ne s'égare jamais, non plus que lui, dans ses glorieux Travaux.

Sa Majesté étoit avantageusement vestue & montée, ayant sa couleur de Feu, or, & argent: & le Duc de Noailles représentoit derrière Elle, Oger le Danois, Juge du Camp, avec sa Devise composée d'un Aigle qui à la vue du Soleil, ouvre ses ailes pour s'en approcher, & de ces paroles, *Fidelis & audax*, ayant sa couleur de Feu, noir, & argent.

Il étoit suivi par le Duc de Guise, & le Comte d'Armanac, le premier représentant Aquilant le Noir, avec un Lion qui dormoit, acompagné de ces paroles, *Et quiescente pas*: & l'autre Griffon le Blanc, qui avoit pour corps de sa Devise, une Hermine, avec cette ame, *Ex candore decus*, & pour sa couleur, argent & blanc.

Après eux étoient les Ducs de Foix & de Coaslin, dont le premier désignoit Renaud, ayant pour Devise, un Vaisseau dans la Mer, avec ces mots, *Longe levis aura feres*, & pour couleur, incarnat, or & argent: & le second, désignoit Dudon ayant pour Devise, un Soleil, & l'Héliotrope qui ensuit tout les mouvements, avec ces mots, *Splendor ab ubsequio*, & pour couleur, vert, blanc, & argent.

Ils étoient joints par le Comte de Lude, & le Prince de Marsillac: celui là représentant Astolphe, avec un chiffre en forme de Nœud, accompagné de cette ame, *Non fia mai sciolto*, & pour couleur, incarnat, blanc & argent: & celui-ci, Brandimart, avec une Montre en relief, dont on voyoit les ressorts, accompagnés de ces paroles, *Chiero fuor, commoto dentro*, & pour couleur, Jaune, blanc, argent, & noir.

Ensuite, paressoient le Marquis de Villequier qui représentoit Richardet, ayant pour Devise, un Aigle qui plane devant le Soleil, avec ces mots, *Uni militat Astro*, & pour couleur, blanc, or, & argent: & le Marquis de Soyecourt, qui représentoit Oliver, ayant pour Devise, une Massue d'Hercule, avec cette ame, *Vix œquat fama labores*, & pour couleur, bleu, blanc, & argent.

Ils avoient après eux, le Marquis d'Humières qui désignoit Ariodant, & avoit pour Devise, toutes sortes de Couronnes, avec ces mots, *No quiero menos*, ainsi que pour couleur, celle de chair, blanc, & argent: & le Marquis de la Vallière, qui désignoit Zerbin, & avoit pour Devise, un Phœnix embrasé par le Soleil, sur un Rocher, avec ces paroles, *Hoc juvat vri*, & pour couleur, gris-de-lin, blanc & argent.

Le Duc d'Enghien venoit seul, & représentoit Roland: ayant pour Devise, un Dard enlassé de Laurier, avec cette ame, *Certo ferit*, & sa couleur de feu, noir & or.

Cette charmante Troupe étoit suivie par Apollon assis sur un Char de Triomphe, de 20 pieds de haut, de dix de large, & de 24 de long, tellement enrichi d'or, de Statues, d'Animaux, de Festons, avec les Armes Royales, qu'il ne se peut rien voir de plus pompeux qu'estoit cette roulante Machine, tirée par quatre grands chevaux qui représentoient les quatre Saisons par les différantes couleurs de leur poil.

Le Dieu y étoit accompagné des quatre Ages assis à ses pieds, sur de vastes degrés qui lui formoient un Trône, ainsi que du Temps, qui gouvernoit le Char, représenté par un Vieillard ailé, avec un Sable sur la tête, & une Faux couchée à ses pieds: les 12 Signes du Zodiaque, & les 12 Heures du Jour étant autour de lui, avec les Hiéroglyphes qui les désignent.

Enfin, venoient les Pages des Chevaliers, portants leurs Lances, & les Ecus de leurs Devises, tous richement vêtus: puis 20 Pasteurs chargés de toutes les pièces de la Barrière dont la Lice devoit être fermée.

Les Chevaliers étant entrés par l'un des Portiques qui aboutissoient aux avenues du Camp, après en avoir fait le tour, s'arrêtèrent devant les Reynes, & Apollon fit avec les 4 Siècles, un charmant Dialogue en Vers, à la louange de la France, de la Reyne, & du Roy: après quoi, tous ayant repris leur tour à gauche, au même ordre qu'ils étoient venus, ils sortirent du Camp, pour faire place aux Pasteurs, qui en un instant, posèrent la Barrière, & favorisèrent, ainsi, l'ardeur que nos Chevaliers avoient de signaler leur adresse.

C'est ce qu'ils firent à l'envi, animés au point qu'il est aisé de l'imaginer, ayant l'honneur d'être en cette occasion, les Concurants d'un si grand Roy, excepté les Ducs de S. Agnan & de Noailles, que leurs Charges de Maréchal de Camp, & de Juge de Camp, empêchèrent de Parêtre en cette Course: & leur querelle s'étant décidée à l'entrée de la Nuit, par les avantages du Marquis de la Vallière qui emporta le Prix, toute la Place parut éclairée d'un nombre infini de flambeaux sur des chandeliers suspendus à l'entour des Palissades, & produisant les plus agréables effets du monde.

En même temps, on voit entrer par le Portique de la droite, une Compagnie de 36 Concertants, qui marchoient en fort bel ordre, au devant des 4 Saisons: le Printemps, sur un cheval de Naples, l'Eté, sur un Eléphant d'Ethiopie, l'Automne, sur un Chameau d'Asie, & l'Hiver, sur un Ours d'Hybernie: chacun se faisant connoitre par les Fleurs, les Epis, les Fruits, & les Glaces.

A peine cette nombreuse Troupe se fut également séparée aux deux côtés de la Place en présence de Leurs Majestés, laissant les 4 animaux de front au devant d'Elles, qu'il parut à leur suite, 48 hommes, qui représentoient des Jardiniers, autant de Moissoneurs, pareil nombre de Vendangeurs, & 12 Vieillards, tous chargés de grands Bassins de Fruits en piramide, dont l'embellissement, la magnificence, & la rareté, mirent les Spectateurs dans une admiration extraordinaire.

Les Saisons s'adressant à la Reyne, par de beaux Vers à sa louange, lui offrirent leurs Présents, que ceux de leur Suite portèrent sur 4 Buffets qui parurent aux deux côtés des Portiques de la droite & de la gauche: ce qu'ils n'eurent pas achevé, qu'un nouveau bruit, mais des plus doux, obligea les Spectateurs à tourner les yeux du côté des mêmes Portiques.

C'étoit une autre Bande de Concertants qui en sortoient, marchant au petit pas, en très bel ordre, encore au devant d'une Machine de 18 pieds de haut, & de 12 de large, construite de plusieurs troncs d'arbres entrelassés, & portée avec tant d'artifice, qu'il sembloit qu'elle se remuoit par elle même. Diane & Pan qui étoient dessus, se présentèrent ainsi, à Leurs Majestés: & lors que la Machine fut arrivée milieu de la Place, & que tous les Concertants joints ensemble, eurent ravi l'Assistance, ils leur offrirent ce qu'ils avoient de meilleur de leur Chasse, & de leur Ménagerie, qui consistoit en 36 plats de viandes portés par autant d'hommes, sur leurs têtes, acompagnés de plusieurs autres, avec des flambeaux, & de 18 Pages pour servir à Table.

Il n'y a que le seul Spectacle de tant de choses qu'on vit alors, qui puisse faire concevoir l'effet qu'elles produisoient pour former une espèce d'enchantement dans un si beau lieu, ainsi que le parut encore une Table qui se découvrit en même temps que toutes les Machines eurent repris leur route pour rentrer, & que les Concertants défilèrent devant Leurs Majestés, pour se placer en face, sur un Echafaud qu'on avoit exprès dressé.

Cette Table étoit de 72 pieds de long, en demi Cercle, ornée de grands Festons de fleurs, avec 42 Couverts, & 72 flambeaux de vermeil doré: & ceux de la Suite de Pan & de Diane, y posèrent leurs plats, qui composèrent le plus superbe & le plus délicieux Festin qu'on puisse imaginer. Cependant, 24 Danseurs sur l'espace du Terrain qui demeuroit vide, firent une fort belle Entrée: & lors, Leurs Majestés prirent leur place au milieu de cette Table, ayant à leurs côtés, Monsieur, Madame, & autres Princesses & Dames de la plus haute qualité, si avantageusement parées, qu'il sembloit que ce Banquet fût celui des Dieux, & que le petit Parc de Versailles se fût converti en leur

Olympe. Aussi le Ciel s'étoit paré cette nuit là, de ses plus beaux Astres: & l'on eût dit qu'il en avoit fait autant d'yeux pour mieux assister à ce Spectacle, capable de lui donner de la jalousie, comme tout le reste de la Terre. Mais si la Vue & le Goût y étoient pleinement délectés, l'Ouïe ne l'étoit pas moins, par la douceur de l'Harmonie de tant de Concertants, qui exécutèrent miraculeusement, les plus beaux Airs que le Sieur Baptiste nôtre savant Orphée, eût encore fait entrendre à cette charmante Cour: & c'est ainsi que se termina le premier Jour des Divertissements de l'Isle enchantée.

Le lendemain, toute la Décoration ayant été changée, on aperçut au delà du Portique qui étoit en face, une très grande Salle, remplie de sièges & d'Echafaux, vis à vis un autre Portique fermé par un Rideau. Le Roy & les Reynes s'y étant rendus sur les 8 heures du soir, accompagnés de toute la Cour, on découvrit entre les Palissades de la même Allée où s'étoit faite la Course de Bague, un fort beau, & fort vaste Théatre éclairé de quantité de Lustres: & l'on y donna à Leurs Majestés, le divertissement d'une comédie, en laquelle un Prince d'humeur magnifique, ayant une Fille autant ennemie de l'Amour, qu'elle étoit aimable par ses charmantes qualités, proposa des jeux célèbres, & on y convia divers Princes, dans la pensée qu'elle y feroit, enfin, choix d'un Amant digne d'elle. Outre que l'Intrigue en étoit galante, elle fut entremèlée d'Entrées de Ballet, & de Flutes & de Violons, en sorte que rien ne pouvoit être plus agréable, ni plus divertissant pour cette seconde journée.

Mais ce qui se passa en la 3, ne se peut exprimer que par des idées au-delà du vrai-semblable: & ce fut alors, aussi que les Spectateurs crûrent être en une Isle enchantée. Le Théatre de ces nouveaux Miracles, étoit un Rondeau qui est au bout de la même Allée en Ovale, de près de 100 pas de long, & de 140 de large. Il y avoit un Rocher de 60 pieds en quarré, & de 3 de haut sur lequel, au milieu d'une Plaine, il en paressoit un autre de huit pieds de large, & d'autant de haut: & aux deux côtés de cette Isle, on en voyoit encore deux à distance d'environ 40 pieds, qui s'élargissoit jusques au bord, faisant de part & d'autre, une parfaite Symétrie. Ces Rochers étoient remplis d'un côté, d'un nombre infini de toutes sortes de Concertans, & de l'autre, de Tymbales, & de Trompettes, vêtus de très magnifiques habits: & toute l'Isle, les Rochers, & l'enceinte du Rondeau brilloient d'une prodigieuse quantité de flambeaux, & d'autres lumières: de façon que le Jour recommença de naitre dans le sein de la Nuit, malgré la violence des Vents, qui sembloient pour satisfaire quelques Divinités jalouses de tant de merveilles, en vouloit troubler l'appareil, mais dont l'on eût dit qu'ils étoient aussi empêchés par la force de l'enchantement qui parut dans tout ce Spectacle.

Leurs Majestés s'étant placées, avec toute la Cour, sur les Amphithéatres qu'on avoit dressé en face d'une si superbe Scène, Elles y eurent le divertissement d'un Ballet: lequel commença par la sortie qui se fit des ouvertures restants aux deux côtés entre l'Isle, & les Rochers, par la

Magicienne Alcine, avec deux de ses Compagnes, chacune montée sur un Monstre marin.

Etant arrivée au bord du Rondeau devant Leurs Majestés, elle découvrit par des Vers, à ses deux Nymphes, le trouble où l'avoient mise des prodiges, & des songes qui lui faisoient appréhander la ruine de son Pouvoir, & la perte de ses Amants, mélant à ses plaintes, les louanges de la Reyne Mère: puis elle ordonna que le Palais où elle tenoit Roger enchanté, s'ouvrit. A l'instant, par un admirable artifice, le Rocher se séparant aux deux bords de l'Isle, laissa voir ce Palais qui surprit également les Spectateurs par sa magnifique structure, & par l'élévation qui s'en fit, à mesure que le Rocher s'ouvroit, jusques à la hauteur de 25 pieds, s'élargissant, aussi, à proportion, jusques à 30: en sorte qu'on ne peut assez louer le Sieur Vigarani Gentil-homme Modénois, qui par toutes les étonnantes Machines qui servirent aux Divertissements de ces trois journées, soutint si dignement sa qualité d'ingénieur du Roy.

Pendant que les beautés de ce Palais se développoent ainsi, on entendit de toutes parts l'harmonie des Concertants placés sur les Rochers: & incontinant après, il se fit six Entrées, l'une de six Géants de hauteur prodigieuse, qui étoient comis à la garde des Dehors d'un Lieu si considérable, & qu'accompagnoient 4 Nains: la 2, de 8 Maures chargés de la garde du Dedans, & qui le visitèrent exactement, chacun avec deux flambeaux: la 3, de six des Chevaliers enchantés qui essayants de forcer leur Prison, furent attaqués par autant de Monstres qui en demeurèment victorieux: la 4, de la Magicienne Alcine, qui troublée de cette Aventure, invoqua, derechef, tous ses Esprits, deux desquels se présentèrent, faisants des sauts avec l'agilité qui leur est propre: la 5, d'autres Démons qui la vinrent assurer qu'ils emploieroient tous leurs soins pour son repos: & la dernière de la même Magicienne, qui ayant apperçu auprès de Roger & des Chevaliers de sa Suite, une Mélisse dont elle avoit toujours redouté la puissance, & qui étoit lors déguisée en Athlas, accouroit pour empêcher l'effet qu'elle venoit [de] produire.

Mais comme cette Mélisse avoit déjà mis au doigt de ce brave Chevalier, une Bague qui détruisoit les Enchantements, elle ne pût s'opposer à sa fuite: & de désespoir, elle mit le feu à son Palais, avec un flameau, de manière qu'il disparût incontinent, avec toutes les lumières. Aussitôt, on découvrit en sa place, un Feu d'artifice, duquel il n'est pas moins difficile de faire une fidèle description que du reste, puisqu'à peine les Spectateurs eurent le temps d'en remarquer les diverses beautés, dans la grande foule des Feux qui remplirent durant demi-heure, l'Eau, l'Air, & la Terre de leur lumière, & de leur tintamarre. Ce fut par là, que se terminèrent les Divertissements de l'Isle enchantée, qui doivent faire avouer que la France n'est pas moins grande & magnifique dans la Paix, que conquérante & glorieuse dans la Guerre, depuis que son Sceptre est dans les mains d'un Monarque, dont les jours sont tous remplis de merveilles qui n'ont point d'exemple dans le Passé, & qui n'auront rien de semblable dans l'Avenir. *A Paris du Bureau d'Adresse, aux Galeries du Louvre, devant la rue S. Thomas, le 21 May 1664* (Figure 8.7).

BIBLIOGRAPHIE

Anonyme, *Les Plaisirs de l'Isle enchantée, course de bague, collation ornée de machines, comédie meslée de danse et de musique, ballet du palais d'Alcine, feu d'artifice; et autres fêtes galantes et magnifiques; faites par le Roi à Versailles le 7 mazi 1664 et continuée plusieurs autres jours*, Paris, 1664

Adam, Antoine, 'Le roman français au XVIIe siècle', Introduction de *Romanciers du XVIIe siècle*, (Bibliothèque de la Pléiade), Paris, 1958.

Bizincourt, *Les Plaisirs de l'Isle enchantée ordonnez par Louis XIV Roy de France et de Navarre, à Versailles le 6 mai 1664*, Manuscrits français, 7834 et 16 635, Bibliothèque nationale, Paris.

Carpentier de Marigny, Jacques, *Relation des divertissements que le Roy a donnés aux Reines dans le parc de Versailles, écrite à un gentil-homme qui ests présentement hors de France*, Paris, 1664.

Christie's, *The Duc d'Antin Don Quixotte Tapestries,... Thursday 10 June 1993*, Catalogue de vente, London, 1993.

Gazette de France, 1664, 'De Paris, le 17 may 1664', 478.

Gazette de France, 'Les Particularités des divertissements pris à Versailles, par leurs Majestés', 1664, 481–95. (Reproduit ici).

Lacan, Jacques, *Le Séminaire, Livre VII. L'Ethique de la psychanalyse*, (Chapitre intitulé 'l'amour courtois en anamorphose'), Paris, 1986.

Marie, Alfred. *Société de l'Histoire de l'Art Français, les fêtes des plaisirs de l'Isle Enchantées, Versailles, 1664*, 1941–1944.

Marie, Alfred. *La création de Versailles*, Paris, 1968.

Molière. *Œuvres complètes* (Bibliothèque de la Pléiade), Paris, 1992.

Motteville, Madame de. *Mémoires*, Paris, 1855.

Nolhac, Pierre de. *La Naissance de Versailles*, Paris, 1911.

Puaux, Anne. *Introduction au Palais Farnèse*, Rome, 1983.

Rougès, Gabriel. *Inventaire des lettres et des papiers de la famille Vigarani*, Paris, 1913.

Scudéry, Madeleine de. *La Promenade de Versailles dédiée au roi*, Paris, 1669.

Swain, Richard O. 'Les plaisirs de l'ile enchanntée. Une brève étude des sources'. Communication au colloque de Versailles, 1988. inédit.

Verlet, Pierre. *Versailles*, Paris, 1961.

Virgile. *Les Géorgiques*, Paris, 1967.

9

Between a 'moral economy' and a 'consumer economy': clothes and their function in the 17th and 18th centuries

Daniel Roche

The present study has been determined by several considerations. The first is that the results of the various kinds of research carried out by traditional historians of clothes and costume, both in France and elswhere, must be taken into account by the historian of culture and of the economy of clothing. Traditional clothing history has three main characteristics. First, it studies the forms of dress, changes in the way in which clothes are worn and changes in different items of clothing (dress-coat, breeches and trousers, for example) and accessories. Secondly, it studies fashion and focuses above all on the taste of social elites, that is of the nobility and gentry, the rich middle class and, generally speaking, the different circles of town-dwellers. Lastly, it draws for the most part upon textual and iconographic sources that are taken as rough testimonies, without further problematic differentiations. In French historical studies of this sort, Quicherat's model revised by Boucher still predominates.[1]

The second consideration is that clothes should be studied as a social fact and a global one. In doing this, I am trying, following the example set by Marcel Mauss and anthropologists,[2] to make various readings – economic, sociological, and cultural – converge. The task of an economic reading is to understand what happens in the sequence production–consumption, for instance to examine the little-known effects of *demand* as a whole. While

[1]J. Quicherat, *Histoire du costume français depuis les temps les plus reculés jusqu'à la fin du XVIIIe siècle*, Paris, 1879. F. Boucher, *Histoire du costume en Occident de l'Antiquité à nos jours*, Paris, 1967 (3rd ed., 1996).

[2]M. Mauss, *Sociologie et anthropologie*, Paris, 1968.

From *Luxury Trades and Consumerism in Ancien Régime Paris: Studies in the History of the Skilled Workforce*, ed. Robert Fox and Anthony Turner. Published by Ashgate Publishing Ltd, Gower House, Croft Road, Aldershot, Hampshire, GU11 3HR, Great Britain.

doing this, we must realize that towns are better known than the country, and that Paris is better known than the provinces. Another task is to understand how consumer hierarchies fit with one another, and to examine the received opinion that there was an *ancien régime* in the matter of clothes. In other words we need to re-evaluate the idea that everyone in this period dressed according to his rank, fine clothes making the gentleman so to speak, and that such a notion was central to the political economy of Christianity. Lastly, bringing these two approaches together, is the consideration that the importance of dealing with clothes, as with a language, must be established. In this language, words and things, what is shown and what is said, help to account for cultural practices that are dictated by a dialogue between norms, values and means. So levels of historical analysis which are not usually connected can and must be brought together. By doing this, material culture can assume its full value as an aspect of information and communication, on the basis of which it becomes possible to unravel the social workings of a period, especially the period between the triumph of classicism and the French Revolution. If we consider the major changes that took place during this period and try to assess their effects, both short and long term, in different social milieux, two main points stand out. Analysing the forms of consumption and following the course of production and distribution, we discover that there are individual appropriations inherent in practices, and we realize the limited value of contrasts between facts and representations, stability and change. But if, following the same path, though in a non-linear way, we shift from attitudes in keeping with the kind of moral economy which was at the core of the traditional society of the three estates, to the habits of a world in which appearances are blurred by overall changes even in the most private forms of behaviour and by the quickening pace of fashion, we may grasp the meaning of a crucial phase in the evolution of western societies, at a time when the social element proper was commercialized and when the consumer society was set up.

FROM TRADITIONAL CONSUMPTION TO THE 18TH-CENTURY REVOLUTION IN CLOTHES

When we study the changes of behaviour relating to dress, four problems must be kept in mind as they determine the standpoint from which the study is carried out.

First we must see how, on the basis of probate inventories, it is possible to identify practices through possessions. The nature of consumption in clothing can only be glimpsed through rough descriptive lists of objects drawn up by a notary or his clerk who acted in accord with their own cultural codes and professional imperatives. In this case the clues given by the clothes that are listed have to be interpreted with caution because they are part of a whole whose various components did not always evolve on the same plane and at the same pace. In his *Regrets sur ma vieille robe de chambre*, Diderot invites us to reflect on the subject in this way. 'I do not weep, I do not sigh; but every minute I say cursed be he who invented the art of making rough cloth especially valuable by dyeing it scarlet. Cursed be the precious dress that I revere. Where is my ancient humble and comfortable rag of *calemande*? Everything is out of tune. No harmonious whole, no unity, no beauty left'.[3]

Next, it is necessary to acknowledge the interrelationship of the various structures of the collective imagination. They loom large in literature, in the novel, in medical or even political discourses, and in material reality. Thus codes as well as material appearances may come under examination, and disparities between them may be estimated with a high degree of accuracy.

Hence a third precaution that should be taken. Paris may have a special place in our study as a centre of fashion and a dynamic force in the transformation of habits, but it must be studied against the background of the whole country, where the rhythms of production and consumption were not the same. In the cyclic periods during which clothes may be said to live and die, there is, by contrast a remarkable stability in the various structures of the country, in the hemp-fields or the flax-fields or in local pieces of furniture such as cupboards and chests. About 1830, J.-B. Say wrote that 'our villagers are a bit like Turks in this respect'.[4] But in this also we detect various signs of integration into the world economy, and interactions between local products and those coming, through various channels, from the outside.

Lastly we should remember that the sources of such an enquiry are innumerable. At all levels, they raise the important question of the distortion resulting from an undue preoccupation with the social élite, the consequence being that this distortion obtrudes itself on interpretation and causes an undervaluing of testimonies about the lower classes. In this respect the significance of museum showcases with their rich, shimmering silken garbs must be tempered by such a simple consideration as the fact that moths during past centuries feasted with particular delight on more ordinary kinds of woollen fabric that early dyeing techniques made particularly vulnerable.

This being said, what are the results at which we arrive? They are threefold. First a great transformation in the practices relating to the kinds of clothes and dress analysed in the inventories. Second, the essential part played by a group of people committted to consumption and production. Third, the effects of the alteration of habits produced by such changes and interventions.

---

[3]D. Diderot, *Regrets sur ma vieille robe de chambre ou avis à ceux qui ont plus de goût que de fortune* (1772) in *Oeuvres*, Bibliothèque de la Pléiade, Paris, 1951.

[4]J.-B. Say, *Cours complet d'économie politique pratique*, Paris, 1829, v. 168.

The main modifications are reflected, in the fields of expenditure and of a unified perception of appearances, by the convergence of several simultaneous developments, such as changes in personal habits, new choices and formal transformations which the market in textiles and clothing made possible. Between the end of the 17th century and the 18th century, there was an increase in expenditure in all urban social categories and for all forms of consumption relating to clothes: 233 per cent in nominal expenditure for the nobility and the gentry, 215 per cent for wage-earners (if the calculation is made on the basis of a deflated wheat-price, the figures are 163 per cent and 148 per cent). This increase was far higher than can be observed in respect to other articles of everyday use, and it provoked important consequences in the practices of seasonal and daily renewal, in the gestures typical of maintenance and arrangement. It also expressed the advance made by the capital in comparison with provincial towns (such as Meaux, Chartres, Poitiers or Lyon), and above all with the countryside, where the economy of re-use and wear and tear still predominated, even if it could no longer be seen in isolation.

This increase must also be studied in relation to other European countries, especially of England which had a considerable lead over other countries. This lead was twofold. Firstly English towns had a more dominant position *vis-à-vis* the country than elsewhere in Europe. Secondly England had a general economic lead over other European countries. Defoe reflected this in 1724 when he pointed out that nobody in Europe used such a vast quantity of textile fabrics and fabrics of so fine a quality as the English.[5]

The second major aspect of this transformation lies in a dual phenomenon of general unification and formal, material diversification. Roughly speaking, male and female wardrobes underwent a marked homogenization with respect to their main pieces, and this regardless of the social environment. Even if a sexual dimorphism was beginning to be established, female clothing was, in value and quantity, far superior to clothing for men. The triumph of the *habit à la française* was that of the Parisian tailors: it was a 'civilizing masterpiece' to quote Garsault's proud words.[6] This remark allows us to recognize the time-gap that separated the first revolution in clothes from the normative moral imperatives spread by the church and the medical profession at the end of the 17th century. Finally, it marked the triumph of new textiles, the growing importance of cotton cloth and printed calicoes, the rise of light, coloured fabrics, and the spread of floral and geometrical patterns. The quick succession of fashions which attracted observers' notice

[5]Quoted from Joan Thirsk, *Economic Policy and Projects. The Development of a Consumer Society in Early Modern England*, Oxford, 1978, 9–10.

[6]*Art du tailleur*, Paris, 1769.

– Sébastien Mercier's for example[7] – was thus part of a more considerable change, inducing and expressing a new relationship with the body, a new appearance in society (i.e. a new way of looking at people), that could be seen in the streets, places, markets, from day to day, in the ordinary course of things, and at festivals.

A rather grim, hierarchic society gave way to a more colourful, shimmering universe, the apprehension of which is difficult for us, insofar as clothes still manifested differences but in a less evident way. They also revealed the contrast between usual social activities and festivities, belonging in regional or parochial spaces, in most individual situations ranging from age to trades, religion and the cycles of personal or family life. This is the reason why in the novels of the 'realists' of the first half of the 18th century, such as Marivaux, and in the narratives ranging from Sorel to Furetière (at the end of the 17th century) to the *Bildungsroman* (at the end of the 18th century) and on into the pre-romantic period, the subject at the core of writing proper was change in costume.[8] Wealth or social status was used to an unprecedented degree to signal consumption and, at the same time, to bring about changes in the codes of distinction.

In discussing the agents of change, it is necessary to underline the leading influence of women and a number of other cultural intermediaries. Women were show-cases for men, but they also acted as teachers of new forms of behaviour, because of their place in the family, their educative rôle with respect to children of both sexes and their managerial function in the domestic economy. Even the aristocratic mileux did not escape from this fundamental influence on civilized manners. In urban society, many intermediaries were characterized by their interlinking positions and their mobility; they served as transmitters and stood as so many living examples of the new norms. Among them everywhere, servants and soldiers played a decisive part. In the 18th century, the practice of clothing soldiers by regiments in a uniform way was a phenomenon of crucial importance, for it shaped an increasing number of young men, and also some who were older and freer in their choices. Thanks to the army, they learned to live differently and in France, on the whole, in a much better way than civilians. When they retired they spread still further the benefits of their experience and discipline.

The army was the most influential market of the century. Including regional militia-men, 200,000 soldiers (that is to say, one adult out of ten) were available to make the glamour of the uniform widely known to the public. The consequences of this exposure are still uncertain, pending a closer study of the various clothing trades and of the related question of the

---

[7]S. Mercier, *Tableau de Paris*, Amsterdam, (1782–8, reprinted J.-C. Bonnet), 2 vols, Paris, 1994.

[8]D. Roche, *La Culture des apparences*, Paris, 1989, 381–411.

important transformations in attitudes to posessions and usages. The rise of a little-known environment in which, beyond the bounds of court society, the canons of fashion became implanted and spread, according to social requirements, collective and individual, was a phenomenon of capital importance for an economy of luxury as well as for the mass economy it brought about. With feminine journalism and fashion papers, it points to the emergence of a culture of consumption which may be connected with the pre-revolutionary rise of political and feminist claims. And these journals and magazines were copied and imitated throughout Europe.

On the whole these transformations had a unifying effect and brought about a blurring of distinctions. But this did not mean a general reconciliation through an eradication of social differences. Quite the contrary. The new language sharpened and multiplied differentiations, because it hastened the spread of the means of securing distinction: materiality in clothes was reflected in considerable complexities of vocabulary and social syntax. Hence a deeper and subtler reading is necessary to grasp the relationships between the different groups and between the individuals in each particular social milieu, and the arbitrary nature of the significant elements of dress must always be taken into account. We must learn how to measure discrepancies and disparities on the basis of various kinds of clues. These include the economic and psychological capacity for renewing wardrobes, the great variety of rhythms in change according to need and opportunity: exquisite tokens of fashion attaining or losing a dominant position after intricate circuits from the top to the bottom of Parisian society. Examples are the *polonaise*[9] in Marie-Antoinete's time and, for upwardly mobile dress, trousers during the pre-revolutionary and revolutionary periods. The works of Sébastien Mercier and Rétif de la Bretonne still teach us the new languages in which exchange value, usage value, sign value and symbolic value are linked, and which enable us, through combinations of them, to situate fields of practice delimited by use, equivalence, difference and ambivalence.[10] Sébastian Mercier shows how, on the eve of the Revolution, the association of exchange with sign prevailed over that of usage with symbol.[11] He entered the age of political economy in which the most relevant kind of sociology was that which rests on a hierarchy of distinctive patterns of consumption. In other words, a more important circulation of things and signs brought about a restructuring of court society; as a result the civilization of polite words and patterns of behaviour, of *politeness*; what I call the 'culture of appearances' which marked the 17th century – was called into question. Henceforward the

[9]*Ibid*., 447–76. *Polonaise*: a dress or over-dress consisting of a bodice with a skirt open from the waist downwards. It was originally suggested by the dress of Polish women.

[10]Mercier, *op. cit.* (n. 7), i. 80–3 (petites bourgeoises), 263–6 (partisans de luxe).

[11]Mercier, *op. cit.* (n. 7), ii. 955–60 (les extrêmes se touchent).

relation of status to appearance, the visible signs of the social hierarchy and of the power hierarchy as illustrated in the pomp of magistrates depicted by Pascal,[12] and of an equalizing, yet morally deceptive and pernicious sort of imitation (i.e. the superfluous character of luxury for the people such as was denounced by Rousseau)[13] became so many problems to be solved. In a city like Paris in the 18th century there were various forms of class struggle,[14] but such struggles were also conflicts between representations rooted in economic and philosophical considerations.

FROM THE NEW ECONOMY OF CLOTHES TO THE NEW SOCIETY

The revolution in appearances was sustained by means of a new economy and by the growth of a new conception of social matters. Clothes played their peculiar part in transforming an organic and unequal world, and in establishing a society which saw itself and conceived itself as egalitarian and individualistic. It is not necessary to look for a hierarchy of determinations and consequences in this process, we must rather try to grasp what it tells us about the way temporalities are interwoven, and how the different elements of a changing system – i.e. the consumption of clothes – are linked. In these reciprocal and alternating movements of the real and of representations of the real, three points may be distinguished:

1. the socio-economic aspects which make for changes;
2. the effects induced, especially for consumers;
3. the moral and philosophical debates which express, interpret and modify innovations.

As regards the society of producers, a working model, which must be extended to the whole field of textile economy rural and urban, in which abilities and functions are distributed in a new way, has to be considered. In Paris, what are most obvious are the opposing characters of commercial luxury production, concentrated and dynamic, and ordinary production which was scattered all over the place and was rather unenterprising. Corporate figures symbolize this contrast: these could include the master-tailor and mercer of the Faubourg St-Honoré, the wardrobe dealer and the milliner of the Palais Royal, the ordinary tailor of a low-class area, and the dressmaker of a poor suburban neighbourhood. The point is that there were an infinite number of 'situations' between the corporate crafts and free occupations, and that no break existed between the different poles around which the clothing economy was oriented nor any hard and fast distinction between quantity and quality.

---

[12]*Pensées* in *Oeuvres*, Bibliothèque de la Pléiade, Paris, 1954, no. 369, 1184.

[13]*La Nouvelle Héloise*, 1761, I. Lettre lxii, II. xiv; *Discourse sur l'inégalité*, 1755.

[14]A concept which needs constant overhauling. D. Roche, *Le Peuple de Paris*, Paris, 1981.

It was in this social mapping of manufactures and sales that at least part of the possibility of unifying the habits of the inhabitants of Paris and those of the major provincial towns may have lain. The varied, very different clients found in the capital what they expected in consequence of the establishment of new practices of production. This may have occurred through the institutionalization of an existing trade which was transformed into a trade guild with a wardenship, as was directly the case with the dressmakers working for the great bulk of feminine clients, and indirectly with the luxury trades, such as wardrobe-dealers, that grew in the shadow of the mercers and came onto the corporate stage exactly at the moment when it was called into question (1776).

Institutionalization of the dressmakers corresponded with a moral necessity – that women should dress women; that of the milliners was sustained by the dynamic techniques of luxury. The point was to co-ordinate various activities and to facilitate the sale of products made by creative people. These two trades brought out in sharp relief the conquering activity of feminine fashion. Light may also be thrown on the process by an analysis of conflicts and negotiations about specific fields or particular areas of competence. There was opposition between tailors and dressmakers, tailors and second-hand clothes merchants, tailors and mercers, mercers and seamstresses. The whole process also brought out the intense circulation of textiles and clothes on the Paris market. What was new and what was second-hand, the made-to-measure and resale businesses, were brought into play in all the social milieux and for everybody, at different times of individual and family life.

This flexibility gave rise to an economy of opportunities adapted to the renewal of wardrobes according to necessity, means, and taste. Moreover it favoured the part played by what lay beyond the market, donations made by men of property and theft, insofar as they were major factors in this upheaval. Thefts of clothes and linen account for 28 to 52 per cent of all cases tried in the court of first instance at the Chatelet in Paris.[15] This means that each year between 20 and 50 people came up for trial for this offence.

Stealing, together with resale (which was a free occupation), and second-hand clothes dealing which was a corporate trade, thus contributed to the promotion of new textiles and to new appearances. Halfway between stealing and buying, between present and future, the short- or long-term loan may also have had its part to play. Rétif de la Bretonne refers to it in his presentation of laundresses and servants.[16] On the whole the division of tasks and the adaptation to an increasing demand were meaningful, since they resulted in placing suitable products at the disposal of a diversified clientèle.

---

[15]Roche, *op. cit.*, (n. 8), 279–345.

[16]*Ibid.*, 313–28.

Because of the relationship established between the luxury trades and ordinary trades, of the acceleration of change dictated by the change in manners now obedient to fashion, the clothing market in Paris may safely be considered as one of the first major examples of the triumph of added value.

Two main kinds of change were produced by these crucial developments. Our knowledge of one of them – production – is good, but there is more to be said about the relationship between supply and demand. The Parisian revolution in clothes must be studied in the context of the structures of the textile economy which cannot possibly be restricted to the manufacturing sector, rural and urban. Concerning the problems of exchange and self-consumption, an analysis of the relationships between the two systems is a basic necessity, and must open up new fields of enquiry concerning the provinces and Paris.

The second major transformation is that Christian political economy was called into question. Granted that the working principles of the moral economy are that the nature of something or somebody must be expressed by its appearance, that ostentation and luxury must be rejected except when they are in keeping with the social hierarchies of power, that the redistribution of wealth must prevail over accumulation, capitalization and conspicuous consumption, then we realize that the new culture of appearances promoted the values of enrichment and the gathering of riches, concrete and abstract. There was a promotion of change, as compared with stability, and a promotion of the values of the individual, whose appearance could now be the same in both public and private life. Put in Weberian terms, the revolution in clothes was part of the transition from a customary society of tradition, to modern society, but rationalizing the process in this way cannot obscure the fact that extremely varied and complex interactions were involved in the process of establishing new relations between needs, necessities and possibilities.

Some people, the poor for instance, did not gain many areas of freedom from these changes. They were aware of changes, but for them the benefits were slow to come. For others, whatever their station, there was the possibility of being indifferent to transformations which they only followed through the medium of various influences, of incitements to imitation, in which wisdom could go with economy, with avarice, piety or simple laziness. Finally, at the head of the movement we find those who took an active part in the competition of appearances out of personal taste or social interest (the court for example) or out of obsession (thus creating Dandyism). They taught other people how to show themselves, how to exist. Quantitative analysis shows that beyond a minimum determined by need – and we all know that need varies according to different economic, social, and cultural status – mimetic values were not reserved to the rich. However, the court and the city, i.e. the seat of the wealthiest élites and of urban power, remained the special places of social encoding.

All in all, the consumption of clothing promoted renewal and consequently the obsolescence of things, and was opposed to the values of scarcity and moderation. Here of course, clothes were only signs of a deeper, more general transformation in moral and social behaviour and the way in which these qualities were distributed in public and private life. Thus the peculiar importance of the debates about luxury and fashion which can be recovered from the texts – texts which are riddled with contradictions between the demands of custom and innovation, of being and appearance. Novels, utopias, discourses by enlightened physicians, texts by philosophers and economists from Mandeville to Voltaire and Rousseau, contributions from the Encyclopedists, fashion papers and the like, enable us to make lists of the signs of tension, to record opposing themes and to measure the effects generated by the change of habits and by the debates. The destructuring of human relationships, the corruption of manners by new forms of consumption are old-established topics of the culture of appearances. They can be found almost from the outset and especially in 17th-century sermons. In the 18th century, however, they gave rise to an ethical, utopian and political determination inspired by Rousseau. Now the regeneration of man, like that of the body politic, had to go through the stage of reform in clothes. Political imagination expressed the wish that freedom and discipline, equality and hierarchy, uniformity and difference, nature and culture, be reconciled. The fashion press, which promoted the new values on which it depended, paid heed to debates and sometimes went further in one direction. For it proposed liberation through reading, emancipation through consumption: this was generalized by new commercial methods, such as nascent forms of advertising, classified advertisements, and mail-order. Papers afforded women promotion and independence based on the values of a culture of subversive frivolity.

Beyond the towns and far from Paris much that happened in the country has still to be investigated. We may guess that the country was affected by the new values, by the modification of commercial exchanges, of seasonal or lifelong migration for work, especially the requirement of various kinds of servants and by the increased, though belatedly in comparison with England, development of peddling and a second-hand clothes market. The innumerable pedlars who came down from the peripheral (Alps and Pyrenees) or central (Auvergne and Limousin) mountains to the plains that border them, maintained this instruction in civility and consumption. The pedlars sold all sorts of things, but in particular textiles and fashion accessories. Their goods ranged from linen cloth to woollen cloth, from cottons to silks, from handkerchiefs to ribbons, needles and pins, looking-glasses and small engravings. They were the great pioneers of fashion and luxury for those who were poor and isolated, and they transmitted the new forms of piety and morals at the same time. For they personified the tension between civility and fashion, the coincidence of moral changes with appearances and the blurring vision of all and sundry. They awakened people to a sense of new needs by selling brochures like so many trifles, for in so doing, they spread dreams abroad and a desire for change. It is perhaps for this reason that since the end of the 16th century thay have been depicted as the purveyors of futility in discourses produced by the moralizing elite. In this repect, Autolycus in Shakespeare's *The Winter's Tale* (1609/10) is paradigmatic.

From all this we can see that the Parisian transformation in clothes during the 18th century contributed to the diffusion of new patterns of behaviour and the new values that were typical of the rising economy of the period. However, there is still a major question to be answered. It is that of the full extent and chronology of the movement. Answering such a question implies various kinds of research on other periods, in other milieux and comparisons with other countries. Up to now, the results obtained stress the importance of the debate about fashion and distinction in the economic workings of modern western societies. Both may be the instruments of a hierarchical organization, and the conflicts of appearances are also class conflicts. Nonetheless, they act at the same time as agents of individual emancipation because they give greater importance to æsthetic values and the values of taste in the making of personal identities. In the last analysis, the contest which began in the Enlightenment between the upholders of a traditional Christian economy on the one hand, and the philosophers who stood for transparency in Being and Appearance on the other, is closely akin to present debates about the meaning of our society.

Translation: J. Debouzy, revised by the editors.

10
Fashion's empire: trade and power in early 18th-century France

*Michael Sonenscher**

In 1779 a Parisian journeyman bronze-founder named Pierre Fontaine lodged a formal complaint against one of his fellow journeymen.[1] In it, he stated that his honour and reputation had been slandered and that he would be unable to find the work that, he claimed, was essential for the upkeep of his household. The blackest defamation of his character, he said, had taken place in a goldsmith's shop where, in the presence of the master goldsmith, his journeymen and a number of other people, he had been told that several of the masters for whom he had worked were no longer willing to provide him with the legally obligatory certificates attesting to his reliability and character because of the faults he had committed at work. That slur on his reputation, Fontaine stated, had prevented him from finding work in a number of desirable shops and amounted to a serious threat to his ability to earn a living, leaving him with no option but to make a formal complaint to put a stop to such defamation.

Proceedings of this sort appear quite often in the surviving papers of the 48 *commissaires of the châtelet*, the magistrates responsible for maintaining the *police* of 18th-century Paris.[2] But the significance of this particular incident lies less in its content than in where it occurred. The fact that a journeyman

---

*I am grateful to Istvan Hont and Béla Kapossi for their encouragement and many helpful suggestions.

[1]Archives Nationales (henceforth AN), Y 12 684, 25 January, 1779.

[2]Discussion of the legal institutions pertaining to such incidents can be found in Steven L. Kaplan, 'Réflexions sur la police du monde de travail, 1700–1815', *Revue historique*, cclxi, 1979, 17–77; Michael Sonenscher, *Work and Wages. Natural Law, Politics and the Eighteenth-Century French Trades*, Cambridge, 1989.

bronze-founder might have been concerned about his standing in the eyes of a master goldsmith is indicative of an aspect of the 18th-century Parisian economy that may still be more familiar to readers of the history of art and design than to historians of the urban trades of early modern Europe. Gilded bronzeware, and the many other ornate and decorative objects produced in Paris and many other 18th-century French cities, rarely appear in the literature devoted to the history of artisans.[3] Nor is it usual in that historiography to find much trace of the interdependent congeries of occupations and trades involved in their production and distribution or any extended consideration of their relationship to the highly specialized commercial houses and partnerships which made up the myriad trading networks of 18th-century urban France. The complex schedules of credit, elaborate divisions of labour, networks of subcontracted work and occupationally heterogeneous labour markets associated with such highly differentiated products and markets do not fit the craft particularities and corporate solidarities often ascribed to the 18th-century French trades.[4] But 18th-century reality was usually more complicated than 20th-century imagery. Bronze-founders sometimes worked for goldsmiths because both played a prominent part in the production of many of the gilded artefacts that were one of the staples of the Parisian furnishing and decorative trades during the 18th and 19th centuries. These, in turn, were only a component of the many high-quality manufactured and agricultural goods – from silks, mirrors, watches, glass and chinaware to exotic cheeses, preserved fruits, fine wines and rare brandies, produced in often precarious circumstances by variously skilled assortments of men, women and children – which, from the second half of the 17th-century onwards, came to be associated with a distinctively French presence in European trade.

It was usual, a generation or more ago, to register that presence as 'mercantilism', a 19th-century shorthand for what, in the 18th century, was labelled, reprovingly, as the 'mercantile system', the system identified enduringly with Louis XIV's first great *contrôleur général des finances*, Jean-

[3]But see Steven L. Kaplan, 'The luxury guilds in Paris in the eighteenth century', *Francia*, 9, 1981, 257–98; C. Fairchilds, 'The production and marketing of populuxe goods in eighteenth-century Paris' in John Brewer and Roy Porter (eds), *Production and the World of Goods*, London, 1991, 228–48; Carolyn Sargentson, *Merchants and Luxury Markets. The Marchands Merciers of Eighteenth-Century Paris*, London, 1996; Katie Scott, *The Rococo Interior. Decorative and Social Spaces in Early Eighteenth-Century Paris*, London and New Haven, 1995 and, especially, Carlo Poni, 'Fashion as flexible production: the strategies of the Lyon silk merchants in the eighteenth century' in Charles F. Sabel and Jonathan Zeitlin (eds), *Worlds of Production. Flexibility and Mass Production in Western Industrialization*, Cambridge, 1997.

[4]See, especially, William J. Sewell Jnr, *Work and Revolution. The Language of Labor in France from the Old Regime to 1848*, Cambridge, 1984.

Baptiste Colbert.[5] But the 19th-century shorthand, and its additional associations with *Machtpolitik*, served mainly to reinforce the point of the earlier 18th-century *critique*, making it easier for 20th-century liberal and Marxist historiography to consign 'mercantilism' to a discrete epoch in the broader story of European industrialization by equating it with a pre-history of industrial and economic development dominated by princely courts, luxury goods, restrictive guild practices and a misguided obsession with trade balances and bullion flows. Taking these as its cue, and the implication that (for better or worse) mercantilism entailed war and revolution, modern liberal and Marxist historiography (particularly after the Second World War) consigned Colbert's system to an economic *ancien régime* happily displaced by the British 'industrial revolution' of the late 18th century. Reacting against earlier and misleading parallels between late 19th-century Germany and misconceived characterisations of French 'industrial policy' in the age of Louis XIV, modern historiography turned, understandably, away from anachronistic claims about the part played by governments in promoting economic change, concentrating instead upon reconstructing the decentralized processes involved in changes in market structure, population levels, capital formation and per-capita output in the country in which mechanized production was first established. Most recently, the same overdrawn antithesis has been given a libertarian twist (as a sort of retrospective celebration of Silicon Valley's triumph over the Politburo) in which a centralized French 'fountain of privilege' has been set against decentralized British 'old corruption' as the basis of an explanation of the two countries' divergent political and economic fortunes during the 18th century.[6] But however it has been presented, the contrast has had a significant effect upon periodisation. Setting the late 18th-century British 'industrial revolution' against an image of the earlier part of the century generated by critics of 'the mercantile system' has tended to produce a historiographical bias towards identifying the deep-seated structural particularities (if not uniqueness) of the British economy and a corresponding neglect of the wider continuities in, and varieties of, international competition in trade and manufacture within which modern industrial organization developed over a much longer period of time. Highlighting the scale and scope of the British 'industrial revolution' has echoed the analogous exaggeration of the scale and scope of the political revolution in France in 1789, resulting in a misleadingly

[5]Significantly, the most recent general discussion of these matters can still be found in D. C. Coleman (ed.), *Revisions in Mercantilism*, London, 1966. For a fresh approach to the whole subject, see Istvan Hont, 'Free trade and the economic limits to national politics: neo-machiavellian political economy reconsidered' in John Dunn (ed.), *The Economic Limits to Modern Politics*, Cambridge, 1990, 41–120.

[6]Hilton L. Root, *The Fountain of Privilege. Political Foundations of Markets in Old Regime France and England*, Berkeley, 1994.

overdrawn characterization of the transformation that occurred during the 'age of revolutions' of the late 18th and early 19th centuries and a correspondingly imprecise assessment of what, in fact, did change.

The aim of this essay is to suggest some ways in which it might be possible to begin to move beyond this appearance of discontinuity and transformation, felicitously described by Reinhart Koselleck as the illusion of a *Sattelszeit*, by turning back to what posterity came to dismiss as 'the mercantile system' in order to examine and present some of the claims made by its advocates about its distinctive qualities and attributes.[7] Its purpose is to suggest that retrospective characterizations of the early 18th-century French economy in terms of 'mercantilism' or 'Colbertism' have made it difficult for historians to identify the significance of a congeries of claims and arguments made in early 18th-century France about the design, production and consumption of manufactured goods, or to see how these claims and arguments were articulated with a deeper set of ideas about human society, social hierarchy and absolute government to form what contemporaries referred to as '*l'empire de la mode*' – 'fashion's empire'. The excessively synthetic character of the concept of 'mercantilism' has tended to occlude the way that the phrase 'fashion's empire' emerged as a considered response to, rather than a simple expression of, many of the problems highlighted by mercantilist historiography, particularly those associated with controlling prices and wages by regulatory or monetary means in order to maintain the competitiveness of French goods abroad. The aim of this essay is to suggest that 'fashion's empire' came to stand as a symbol of a powerful theory of a product – rather than a price-driven – model of foreign trade. It stood for the way that a large, socially diverse, territorial monarchy like France could counter the price-driven mechanisms of the international trading system by applying flexible pricing and marketing strategies to fashionable products, generating a competitive capacity by, firstly, reiterating cycles of new products, secondly by dumping outdated goods at knockdown prices and thirdly by switching goods between different markets at various stages of the product cycle.

An attenuated version of the theory can be found in one of Jean Jacques Rousseau's early poems, the *Epitre à M. Bordes* of 1741. In it, Rousseau set out to question the social merits of the Christian virtue of poverty by pointing out that in many circumstances poverty tended to force people into behaviour that was incompatible with social cohesiveness. The poem's aim was to show that while poverty might entail stealing, lying and cheating, 'innocent industry' tended to promote the social virtues. Its ability to increase the 'agreements of life' served to neutralize the limitless character of human desire, providing a way out of the desperation generated by the

[7]Reinhart Koselleck, *Futures Past. On The Semantics of Historical Time* (Frankfurt, 1979); English translation, Cambridge, Mass. and London, 1985.

indigence that was virtue's nemesis and making 'the high road of luxury' the way to assuage human need. It was appropriate, therefore, to celebrate Lyon and its silk industry as 'one of the powerful bonds of society' and, somewhat extravagantly, to compare its 'opulent' inhabitants' assorted manufacturing and commercial skills to the majesty of kings.[8]

The aim of this essay is to try to show how Rousseau's celebration of Lyon echoed more elaborate discussions of the problem of establishing and maintaining markets for French goods in the early 18th century, when, like any government (despite the best efforts of Louis XIV), the French monarchy had little or no power to determine what took place beyond its borders. As a form of shorthand, the phrase 'fashion's empire', referred to a range of elaborately designed and often very expensive artefacts. In a more extended sense, it referred to a very subtle and decentralized process of social mimicry and emulation generated, firstly, by the 'commerce' between men and women in different positions within the social hierarchy and, secondly, by the pricing and marketing strategies adopted by different networks of traders – from the great Parisian court merchants, to wholesalers exporting to remote colonial markets, to retailers, furnishers and auctioneers – at different stages in the product cycle. Rousseau's poem echoed the claim that the connection between the three – the expensive artefacts, the pricing and marketing strategies of specialized networks of traders, and the 'commerce' between men and women in different positions within the hierarchy of ranks – added up to a system of trade that was both compatible with, but insulated from, the price-driven mechanisms ruling international markets.

Thinking about trade as more than a matter of the exchange of goods was a product of the 17th-century military revolution.[9] As governments turned to a growing range of credit-related financial expedients to meet the rising costs of larger defence establishments and longer military campaigns, trade came to be recognized as an essential additional source of tax revenue for interest payments, generating ruthless competition between the European powers to acquire, or prevent others from acquiring, the resources needed to fund their debts. As the magistrate Louis de Sacy put it in his *Traité de la gloire of 1715*:[10]

---

[8]Jean Jacques Rousseau, *Epitre à M. Bordes*, in his *Oeuvres* (Pléiade edition), 5 vols, Paris, 1959–95, ii. 1130–3. On Rousseau's early poems, see Walter E. Rex, *The Attraction of the Contrary. Essays in the Literature of the French Enlightenment*, Cambridge, 1987, 94–107.

[9]Hont, 'Free Trade and the Economic Limits to National Politics', in Dunn (ed.), *op. cit.* (n. 5), 41–120.

[10]Information on Sacy and his circle can be found in Roger Marchal, 'Madame de Lambert et son milieu', *Studies on Voltaire and the Eighteenth Century*, cclxxxix, 1991, and in J. A. W. Gunn, 'Queen of the world: opinion in the public life of France from the Renaissance to the Revolution', *Studies on Voltaire and the Eighteenth Century*, cccxxviii, 1995, 111–14, 123.

> Peoples are powerful abroad only because of the scale of their commerce, feared only because of the opinion they excite of their valour, and respected only because of the admiration they provoke for their virtues.[11]

But combining valour, virtue and extensive trade under the aegis of a large, territorial monarchy like France, whose ultimate purpose was to preserve the lives, goods and property of its subjects in their various institutional and provincial settings, created considerable potential for clashes between these different objectives. If valour and virtue were the traditional preconditions of any flourishing kingdom's capacity to defend its territory and maintain peace and justice at home, extensive trade called for qualities of a different sort. The most obvious of these was a capacity to supply cheaper or better goods than other trading nations, either by keeping prices and wages below those of competitors, or by devising ways to circumvent competition on price by innovating on products. But acquiring and maintaining these capacities sometimes called for domestic policies and adjustments that entailed calling the property or privileges of one part of society into question for the wider benefit of the rest, generating divisions and conflicts that were incompatible with the social cohesiveness associated with valour or virtue. As Sacy's better-known friend, Claude-Irénée Castel, abbé de Saint-Pierre put it in his *Project for Perpetual Peace* of 1713, it was all very well to appeal to the general advantages that trade could supply in conflicts between different groups of property-owners in the hope that some might voluntarily surrender their own interests in the light of their understanding of the damage caused by a cessation of trade,

> But the majority, driven by their desires, do not make a just assessment of what they might lose from a cessation of trade and, in the midst of the trouble which passion awakens, it is futile to present them with what might be most advantageous or equitable. What might be profitable seems to them to be pure loss and, to them, equity itself seems unjust.[12]

The desire to right an imaginary wrong (he continued), to take reprisals, to take or take back what one regards as one's own, jealousy of power or reputation, the desire to humiliate or humble a neighbour with whom one has reason to be displeased were all perpetual sources of division and conflict.

> In this way, men who seem to have been born solely for the continuous enjoyment of the goods that society procures are often forced, to have possession and a share of those same goods, to revert to the state of division.[13]

---

[11]Louis de Sacy, *Traité de la gloire*, The Hague, 1715, 77.

[12]Charles Irénée Castel de Saint-Pierre, *Projet pour rendre la paix perpétuelle en Europe*, 3 vols, Utrecht, 1713–17, i. 4.

[13]*Ibid.*, i. 5.

Once the external power of states came, as Sacy put it, to depend upon the scale of their commerce, the French were forced to face the problem of finding ways to maintain 'the continuous enjoyment of the goods that society procures' without calling existing property relations into question, threatening to beggar either their neighbours or themselves.

A particularly alert account of how the problem was faced was laid out at some length by an early 18th-century German visitor to France named Ernst Ludwig Carl, a councillor of the Hohenzollern margrave of Bayreuth who spent some time in Paris during the Regency of the duc d'Orléans and whose three-volume *Traité sur les richesses des princes* was published in 1722–3.[14] Its purpose, he wrote, was to show how the French had succeeded in devising a system of trade consonant with the fundamental principles of human association and, by doing so, had raised reflection upon the subject of the wealth of both princes and nations to a degree of refinement 'unmatched by any other nation in the world'. Had he not, he added, spent some time in France reading the works of those 'French authors' who 'with much delicacy' had addressed the particular parts of his treatise, he would not have been able to take his reflections so far.[15] His aim was therefore to draw the attention of German princes and their councillors to the manner in which the French had devised a number of new ways to promote the prosperity of their state.

The first of these was an absolute monarch. The second was the state's credit. The third was the division of labour. The fourth, a product of the interaction between the first three, was a capacity to generate reiterated cycles of fashionable products which could be sold at very high prices when they came on to the market and then dumped at knock-down prices when competitors began to produce imitations. This aggressive pricing strategy, involving the use of extended networks of specialized commercial houses to switch between markets, not only allowed traders to avoid having to compete on the basis of the costs of labour, materials and equipment alone, but also served to generate two sequences of income flows to smooth out the schedules of payments arising from the credit given and received by different agents in the chain of production, distribution, exchange and consumption. Underpinning them all was a set of claims about the part played by human needs in forming the bonds of society and by honour and shame in moderating the otherwise ungovernable character of the insatiable human desire for novelty. All this implied that the modern French monarchy had

---

[14]On Carl, see Karl Kunze, 'Die ansbachische Hofrat E. L. Carl als Kameralist, Literat und Agent im Paris des frühen. 18. Jahrhunderts', *Jahrbuch des Historischen Vereins für Mittelfranken*, lxxxiv, 1978–9, 40–59; Karl Kunze and Thomas Lambertz, 'Die "Abhandlung über den Rechtum der Fürsten und ihren Staaten." des ansbachischen Hofrats Ernst Ludwig Carl', *Jahrbuch des Historischen Vereins für Mittelfranken*, xciv, 1988–9, 77–117.

[15][Ernst Ludwig Carl], *Traité de la richesse des princes et de leurs états: et des moyens simples et naturels pour y parvenir*, 3 parts, Paris, 1722–3, Part I, v.

managed to create a space allowing extensive trade to coexist with valour and virtue.

According to Carl, the theoretical model of the system of government able to establish and maintain this capacity was to be found in Jacques-Benigné Bossuet's *Politics Drawn from the Very Words of Holy Scripture* which had been published in 1709. As 'all those who understand the structure and the properties of a state would agree', Carl noted, 'the interest of the prince or those who govern should be the same as those of the people'.[16] This, standardly, was the hallmark of a republican system of government. Carl, however, claimed that Bossuet's theory of absolute sovereignty provided for a reasonable simulation of the congruence of interests between rulers and ruled that distinguished republics from monarchies because it posited a theoretical unity between prince and state, making it more difficult for the private or dynastic concerns of the ruling prince to masquerade as interests of state. 'To this effect', he wrote,

> it is first necessary to join the Prince and his State together and consider them conjointly as a natural body, of which the one and the other are only parts, the Prince being able to represent the head or the soul and the people its members.[17]

Carl did not explain why he had noticed something significant in the idea of the prince and the state joined together as a 'natural body' and why the idea meant something more than the old metaphorical figure of the king as head of the body politic.[18] It is, however, possible to get a better idea of what he meant (and its important implication that the succession to the French throne was 'representative') from a constitutional argument which overlapped chronologically with his visit to France and centred upon the putative rights of Louis XIV's bastard sons. The question at issue was whether Louis XIV's last will, legitimizing the duc du Maine and the comte de Toulouse, had any binding legal force. Against those who argued that it did (with all that this implied for the bastards' status as princes of the blood and, ultimately, the succession), the magistrates of the parlement of Paris (with forceful encouragement from both the Regent and, after his death, the duc de Bourbon) concluded that it did not.

The core of their argument, summarized in the publicly circulated legal memoranda that accompanied the case, consisted of a characterization of both the French monarchy and the modalities of the succession. Against the bastards' claim that the monarchy was patrimonial, belonging, like any free

---

[16] *Ibid.*, Part I, 159.

[17] *Ibid.*, Part I, 160.

[18] On the complex subject of the nature of the French monarchy, see Herbert H. Rowen, *The King's State. Proprietary Dynasticism in Early Modern France*, New Brunswick, 1980.

good, entirely to its possessor and implying that it could be given away, alienated, divided or sold in any way that he chose, their opponents emphasized that the monarchy was a type of property that was successoral in nature, analogous to a good held in substitution, so that its current 'owners' (or possessors) had a duty to maintain its attributes, including the manner by which it was transmitted. Against the claim that the manner by which the monarchy was transmitted was hereditary, the bastards' opponents argued that succession to the French throne was lineal, meaning that the heir to the throne owed nothing to his predecessor, but entered into full possession of the monarchy by himself, by his blood and by the law. On both counts, the bastards' opponents (with an eye to the reputation of a recognized authority) specified that they were following the characterization of the French monarchy to be found in Hugo Grotius's *Rights of War and Peace* (1625). As Grotius had described it, the French crown was successoral, lineal and agnatic, so that the succession was, in a rather unfamiliar sense, 'representative'.[19] The heir to the throne could not be chosen by the incumbent king, nor could he be the incumbent's closest blood relative, but had instead simply to occupy the appropriate position in the line of succession, coming to the throne as the representative of his predecessor so that, in legal terms, he was held to be exactly the same person as the previous king.[20] As one of the memoranda published during the controversy put it, 'in facts of succession, it is not he who is nearest to the throne who succeeds, but he who represents it'.[21]

The representative character of the succession had two great advantages. First, it made the French monarchy independent of the ordinary provisions of the civil law, ruling out challenges to the legitimacy of the king in the name of the laws of the kingdom and closing off the monarchomach distinction between the king and the kingdom that had been used to such powerful effect during the religious wars and the Frondes.[22] Second, it reduced the likelihood that an incumbent king could interfere, as Louis XIV tried to do, with the succession. As Carl noticed, this double restriction upon the relevance of the civil law to the attributes of monarchy served to limit the

[19]Hugo Grotius, *De jure belli ac pacis* [1625], translated by Jean Barbeyrac as *Le Droit de la guerre et de la paix*, Amsterdam, 1724, Book II, chapter 7, sections 12–37.

[20]*Ibid.*, 30, note 7.

[21]The arguments can be found in several pamphlets bound in British Library, FR 1, particularly [Anon.], *Maximes de droit et d'état pour servir de réfutation au mémoire qui paroit sous le nom de Monsieur le duc du Maine, au sujet de la contestation qui est entre lui & Monsieur le Duc, pour le rang de prince du sang*, n. p. 1726, 10–12 and [Anon.], *Raisons courtes et fondamentales pour les princes du sang & pour la nation contre les princes légitimez*, n.p., n.d., 3.

[22]On these wider issues, see Richard Tuck, *Philosophy and Government 1572–1651*, Cambridge, 1993, and Quentin Skinner, *The Foundations of Modern Political Thought*, 2 vols, Cambridge, 1978, ii. Part 3.

possibility that the king's personal and dynastic interests would become entangled with the interests of the state. This, in turn, had the effect of making the French monarchy rather more like a republic. Since republics were structurally less prone to the abuse of sovereign power than monarchies (a government made up of many individuals is bound to have to develop a fairly elaborate procedural life for decision-making purposes in ways that monarchies are not so obviously constrained to do), the fusion of the person of the king to the body of the state which Bossuet had highlighted showed how it was possible for monarchies to avoid the more flagrant abuses of the idea of reason of state which had offended so many Christian consciences during the 17th century. It could then be claimed with some degree of plausibility that an absolute government, like its republican equivalent, was structurally committed to the common good. The implications of the idea were taken a step further in the wake of the war of the Spanish succession with the publication of the abbé de Saint-Pierre's *Project for Perpetual Peace*, a work which invited all of Europe's rulers to subscribe collectively to a system of joint territorial security and guaranteed succession (effectively generalizing the French system of representative succession throughout Europe), thus appearing to raise the possibility of removing dynastic questions from European politics as effectively as they appeared to have been removed from France.

Joining the physical person of the prince to the institutional apparatus of the state also had significant implications for the state's credit. The need to raise funds for extraordinary needs, notably war, meant that absolute monarchies were caught in a credit trap that was an effect of the unlimited sovereign power at their disposal. Their ability to disown their debts made them peculiarly vulnerable to the depredations of *partisans*, financiers who advanced funds to governments in return for a share of future tax revenue. Since princes were obliged to borrow and financiers were tempted to lend at exorbitant rates of interest, the resultant spiral of government borrowing, rising interest-rates, high taxation and popular misery increased the likelihood that new rulers would try to escape their financial difficulties by using their absolute authority to disown the debts of their predecessors. But this course of action, leading to a further loss of credit and higher future rates of interest as a premium against the risk of further defaults, would only perpetuate the vicious circle. As Carl pointed out, Bossuet's theoretical fusion of prince and state was a way to circumvent these dilemmas. The new theory of absolute government, with its insistence upon the unbroken continuity of a state that was physically embodied in the order of succession, would make defaulting much harder to contemplate, forcing kings to adopt a more republican probity towards their creditors. It did so because a prince who was tempted to disown his predecessor's debts would, implicitly, also have opted to disown the state he had inherited.

> If we suppose that the state is monarchical and the prince an absolute sovereign, it is futile to seek a jurisprudence able to discharge a successor from paying the debts of his predecessor. By refusing to pay them, he would be admitting implicitly that his predecessor had not been an absolute sovereign and that there is a juridical difference between states and the person who governs them. On these occasions recourse is often made to the civil laws, although these have no more authority with respect to the actions of sovereigns than an old song.[23]

A prince who reneged upon the debts of his predecessor was tacitly acknowledging a difference between the state and the person of the prince, opening up a dangerous distinction in which rebellion to the prince could be justified in the name of the state.[24] Bossuet's doctrine served not only to cut off this monarchomach possibility, but also discouraged princes from disowning their predecessors' debts other than in cases of extreme necessity. Once embodied in the physical representative of the state, the absolute power of a prince 'whose every act has the same validity and the same legality among men as the acts of the whole of the state and all the people together' had, Carl asserted, to be used solely to preserve the society it governed.[25] Seen in this way, the unity of interest between the prince, the people and the state's creditors would make defaults a rarity and reduce the risks of abuse of the ancient republican maxim that 'necessity has no law'.[26]

The result, Carl claimed, was that the modern French monarchy amounted to a system of government that was able to meet the divine injunction to mankind to go forth and multiply and the natural human aptitude for society that was its anthropological corollary in ways that would eliminate the otherwise inevitable menace of over-population and misery. France's physical and constitutional capacity to generate the production of necessities, conveniences and luxuries on a large enough scale and in a manner able to improve general well-being thus matched the qualities that made humans sociable creatures. 'The Creator', Carl stated at the end of the first section of his treatise,

> made men for society, not to wander the fields like wild beasts. He placed them under the moral and physical necessity of being unable to do without one another. He gave them a common principle, the preservation and increase of their number, and no other resource to escape their natural indigence than to assist one another in meeting their needs, so that everyone is subject to the same necessity of offering mutual assistance.[27]

---

23 Carl, *op. cit.* (n. 15), Part III, 435.

24 *Ibid.*, Part III, 436.

25 *Ibid.*, Part III, 425.

26 *Ibid.*, Part III, 441.

27 *Ibid.*, Part I, 106-7.

The combination of the natural interdependence generated, first, by the divine injunction to go forth and multiply and, second, by the human capacity to recognize and respond to one another's indigence meant that property had to be used in ways that were compatible with both general well-being and justice.[28] Distancing himself from one of the main tenets of Roman jurisprudence, Carl argued that it was a mistake to define property solely in terms of possession. It was, instead, best defined as the easy enjoyment of goods. Possession alone could not meet this criterion because anyone can take or keep something, but taking or keeping things cannot secure their ease of use. Exclusive possession had, therefore, to take second place to a general system of social reciprocity able to promote both individual well-being and the common good.

The greater the number of those involved in the production of necessities, conveniences and luxuries, the wider the range of goods that would be available for human well-being. Since humans, unlike animals, have varied and a potentially infinite number of needs, dividing the occupations and activities which cater for them would progressively improve the available range of goods. Carl emphasized that the combination of separating the professions and increasing human interdependence was one of the keys to increasing the production of necessities, conveniences and luxuries in a cumulative way. Over time, the inexhaustible character of human needs would serve to blur the boundary between what was necessary, convenient and luxurious while the potentially infinite capacity of human ingenuity in devising new fashions would serve to drive the progress of the human imagination forwards, working to reinforce and magnify the interdependence between necessities, conveniences and luxuries. The process served to create a dynamic, recurrent switchback between the three types of good, as the high prices paid for luxury goods at the top end of the market generated higher levels of expenditure on necessities and conveniences further back along the chain, resulting in higher real wages and better living standards among artisans in great cities like Paris than their counterparts in small provincial towns, and, through the operations of the same switchback mechanism on urban expenditure and agriculture output, generating greater prosperity and power for France as a whole.

The key mechanism in this benign process, Carl emphasized, was the capacity of traders in luxury goods, especially those able to benefit from the economies of scale supplied by large, privileged trading companies, to use the competitive advantage which fashion supplied to make drastic changes in markets and prices between the beginning and the end of the product cycle. 'France alone', he asserted,

---

[28] *Ibid.*, Part I, 415.

has discovered a fine secret in changes of fashion. As merchandises fall out of use in the kingdom, neighbouring nations take them up with rapidity. Peru and Mexico also absorb a great quantity, while a further quantity of the clothes and trinkets discarded by the rich end up in the hands of the poor for a modest price. Without all this, frequent changes of fashion would often have been prejudicial to the kingdom, but, instead, such changes have been an opportunity to perfect the arts and enrich the state.[29]

The difference between high-priced fashion goods at the beginning of the cycle and massively reduced prices for the same goods at the end of the cycle (and the length of the cycle could, within limits, be increased or shortened) meant that French traders could follow a very aggressive pricing policy in foreign markets. As Carl (echoing his French mentors) recognized, international competitiveness could take two forms. Goods could compete on price or compete on quality. But the two were not mutually exclusive. The country which was first to develop a new product line would be able to take advantage of its initial positional rent to slash prices savagely and keep its competitors out of the market, establishing the conditions for further cycles of innovation and improvement by broadening and deepening the interdependent economic activities from which they derived.

Fashion was, thus, a vital defence for a state which entrusted its fate to the market for internationally traded goods. The capacity to generate regular cycles of new products, continually shifting the boundaries between necessities, conveniences and luxuries, was predicated upon a high degree of occupational specialization and a range of assorted and specialized skills whose productivity and interdependent way of life served to create the combination of high living standards and shared values that Carl associated with Holland and England. This was why

the more the Prince separates the professions and the less he allows anyone to exercise two, the more he will place everyone under the necessity of being unable to do without one another, and the more life's commerce will become great and flourishing.[30]

It was astonishing, Carl noted, that the products of artisans in big cities like Paris were half as dear as those of artisans in small towns, even though the cost of food, rent and other necessities and conveniences was twice as great.

Despite this, the artisans of great cities are ordinarily much richer than those of little towns. I attribute this partly to the greater facility and speed with which work is done in big cities, given the separation of each trade into several branches, which means that each individual is more skilled (habile) and forms a greater number of products by being attached to no more than a single, small object.[31]

---

[29] *Ibid.*, Part II, 493–4.
[30] *Ibid.*, Part I, 401.
[31] *Ibid.*, Part II, 242.

To illustrate the point, Carl described the Parisian tailoring trade which, he said, was divided into several different branches. There were merchant tailors who, by dint of their wealth and credit, supplied and maintained the smaller tailors. These, in turn, were divided into tailors for men and tailors for women, while others were concerned solely with making the frames for women's clothes. There was also a separate body of seamstresses, concerned solely with making women's clothes. 'This separation of the tailoring trade into several branches', he commented, 'performs a great good, both to those in the trade and to the public'.[32]

> The more men of the same town see and have something to do with one another, the more sociable and humane they become. The more relations and commerce they have, the more consideration they have for one another. But since they will not do so voluntarily, there has to be something that obliges them to do so. This is what the separation of trades and professions contributes marvellously towards.[33]

The civility of manners generated by mutual interdependence (so visible, Carl pointed out, in Holland) could be secured more firmly still by the competitive advantage given by fashion. Protected by 'fashion's empire' from the vagaries of price fluctuations, the modern French system served to reinforce and secure the fundamental human aptitude for society.

Carl recognized very clearly that one of the keys to French success had been the royal government's capacity to inject some of the huge mass of financial instruments used to meet the costs of Louis XIV's wars into the money supply, making it possible for an absolute monarch, by dint of changes to the workings of the fiscal and monetary systems, to exercise an unprecedented degree of leverage over people's ability and willingness to buy and sell goods and services. Unsurprisingly, therefore, he was an enthusiastic admirer of the Scottish financier John Law and the elaborate system of debt reduction and currency creation which he put into effect in France between 1718 and 1720.[34] Like Law, Carl argued that as public credit became increasingly perfect it would be possible to do without the majority of the functions of metallic money.[35] Like Law too, he acknowledged that a perfect system of public credit required 'perfect intelligence' between the prince, the people and the creditors of the state.[36] Law's failure, he noted in the last section of his treatise, was 'one of the great events of the world and Princes and private individuals will draw admirable lessons from it'.[37] But in

---

[32] *Ibid.*, Part II, 246.
[33] *Ibid.*, Part II, 254.
[34] *Ibid.*, Part III, 441–4.
[35] *Ibid.*, Part II, 423.
[36] *Ibid.*, Part III, 441.
[37] *Ibid.*, Part III, 444.

the short term, it did not undermine the deeper foundations of the French system of trade. Credit continued to be supplied in a more decentralized way under the aegis of the reorganized royal general farm, leaving the theoretical merits of the combination of absolute government, the division of labour and the product cycle that Carl had identified as the basis of French wealth and power relatively unchallenged throughout the long ministry of Cardinal Fleury.

The result was a society that seemed to be predicated on display, making the French a particularly appropriate subject for study by students of the controversial subject of luxury. 'Of all their singularities', the Swiss Béat Louis de Muralt commented in his frequently reprinted *Lettres sur les Anglais et les Français* (1725), 'the Fashion is the greatest, and contains the greatest Number of Singularities; 'tis it that distinguishes them from the rest of the World'. In France, fashion gave rise to a peculiar cultural volatility. While, Muralt noted, every people was subject to custom, this usually consisted of something regular and settled.

> 'Tis not so in *France* where it has nothing fixed or settled; it is a torrent which changes its current every time it overflows, and in so doing puts all the country under water. From one custom that has glutted them they go on to another; 'tis always to a fresh and vigorous custom they submit, and men, in all these changes, find themselves busy'd without any cessation, to submit always a-new. This exercise, in which they take a pleasure, is liberty to them, in which they are like prisoners that have their irons chang'd every day, and on that account, might think themselves at large.[38]

In French eyes, however, such comments, were simply naïve. Muralt's *Letters*, the abbé Pierre François Guyot Desfontaines announced in a reply published a year after their appearance, were the work of 'a thinking Swiss', proving that the prejudice about the compatibility between the two terms was as unfounded as the belief 'that poetry may flourish in Astrakhan and Norway'.

> The French, according to our author, are slaves to the customs and usages of their country. *This she does, or this she does not.* These are the best reasons, says he, one can get in France, either for approving or condemning an action. This is assuredly a true reflection of a Man-Hater.[39]

---

[38]Béat-Louis de Muralt, *Lettres sur les Anglais et les Français* [1725], Lausanne, 1972, 132–3.

[39]Pierre François Guyot Desfontaines, *Apologie du caractère des Anglois et des François*, Paris, 1726. I have taken quotations from the English translation, entitled *Remarks on the Letters concerning the English and the French* which is appended, with separate pagination, to the 1728 edition of Béat de Muralt, *Letters Describing the Customs and Character of the English and French Nations*, London, 1728, 29–30. On the controversy generated by Muralt's work, see Gabriel Bonno, 'La culture et la civilisation britanniques devant l'opinion française de la paix d'Utrecht aux Lettres philosophiques', *Transactions of the American Philosophical Society*, new series, xxxviii, 1948, 1–185 (25).

It was simply 'ridiculous' to say that the French 'make custom the Queen of their country, a great Queen, no less than their King, the great King'.[40] Nor was there good reason to disparage French 'vivacity' as 'but a false brightness, that dazzles at first, and is offensive at last; because a man of good sense does not content himself with bare appearances, and is displeased to find nothing that answers his expectation'. French 'vivacity', Desfontaines insisted, was 'what the Romans called quickness of mind, *acies mentis*'. It was what made the French 'active, diligent and laborious, full of ardour and courage and indefatigable in enterprises'. Its absence explained why the 'northern nations' had 'made so small a progress in the arts and sciences'.[41]

> Let us now, a little, laugh at the *Swiss*, pensive and full of meditation, who, from the top of the Alps, and the height of his spirit, regards the French as *Atomes*, exhales his ill-humour in Letters full of sophistry, and insinuates that all our virtues proceed from our vices, as all the vices of the *English* proceed from their virtues.[42]

Desfontaines's reply indicates that Muralt had struck a nerve. Claiming that Muralt had tried to show that 'all our virtues proceed from our vices' was an obvious allusion to the Anglo-Dutch physician Bernard Mandeville's notorious *Fable of the Bees*. But, as Desfontaines went on to explain, Mandeville was preferable to Muralt.

> It is very pleasant to hear our *Swiss* philosopher lament the politeness that reigned, some years since, in his own country. The morality one reads here is excellent. The author of the *Fable of the Bees*, an English poem, printed at London some years ago, hath quite different principles; because, he pretends that luxury is very profitable to civil society. Our *Swiss*, on the contrary, regards it as a most pernicious evil, especially to the Swiss. He affirms that it is essential to them to be simple and rough; and that when they assume the manners of any other nation, they become ridiculous. I very much doubt that the thirteen worthy cantons know more of the mind of the author, their deserving compatriot, and the charitable lessons of his austere philosophy, than of the two lines made upon them by a modern:
>
> Barbarians who make a Trade of War
> And sell their Mercenary Blood for Pay.[43]

This parting shot is an indication of some of the broader intellectual foundations upon which the idea of 'fashion's empire' was based. Mandeville's assertion that, as Desfontaines put it, 'luxury is very profitable to civil society' was the product of a well-established genre of investigation into the part played by human passions in the civilizing process, a genre

---

[40] Desfontaines, *op. cit.* (n. 39), 30.
[41] *Ibid.*, 51–3.
[42] *Ibid.*, 54–5.
[43] *Ibid.*, 66.

which owed much to the 'French authors' whose work Ernst Ludwig Carl used in his treatise. Although its content owed a great deal to followers of the Augustinian theologian Cornelius Jansen, it was also widely adopted by more sceptical Catholics and Deists like Louis de Sacy, the abbé de Saint-Pierre and, most famously, by Voltaire in his poem *Le Mondain*.[44] Its prime concern was with the complementary relationship between the mechanisms producing wealth and those responsible for generating feelings of goodwill and esteem in human society. As Carl put it,

> Nothing that we have in our possession can be wealth without the goodwill and esteem of an infinity of others and without us affording them a proportional share in what is ours. As soon as it stops, our riches are ended and we are poor.[45]

Since the goods that humans value are infinitely diverse, there was a close connection between the diversity of human inclination and the variety of occupations and activities which society housed.

> If everyone's will was uniformly equal with respect to the objects which flatter or offend the senses, they would soon be reduced to producing them themselves and if that was the case they would no longer be commodious or agreeable because they would cause infinite effort...This diversity has contributed to the establishment of a prodigious quantity of different estates, conditions and professions which, by contributing to the satisfaction of others' desires, find the means to satisfy their own.[46]

This 'prodigious quantity of different estates, conditions and professions' was, in turn, the means by which the desire for utilities, conveniences and luxuries was both promoted and held in check by reciprocal feelings of admiration, envy, gratitude and esteem.

This emphasis upon the subtle emotional dynamics of honour and shame in generating the rules of human conduct was a way to counter the utility-based account of the origins and attributes of human society associated with the works of Grotius, Hobbes and Pufendorf. It had the additional advantage, as Desfontaines' hostile dismissal of Muralt in favour of Mandeville indicates, of leaving more room to emphasize and explain the well-established humanist distinction between 'barbarous' and 'polished' societies. As the magistrate Louis de Sacy pointed out, the capacity to acquire

---

[44]See André Morize, *L'Apologie du luxe au XVIIIe siècle et 'Le mondain' de Voltaire*, Paris, 1909 (reprinted, Geneva, 1979); Stephen Holmes, 'Ordinary passions in Descartes and Racine' in Bernard Yack (ed.), *Liberalism without Illusions* (Chicago, 1996), 95–110; Laurence Dickey, 'Pride, hypocrisy and civility in Mandeville's social and historical theory' *Critical Review*, iv, 1990, 387–431; and, more generally, Arthur O. Lovejoy, *Reflections on Human Nature*, Baltimore, 1961. For a recent examination of this whole genre, see E. J. Hundert, *The Enlghtenment's Fable. Bernard Mandeville and the Discovery of Society*, Cambridge, 1994.

[45]Carl, *op. cit.* (n. 15), Part I, 20.

[46]*Ibid.*, Part I, 118–19.

useful or agreeable goods was common to both humans and animals. Only humans, however, were capable of honouring or despising others' actions and able to notice the degree to which their actions served to raise or lower their standing in one another's eyes.

> There is almost nothing about which different nations have not thought differently. But although their blindness has led them to disagree over the very nature of the virtues and the vices, they have all agreed on this point, namely to honour what they call virtuous in their country and to despise what they name as vicious.[47]

Emphasizing the desire for honour and the fear of shame as the foundational principles of manners and morals made it possible to counter Béat de Muralt's indictment of modern French society without having to adopt the unsavoury views of the modern 'Epicurean' philosophers, notably Thomas Hobbes and Pierre Bayle, with whom Mandeville was often associated, or to follow the utility-based theories of the nature and purpose of human society sometimes ascribed to Hugo Grotius and Samuel Pufendorf. As one of Ernst Ludwig Carl's contemporaries, the Jansenist abbé Antoine Pluche, put it in his *Spectacle of Nature*, these 'modern philosophers' appeared to claim that:

> Originally man and the beast pick'd the same berries and crunched the same mast together. But man, who was willing to have the greatest share of the fruits of the earth, associates himself with other men for that purpose: so that the duties of society are no more than compensations of different utilities.[48]

This, he pointed out, seemed to impute 'the origin of society to our reciprocal wants, and to the contrivance of Nimrod or of Draco'. Although Pluche had no difficulty in recognizing that society existed to meet its member's needs, he flatly rejected the claim that joint utility was its foundational principle.

> Doubtless the intention of God was that our mutual relief should be an infallible fruit of association, and the just reward of good harmony. But the love of society is previous to all manner of utility.[49]

It was, therefore,

> quite needless to derive the first duties and the true science of society from reasonings and a kind of philosophy always staggering and uncertain. I will never take Aristotle or Pufendorf for my masters.[50]

---

[47]Louis de Sacy, *op. cit.* (n. 11), 26.

[48]Antoine Pluche, *Le Spectacle de la nature, ou entretiens sur les particularités de l'histoire naturelle qui ont paru les plus propre à rendre les jeunes gens curieux et à former leurs esprits*, 9 vols, Paris, 1732–1750. All citations are from the English translation, *Le Spectacle de la nature, or Nature Display'd*, 7 vols, London, 1748, vi. 6–7.

[49]*Ibid.*, vi. 9.

[50]*Ibid.*, vi. 12.

As Pluche presented it, society was founded on the original human capacity to follow the golden rule. Utility was a product of the combination of the helplessness induced by the fall and the inventiveness of practical reason in finding individual and collective solutions to the problems set by human need, enabling humans to exercise a just dominion over all of God's creation by putting reason to use to profit from the manifold resources of the natural world. But utility was also subject to rules which were providential in origin. Shame served to set limits on self-love. This, Pluche pointed out, was most apparent in humans' compulsion to cover their nakedness and imperfections.

> The scripture gives us the history of dress. The first state of the world required no cloaths; and only the command of the creator, founded on the imperfection of man, renders them necessary. All the celebrated nations, whom we have any knowledge of, notwithstanding the contrivances of their dresses to remedy the inconveniences of heat or cold, have preserved an invariable regard for decency. The laws of necessity are changeable, but those of modesty are not.[51]

Setting modesty above necessity in this way made it possible to claim that the otherwise boundless potential of the interaction between human need and inventiveness housed a built-in regulatory mechanism that was able to discriminate between the congruous and the incongruous, turning the more unsavoury aspects of human nature into something rather more civil and polished. It was this that allowed Jean Jacques Rousseau, in his early *Epitre à M. Bordes* to celebrate 'innocent industry's' capacity to increase the 'agreements of life' so that luxury amounted to 'one of the strongest bonds of society'.

This was a far cry from Rousseau's later onslaught upon everything which Ernst Ludwig Carl found so noteworthy in modern France. Arguably, Rousseau's two *Discourses* served to blow the sort of anatomy of social cohesiveness that could be found in Carl's treatise off the intellectual map. In 1756, this whole, now largely forgotten, way of thinking was given a new, retrospective label, 'civilization'. By coining the neologism, Victor Riquetti, marquis de Mirabeau, best-known as the co-founder of 'physiocracy', signalled something of a sea-change in 18th-century thought, one which was to open up a different way of conceiving of the nature and purpose of the French monarchy within the modern international system of industry and trade. Mirabeau used the term to refer to everything he rejected in earlier conceptions of the putatively benign effects of the interaction between the royal government, the variegated assortment of occupations and activities making up the wider social hierarchy and the more obscure recesses of the human desire for honour and fear of shame. 'If', he wrote,

51 *Ibid.*, vi. 234.

> I was to ask most people of what civilisation consists, they would reply, '*the civilisation of a people is a softening of its manners, an urbanity, politeness and a spreading of knowledge so that the observation of decencies takes the place of laws of detail*'. All of which merely shows me the mark, not the face, of virtue. Civilisation does nothing for society unless it gives it both the form and the content of virtue, and the corruption of humanity is born of the breast of societies softened by all the previously cited ingredients.[52]

This comprehensive indictment of everything celebrated both in Ernst Ludwig Carl's treatise and in Rousseau's early poem was matched by an ambitious programme of political reform, designed not, as might be imagined, to substitute an earlier and simpler set of manners and mores for the sink of modern corruption, but to find a way to set modern civilization on a more durable and stable foundation than, according to both Mirabeau and, in his later incarnation, Jean Jacques Rousseau, 'fashion's empire' was able to do.

The controversial new system of political economy which Mirabeau advocated soon became the subject of prolonged, wide-ranging debate, leaving, as far as can be seen, many of the features of the system that Ernst Ludwig Carl commended to the princes of Germany largely intact. 'The city of Lyon was always pleased to see me arrive', noted one of Louis XV's great court bankers, Jean-Joseph de Laborde (who began as a wholesale merchant operating out of Bayonne), in the memoirs he left to his son.

> I used to do infinite good for its manufactures by taking the remains of the old designs which had been made for sale in Paris. I had so great a knowledge of the price of fabrics that I was able to judge the worth of the silk, the gilt and the weave by touch. In this way, I could do more business in a week than someone else might do in six months. I remember that once I bought 400,000 livres worth of gold and silver-backed fabric from the *grande fabrique* in a morning.[53]

The scale and extent of such practices remain to be reconstructed. But one particularly striking example of the continuous process of adaptation that lay behind *l'empire de la mode* can be inferred from the long history of a single Parisian building, the Hôtel Jabach.

The Hôtel Jabach was built on the site of five houses on the rue neuve Saint-Merry purchased between 1659 and 1669 by Evrard Jabach, a banker

[52]AN, M 780, No.3., Victor Riquetti, marquis de Mirabeau, 'Traité de la civilisation', 3. More generally see Jean Starobinski, 'The word *Civilization*', in his *Blessings in Disguise*; or *The Morality of Evil* [1989], English translation, Oxford, 1993, 1–35.

[53]Yves-René Durand (ed.), 'Mémoires de Jean-Joseph de Laborde fermier général et banquier de la cour', *Bulletin de la Société historique de Paris et de l'Ile de France*, 1968–9, 73–162 (122).

from Cologne.[54] Jabach, who bought Charles I's collection of paintings for Mazarin (thus establishing the core of the royal collection housed in the Louvre), was one of the shareholders in the first East India Company established in 1664 and a director of two royal manufactories established at Aubusson and Corbeil, the latter producing saddlery for the cavalry. One of his associates in this enterprise was a dealer in military supplies named Titon, whose son, Evrard Titon, a *commissaire provincial des guerres* and a noted collector of paintings, commissioned an early 18th-century monument to French literary genius, the Parnasse française, and later financed the construction of the group of buildings known as the folie Titon on the rue de Montreuil. The edifice housed a private theatre, a large hotel, known as the Hôtel d'Egypte (reputed to be one of the centres of Parisian masonic life in the second half of the 18th century) and, in 1757, a printed-textile manufactory advertised in the *Mercure de France* as a supplier of gold, silver or camay-backed fabrics suitable for use as tapestry in entrance halls, dining rooms and cabinets.[55] This was the establishment acquired in 1767 by the wallpaper manufacturer Jean-Baptiste Reveillon, whose fortune seems to have been built upon a combination of the technical flair needed to devise a damp-resistant paper and substantial financial support from the administrators and shareholders in the nearby mirror works of Saint-Gobain. It had passed to Jeanne Cécile Legay, the widow of Titon's nephew Pierre Titon de Cogny, who sold it to Philippe Robert Sanson in 1761 and who, in his turn, sold it to Reveillon six years later.[56]

If one part of Evrard Jabach's fortune resurfaced as a wallpaper enterprise in the faubourg Saint-Antoine, the Hôtel Jabach itself had a more varied, but related, history. When Jabach died in 1695 he left the hotel to his eldest son, Evrard II, a merchant in Cologne. After his death, it passed to his son-in-law Marc Remigaud-Montois, a magistrate of the *parlement* of Toulouse and then to Evrard II's younger brother, Gerard Michel de Jabach, first deputy of the French nation at Livorno who died there in 1751. In 1756 Evrard II de Jabach's son, François Antoine, a burgher of Middleburg in Zeeland and commissioner of the admiralty of Zeeland at Livorno sold the hotel for 82,500 livres to Jean Giros, a manufacturer and trader in snuff-boxes and *tableterie* of the rue de Charenton in the faubourg Saint-Antoine. Giros established a large snuff-box and fancy goods shop in the building. In 1772 the *Almanach parisien*

[54]AN, *Minutier Central* (henceforth MC), XII 582, 8 January,1763; XXIII 607 9 December 1756. Louis Clément de Ris, *Les Amateurs d'autrefois*, Paris, 1877, 125–50. Vicomte de Grouchy, 'Everhard Jabach, collectionneur parisien (1695)', *Mémoires de la société de l'histoire de Paris, 21*, 1894, 217–92. Paul Ratouis de Lunay, 'Le financier Evrard Jabach, collectionneur parisien', *La Cité (Bulletin trimestriel de la Société historique et archéologique des ive et iie arrondissements de Paris)*, xxxiii, 1934, 1–19.

[55]*Mercure de France*, June, 1757, 212.

[56]AN, MC, X 598, 8 July 1767.

en faveur des étrangers et personnes curieuses announced that it also served as the retail outlet for fabrics produced by the manufacture d'Orange, one the earliest and largest printed textile firms established in France.[57] The hotel is also reported to have housed a private theatre between 1747 and 1751 and, in 1774, was the site of an exhibition of works by members of the painters' guild, the Académie de Saint-Luc, sponsored by the marquis de Paulmy.[58] In 1776 part of the hotel was occupied by the silk merchant Jacques Bourjot, one of the main suppliers of silks to the Queen's household during the reign of Louis XV.[59]

A year later, in 1777, Bourjot's presence at the hotel was followed by the Parisian *marchand mercier* Pierre Jacquemart, who, in 1769, had married Angelique Marie Legay, daughter of a Parisian mercer and a niece of Evrard Titon by virtue of the marriage between Jeanne Cecile Legay and Pierre Titon de Cogny.[60] Among the signatories to their marriage contract were Jean Giros, now described as a *négociant*, and the barrister Joseph Alexandre Sarazin de Marais, later to be a partner in the Oberkampf printed textile firm.[61] Jacquemart's lease of the Hôtel Jabach in 1777 was followed, in 1782, by outright ownership when he bought it from Jean Giros for 200,000 livres.[62] Part of the building's price was advanced to Jacquemart by Christophe Philippe Oberkampf and the Hôtel Jabach was soon transformed into a shop retailing Jacquemart and Oberkampf's fabrics.[63] Ten years later, in May 1792, Jacquemart, now in partnership with Eugene Balthazar Crescent Bénard, bought Reveillon's wallpaper business at the folie Titon for 275,000 livres.[64] Thus, over a hundred years after they had been established, the related enterprises of the Jabach and the Titon were again brought together under the aegis of the partnership of Jacquemart & Bénard.

The multiple uses to which the Hôtel Jabach was put is one (very incomplete) indication of how a small circle, made up of a dozen or so interrelated families, appears to have made a rather careful effort to maintain and adapt a familiarity with design and commercial expertise to the different materials, products and markets associated variously with chinoiserie and

---

[57]Bibliothèque Mazarine, 59975/2, *Almanach parisien en faveur des étrangers et des personnes curieuses*, Paris, 1772.

[58]Ratouis de Lunay, *art. cit.* (n. 54),. 1–19.

[59]AN, MC, LXXXVI 694, 18 June 1762; LXXXVI 750, 16 April 1776. In 1762, for example, Maria Leczinska and her principal ladies-in-waiting, the comtesse de Civrac and duchesses de Villars and de Lauraguais owed Bourjot over 150,000 livres.

[60]AN, MC, XII 582, 8 January 1763.

[61]AN, MC, XCVIII 584, 8 July 1769.

[62]AN, MC, LXXXVI 820, 1 February 1782.

[63]AN, MC, LXXXVI 821, 29 March 1782; BN 8o Z Le Senne 8418/1, Tablettes royales renommées, Paris, 1788.

[64]AN, MC, XCII 197: 9, 14, 24 May 1792.

snuff boxes, silks, block-printed wallpaper and ornately designed, multi-coloured indiennes over the course of the 18th century. A generation ago, and in the context of the 19th rather than the 18th century, there was some discussion over whether this sort of family-based enterprise, producing or dealing in relatively low quantities of fairly high priced goods, meant that French business was 'malthusian'.[65] Since then the pendulum has swung in the opposite direction, and it is now usual to claim that 19th-century French business was as efficient and productive as its more industrialized counterpart across the Channel.[66] From the perspective presented here, it may be possible to combine the two points of view, by emphasizing, on the one hand, how far the mechanisms underpinning 'fashion's empire' allowed trade and industry to be grafted on to a society whose most fundamental principles had little to do with either and how far, on the other hand, those mechanisms served to generate some of the features of the French manufacturing economy highlighted by recent revisionist historiography well before the 19th century.

This emphasis upon adaptive continuity has all but disappeared from the historiography of early modern industry. As the features of the early 18th-century French economy which Carl described ossified into the concept of the 'mercantile system' and then came to be seen as either a chapter in the history of economic thought or a staging post in the transition from feudalism to capitalism, the relationship between fashion, the product cycle and foreign trade has been virtually written out of European economic history, while the textile, building, clothing and victualling trades have been scrutinized mainly for signs of more modern forms of industrial organization or social conflict. One of the more damaging historiographical effects of this loss of perspective has been a shift of emphasis away from the economies of large 17th- and 18th-century cities (Amsterdam, Paris and London in particular) and the burgeoning range of products with which, in one way or another, they were associated. It is still usual to examine the emergence of the Manchester–Liverpool industrial region independently of the complex, Europe-wide process of market creation and product transformation that formed the history of 18th-century textile production. It is still usual, too, to divorce the innovations in the production of cotton yarn in late 18th-century England from innovations in the range of products with which cotton (and printed cotton in particular) was either associated or functioned as a

[65]Maurice Lévy-Leboyer, 'Le Patronat français a-t-il été malthusien?', *Le mouvement social*, lxxxviii, 1974, 3–49.

[66]Robert Aldrich, 'Late comer or early starter: new views on French economic history', *Journal of European Economic History*, xvi, 1987, 89–100; John Vincent Nye, 'Firm size and economic backwardness: a new look at the French industrialisation debate', *Journal of Economic History*, xlvii, 1987, 649–69.

competitive substitute. The result has been a loss of perspective upon the wider European process of product innovation and market creation which began to gather momentum in the aftermath of the peace of Westphalia (1648) and attained one, durable climacteric in the aftermath of the peace of Versailles (1815). Arguably, that long period was marked by a succession of shifts within the developing international trading system as Paris displaced Amsterdam, and was in turn displaced by London, to form a succession of core innovative entrepots through which orders, information, technical specifications and designs were channelled into extensive and elaborate productive networks articulating myriads of particular trades and occupations. Once more detailed examination of products and markets in Europe from 1648 to 1815 has been undertaken, the road to Manchester may begin to look more like a compound of unexpected detours, unforeseen openings and sudden shifts of gear, and less like the well-signposted alternative to the archaic trades and luxury products of the capital cities of old-regime Europe that it still sometimes seems.

Part Four

Reflections

11
Luxury trades and consumerism

Joan Thirsk

The papers in this volume take up very varied problems surrounding the luxury trades and the consumer market between 1500 and 1800. I keep the wider landscape in view in my comments, and attempt to locate the papers against this background and that of the two meetings in Paris and Oxford from which the volume emerged. My approach is similar to that of Daniel Roche, and I hope that I do not repeat too much of what he has said.

First the non-chronological order of the papers presented, at least in the first meeting, was regrettable, for I do not see the period from 1500 to 1800 as all of a piece. I think that the consumer market passed through some distinct phases, and to understand its development and the maturing of the luxury trades, we have to move step by step through those phases.

In London, the beginnings of an upsurge in the consumer market took place in the later 15th century, but this upsurge soared to unprecedented heights in the 16th century. For me, the growth of the luxury trades at that time is explained by three trends occurring together: first, the wealth and prodigality of the rich increased; second, innumerable artists and skilled craftsmen were encouraged to come to England from the Continent, fertilizing the whole field of consumption with fresh ideas; third, a growing pool of unemployed labour positively encouraged some of the workforce in the cities to engage in highly labour-intensive craftsmanship for the luxury market. Our understanding of this is helped by similarities with our present situation in the 1990s, when the division between rich and poor is again widening, and the existence of a large pool of unemployed labour urges some people to make labour-intensive goods which the better-off (now including the middle class) can afford.

These three features of the 16th-century economy waned in strength in the second half of the 17th, and in the 18th century a different situation developed. The gulf between rich and poor began to narrow somewhat, and the pool of surplus labour shrank. This leads me to identify two different phases between 1500 and 1800 that affected the organization and clientèle of the luxury trades in different ways, and hence to favour a careful chronological approach to the subject in order to analyse any signs of change.

The chronology has to be yet further refined. The development in England of a market for luxury goods after 1500 follows in the wake of earlier developments in Spain, Italy and France; it is therefore launched in England under strong foreign influences. While we see most clearly the foreign influence on the shape and identity of luxury goods and on changing fashions, I look also for foreign influences on the organization of the crafts. These will not be at all easy to identify, but common sense tells me that it must have happened. London and other towns gave a home to foreigners who were silk-weavers, embroiderers, button-makers, perfumers of gloves, parchment lace-makers, playing card-makers, purse-makers, arras-makers, sugar-confectioners, tennis-ball-makers, trunk-makers, starch-makers, and soap-makers (I have chosen my luxury trades carefully as a reminder of their variety: it should not be thought that those who worked with gold, silver and jewels stand for them all.) Wills show how quickly some individuals became integrated, within a life-time, into English society, seeing their children married to English men and women. It is inconceivable that slightly different working practices were not passed on, and that in some way they did not spread through, and modify, the English scene. I think, in particular, of attitudes towards work by women and children. English documents, for example, contain astonished comments on the Dutch practice of using children in the work-houses to make simple consumer goods such as pins; indirectly that policy was commended by the English, for observers added the fact that Dutch pins were in consequence cheaper than English pins. Fabienne Le Bars's reference to Italian book decorators in Paris alerts us similarly to the possible transmission of Italian working practices to France. The flow of foreign influences had begun earlier in France, penetrating from Italy, Spain and Flanders. Plainly we must expect a different chronology there from the English one, which shows the clearest marks of change in the consumer market after 1500.

The urge to acquire luxury goods in England was a strong activating force in Henry VIII's reign in court circles, and it drew its fashions first from Spain, when Catherine of Aragon married Henry. Among her entourage she brought her own goldsmith to London; lace-making was galvanized by her presence in Bedfordshire as the divorce proceedings began, and so was horticulture. Then attention switched to French fashions as Henry became obsessed with imitating the styles, and the profligacy, of François I. In the second half of the

16th century, however, the luxury trades entered another phase, boosted by the arrival of many middle-class religious refugees from Flanders and France. A qualitative change can be dimly discerned in the demand for consumer goods, and doubtless in their manufacture as well. By the end of the century, the strongest impression made on commentators was of a dizzy turmoil as fashions changed rapidly from Italianate to Frenchified, to Dutch and 'Babylonian'.[1] But such a rapidly changing market accelerates turnover among more people, as fresh buyers turn up who can afford the out-of-date goods. Indulgence in fashion among the rich stirred up more and more opportunities for the luxury tradesman. So the whole century became one of lively innovation in styles and technology in the consumer market. Bystanders were alert to exploit new chances, and, if one opening failed, they moved quickly to another. All the projects that I have followed, launched to supply some novelty or another, were financed on a shoe-string, and started from very small beginnings. Often they failed the first time round and were abandoned, but other people later on would return, again with small resources, and make another attempt; and they might succeed.[2]

A small episode, explaining the introduction of fine knitted stockings, has for me the ring of truth, and offers an example of how things actually happened. Silk stockings were a novelty in Henry VIII's reign, and came to him as gifts in single pairs from Spain. By Elizabeth's reign a court lady was knitting silk stockings for the queen who liked them so much that she said she would wear nothing else. But then in 1564 a smart London apprentice spotted an Italian merchant from Mantua wearing elegant stockings of worsted wool. He borrowed them to copy, and worsted wool stockings were quickly introduced into the luxury market.

In this case the speed with which the market for knitted stockings grew into a mass market is a sign of how alert were both merchants and artisans to seize all commercial opportunities. The article in question was of a kind to satisfy a much larger demand, not only from the rich but from the ordinary citizen as well. Cheap wool stockings soon flooded the market, alongside the expensive ones, and we can register the marked success of that particular consumer good because the market quickly grew into a large trade going overseas.[3]

In the case of knitted stockings, we examine a skill which could range from the simplest knitting ability, taught in workhouses, to far higher patterning, shaping skills which resulted in the production of some finely designed

---

[1]As expressed by William Vaughan, *The Golden Grove*, London, 1600, pages not numbered.

[2]For a general survey of such activities see Joan Thirsk, *Economic Policy and Projects. The Development of a Consumer Society in Early Modern England*, Oxford, 1978.

[3]Joan Thirsk, 'The fantastical folly of fashion: the English stocking-knitting industry, 1500–1700', in Joan Thirsk, *The Rural Economy of England*, London, 1984, 235–57.

waistcoats and gloves. It led further to the development of the knitting frame by William Lee, a university-trained man, whose history shows us the role that could be played by patrons in court circles in furthering innovations. In this case a technical invention was involved, though powerful patrons could not in the end help Lee. But he had gone to London in search of support from influential courtiers – he was hoping for the grant of a monopoly patent – and he lived in London among French immigrants. As a result, his contacts led him to remove to Rouen, to practise the new technology with encouragement that he had failed to find in England. No knitting guild existed in London to obstruct Lee: Paris certainly did have a knitting guild, but I am not certain about Rouen. In what may have been a guild-free trade in one town, or alternatively a trade which permitted, even welcomed, foreign incomers, one gets a glimpse of the relatively free flow of skilled people, inventive ideas and the manifold opportunities for industrial espionage.[4]

A contrast is presented to us in the paper by Michèle Bimbenet-Privat, which gives an insight into conflicts in Paris among the goldsmiths, where the guild was strong and had the power to obstruct the intrusion of Flemish goldsmiths. We see the same situation in England in the guild-dominated trades: the conflict is visible in strong protests against foreigners in the 1620s, from the coopers and goldsmiths who were organized in guilds in London. That hostility rose to the surface a generation or more after the first arrival of the foreigners, and, while a trade depression sparked it off, the complaints imply that foreign artisans had until that moment managed to guard their skills from being absorbed into the mainstream.[5]

I would not want to pronounce too surely on the effect of the guilds in slowing down or obstructing new technologies in the 16th century, for a new wave of fashion could sometimes, in practice, totally overwhelm the diehards. It could have the effect of further stirring up ingenuity, innovation, competition and finally originality, if English craftsmen were bent on copying foreign styles with only a certain half-knowledge of how the foreigners did it. But it represents a qualitatively different situation from that prevailing in the next phase when the conflict between foreigners and Englishmen subsided for about fifty years, *c.*1630–80, and foreign innovations were peaceably absorbed, digested and modified by a predominantly English workforce. In the course of that time the quality of English goods improved, and they found their own distinctive identity.

This phase lasted until a fresh wave of Huguenot refugees arrived from

[4]Milton and Anna Grass, *Stockings for a Queen. The Life of the Rev. William Lee, the Elizabethan Inventor*, London, 1967.

[5]The coopers' and goldsmiths' petitions against aliens are printed in Joan Thirsk and J.P. Cooper (eds), *Seventeenth Century Economic Documents*, Oxford, 1972, 716–18.

France in the late 1680s, and Dutchmen and Dutch taste arrived in strength with William III. By then the economy had moved into another phase, in which wealth was not so grossly concentrated at the top of the social pyramid, but was being shared more liberally with the middle classes. Now the luxury trades found an enlarging clientèle lower down the social scale.

In these circumstances, I would expect to find the luxury trades responding in some way, not only catering for another kind of purchaser, but adopting perhaps a different style of salesmanship, and even looking for some labour-saving technology to reduce costs. In scattered places I do indeed pick up such indications of modest cost-reducing innovations, though I do not put this forward as a confident generalization; it is rather a possibility for which more evidence should be sought. I see in Daniel Roche's summary on the clothing trades some clues to suggest that craftsmen in the towns were becoming interested in more plebeian ranges of textiles (not leaving the weavers in the countryside to satisfy the whole demand for cheaper wares), and in Carolyn Sargentson's paper signs appear of expectations that consumer goods would be bought by a widening circle of middle-class people and would all be made available in one shop.

My remarks so far make no reference to the workshops that supplied these goods. In the 16th and 17th centuries, merchants and manufacturers moved very freely between London and certain country districts, in order to use the specialized skills of people in country towns and villages, first to make cheap wares, but gradually, by the upgrading of quality, to make what would count as luxury goods when they were sold in London. I am not thinking here of the gold- and silversmiths, who were doubtless concentrated in London, but of the lace-makers, medley cloth-makers, knife-makers and the like. It is, of course, at the same time likely, as Carolyn Sargentson suggests of the Paris merchants, that some embellishments were added in London to the goods wrought elsewhere.

The skills achieved in some specialized fields in country towns were plainly rising in the 17th century. The history of the North Devon pottery industry shows a highly innovative industry in the early 17th century, under Huguenot influence, though the promising innovative vigour at the beginning faded away in the 18th century.[6] On the other hand, the Honiton lace industry shows an entirely different course of development. This town in Devon, where a traditional skill in the making of points (narrow braids and laces to tie clothing) already existed in the 16th century, and where local flax made fine thread, gave a home to a laceman, James Rodge, who set up lace-making there at some time in the late 16th century, probably in the 1580s or 1590s.[7] I strongly suspect that he came to Honiton as an invited teacher of

---

[6] Alison Grant, *North Devon Pottery. The Seventeenth Century*, Exeter, 1983.

[7] H.J. Yallop, *The History of the Honiton Lace Industry*, Exeter, 1992.

lace-making. By the 1660s Honiton could boast high skills as the pre-eminent centre for bobbin-lace, its product being of such high quality and fashion that it prompted imitation by French and Flemish lace-makers. And of course this was a luxury lace when sold in London.

So some of the luxury trades of London were carried on by craftsmen in London, but we have also to take cognizance of luxury trades that relied on London merchants collecting goods that were made by skilled craftsmen and women in the countryside. For Paris too, we have learned of some of the luxury goods that were made in country areas. This seems to represent a second stage in the development of the luxury trades, and may in part have been driven by the cost of labour in the two capitals in the second half of the 17th century. A slight tendency for wages to rise may have been discernible in London well before it manifested itself in the kingdom as a whole.

So I return to my initial statement that the three hundred years between 1500 and 1800 need to be divided into different phases. Some of the papers here assembled give us a glimpse of features that distinguished these separate periods. Finally, Michael Sonenscher's remark on the declining interest of historians in mercantilism brings another strand into the discussion. He has set me thinking, not about the current themes favoured by historians, but about the declining *practical* need for the policy itself after the mid-17th century, when the economy had moved on to confront a changed situation.

12

Some remarks on the *métiers d'art*

François Crouzet

This volume lies at the confluence of two themes in which the Achievement Project has been greatly interested. These themes are, on the one hand, the development of a skilled labour force, particularly in the *métiers d'art*, in capital cities of the early modern period, and, on the other, the 'consumer revolution', especially for luxury goods. In fact, they are two complementary and interacting aspects of the same problem – luxury.

Economic historians have neglected the problem for too long, as Daniel Roche and Michael Sonenscher rightly stress.[1] Admittedly, Werner Sombart put luxury at the heart of the development process many years ago, but he has long been forgotten.[2] Later writers concentrated on the origins of modern large-scale industry, on the Industrial Revolution, and on developments that were seen as having announced or prepared its coming, such as the putting-out system or the royal manufactories and other centralized establishments. As a basic characteristic of modern industry is the mass production of standardized and cheap articles, the trades that made luxury goods have been considered in contrast as a dead end, completely distinct from the highway to economic development. To some writers, such expressions as 'luxury goods' or 'luxury industries' are more or less dirty words, and France is often condemned for having unduly developed that sector. Moreover, for a long time, historians concentrated on production and neglected consumption;

[1] *The Achievement Project Newsletter* (cited hereafter as *APNL*), iii. 1, 9, and Roche's chapter in this volume.

[2] W. Sombart, *Der moderne Kapitalismus*, Berlin, 1902.

processes of making goods overshadowed the goods that were fabricated.[3] Historians of fine and decorative arts, for their part, adopted an aesthetic (or antiquarian) rather than economic approach; they were more interested in fine objects and the achievements of individual artists than in market mechanisms. Only recently have objects been considered as global social facts, which must be looked at from a number of different angles.[4]

The economic history of the two capital cities, London and Paris, was also long neglected. The seminal articles by E. A. Wrigley and T. C. Barker, which pointed out that London had played an important role – to say the least – in English economic history, including the Industrial Revolution, are relatively recent.[5] As for Paris, the idea, current in the 18th century, that it was neither a commercial nor a manufacturing city, has remained influential. The few great undertakings, which were the forerunners of modern industry, such as the engineering workshops of the Périer brothers at Chaillot, or the cotton-printing factory of Oberkampf at Jouy-en-Josas, have attracted more attention than the city's craftsmen. It is true that research on Paris is not easy, as Roche points out: some sources are scanty, others too massive.[6] Nevertheless, the papers in this volume demonstrate that the economic activities of the French capital in the 18th century are no longer *terra incognita*. The following are some reflections, generated by a reading of these papers and a number of other works.

My first point concerns the international character of the production of and trade in luxury goods: the necessary skills, the technological know-how and *savoir-faire* were often imported from abroad by immigrants, who either came of their own volition or were attracted by government offers, or were refugees fleeing persecution abroad. Indeed, in the 16th century, and even in the 17th, England and France were backward, especially in the production of many luxury goods, relatively to the two traditional centres of Europe's economy and culture, Italy and the Low Countries.[7] This brought about a transfer of skills by immigrants from those two regions. It is likely that France managed to close the gap earlier than England, so that she became in turn a centre for

---

3As for studies of artisans and craftsmen, they were mainly devoted to legal aspects: guilds, their organization, their privileges, their disputes, etc.

4See *supra*, the articles by Miller and Roche; also *APNL*, iii. 1, 9.

5E. A. Wrigley, 'A simple model of London's importance in changing English society and economy, 1650–1750', *Past and Present*, xxxvii, July 1967, 44–70; T. C. Barker, 'London and the great leap forward', *The Listener*, 29 June 1967, 845–7; and 'London and the Industrial Revolution', *History Today*, February 1989, 45–51.

6For instance, the probate inventories (inventaires après décès), from the *Minutier central des notaires parisiens*. They are a source for the 'new history' of clothes, while the traditional *histoire du costume* only used literary and iconographic documents.

7In the 17th-century Spanish Netherlands, the making of *objets d'art* had become a significant industry.

the diffusion of skills, to the benefit of the latter, especially through the Huguenot diaspora. In the 18th century, however, the British did not need any more teaching; by now, they were exporting their skills, mostly though not uniquely, in the field of the new industrial technology.

From Henry VIII in England to Henri IV and Colbert in France, both English and French sovereigns and their ministers repeatedly tried to entice skilled foreign craftsmen, particularly those who made luxury goods, to settle and work under their protection. This was not simply a matter of prestige, as some writers have maintained. Imports of luxury goods weighed heavily in the balance of trade of the two countries; at least, contemporaries were persuaded that they created an 'unfavourable balance'. A policy of import substitution, combined with the 'importation' of foreign experts, was by no means unjustified. The prohibitions on foreign goods, which were often typical of such policies, therefore made a contribution to technological progress – for instance, those of foreign tapestries, which Henry IV prohibited in 1601 and 1607, and those of most French manufactures which were imposed in England from 1678 onwards.

Some high-ranking individuals of foreign birth also had influence. These included the two Florentine Queens of France, Catherine and Marie de Medici, and the Italian cardinal-minister Mazarin. In 1564, Louis de Gonzague had been made duke of Nevers (in Central France); he became the patron of the three Italian brothers Conrade, who in 1584 established ceramics works in Nevers, where they earned a high reputation for their imitations of Urbino majolica.[8] Moreover, 'immigrants' – from princesses to craftsmen – brought with them new patterns of consumption and new expectations. They demanded and soon organized a supply of the goods they had enjoyed at home, and so contributed to the creation of markets for new commodities.[9] On the other hand, the aristocracy, which was the consuming class *par excellence* of luxury goods, was also relatively cosmopolitan. Some of its members had travelled abroad and so were open to foreign novelties. However, some artefacts travelled 'unaccompanied', independently of human migration. This is particularly true of certain products of the Far East, which became the rage in Western Europe. Such products were imported in huge quantities, as the discovery of several wrecks has recently shown in the case of porcelain,[10] and they were later to be widely imitated in Europe.

Rehearsed in this volume is much striking evidence of the transfer of skills

---

8G. Fontaine, *La Céramique française*, Paris, 1946, 26–30.

9This was stressed at the 1992 conference of the Achievement Project about Continental refugees who came to England in the 17th century; it is also probably valid for the many Italians who settled in France; *APNL*, ii. 2, 2.

10See, for example, D. Carré *et al.* (eds), *Le San Diego. Un trésor sous la mer*, Paris, 1994, a catalogue of an exhibition of objects found in the wreck of a Spanish ship which was sunk by the Dutch in 1600, off the Philippines; 1200 pieces of china have been recovered.

by migrants, who were almost indispensable at a time when technology was empirical and learning was only by doing. Elsewhere, Gloria Clifton has demonstrated that the making of scientific instruments was created in London by immigrants from the Low Countries, during the second half of the 16th century. Gun-making was also established by foreigners, with the encouragement of Henry VIII.[11]

In the 16th century, goldsmiths travelled a good deal, and the large market of Paris attracted foreign goldsmiths, especially from Flanders. Under François I, however, only a handful of them managed to be accepted as masters. Michèle Bimbenet-Privat nevertheless stresses the inflow of Flemish goldsmiths, which started from the 1560s, as a consequence of the 'troubles' that devastated the Low Countries. Their life was difficult, as they were not accepted by the guild of Parisian goldsmiths: they had to work clandestinely, as ill-paid subcontractors to French masters, and were harassed by the guild's officials. However, in 1584, Henry III revived for them the old guild of lapidaries (its members were all Flemish or Portuguese, i.e. Jewish), who cut diamonds and other stones, which were then mounted by goldsmiths. The cutting of diamonds and precious stones, in fact, was a peculiarly Flemish skill, which the Parisians did not master. Thanks to the Flemish refugees, diamonds became fashionable in later 16th-century France, especially to be set in buttons and so to embellish clothes.[12] In the same period, under Elizabeth I and James I, dozens of Flemish and German goldsmiths, lapidaries and diamond cutters were active in London (though many of them were birds of passage).[13]

The book trade – particularly binding – provides a different example. During the first half of the 16th century, the binding of books in gilt leather gradually became dominant in Paris. This new process had come from Italy, but Fabienne Le Bars does not mention any binder and/or gilder who had an Italian origin or even a name with an Italian consonance. She only mentions that many leather-bound books had been brought back during *les guerres d'Italie* and that some collectors sent their books to Italy to be bound there.

However, some other, important instances of contributions by foreign

---

[11]*APNL*, i. 2, 4–5. On the other hand, although a Spanish monk was among the first to sign an astrolabe in Paris (in 1542), he is likely to have been an itinerant craftsman; all the other makers of scientific instruments whom Turner mentions in 16th-century Paris were obviously French.

[12]Flemish influence also made its mark in the more simple designs of goldsmiths' works and in the use of Flemish engravings and paintings as sources of decorative motives. See Bimbenet-Privat, *supra*, pp. 37–8.

[13]I have been unable to use: D. Mitchell (ed.), *Goldsmiths, Silversmiths and Bankers. Innovation and the Transfer of Skill, 1550 to 1750*, Stroud and London, 1995. According to J. Boulton, in *The Economic History Review*, xliv, 1996, 604, 'many of the authors emphasize the huge contribution to product design and development made by immigrant craftsmen', and their persistent influence.

immigrants to the Parisian luxury goods industry must be quoted.[14] The first is *ébénisterie*, that is cabinet-making, but in its narrow, original meaning, of making cabinets in ebony (*ébène*). It was introduced in Paris by joiners, from Germany and the Low Countries, who were experts in working with the material. These men built cabinets with veneers of carved and engraved ebony. The probate inventory of Queen Catherine de Medici (1589) mentions a number of cabinets and tables that either came from Germany or are identified by the term *façon d'Allemagne*. Henry IV also encouraged this innovation, by setting up in the Louvre – along with other artists and craftsmen – several *ébénistes*, as well as Pierre Boulle, who had come from Neuchâtel. Later, under Louis XIV, some of the cabinet-makers who were working at the Royal manufactory of furniture (better known as Les Gobelins) were Italian or German; they were more skilled than their French contemporaries in marquetry, veneering, and mosaic work. In the 18th century, many Germans worked in the Parisian furniture industry. They included some celebrated names, such as J. F. Oeben, J. H. Riesener and A. Weisweiler, as well as the three Van Risen Burgh, with their famous B.V.R.B. signature, who were of Dutch origin. All were attracted by the opportunities that Paris offered; none brought new techniques.[15]

As for tapestries, three Flemish *lissiers*, Jérôme and Marc de Comans (or Coomans) from Antwerp and François de la Planche from Oudenarde came to Paris in 1601. Granted important privileges by Henri IV in 1607, they settled in dye-works that had belonged to the Gobelin family, and started making 'Gobelins tapestries'. This establishment was to be reorganized by Colbert and to become in 1667 the Royal manufactory of Crown furniture.[16] It is interesting that in England the tapestry factory at Mortlake, which was created under the patronage of James I in 1619, employed 50 weavers who had been brought over from Holland.[17]

Finally, the Manufacture royale des glaces was established in 1665 in the Faubourg Saint-Antoine. It employed 13 Venetian specialists who had been enticed to France by secret agents. Two of them, however, were murdered in 1667 by Venetian agents, and the others were so frightened that they had to

[14]J.-J. Gautier, in this volume (p. 204), mentions that the machines (we might say the 'special effects') at the Versailles fêtes of 1664 were the work of a gentleman from Modena, Carlo Vigarini, who had previously served Mazarin. Italians were experts in settings and machinery for the stage.

[15]C. Frégnac (ed.), *Les Ébénistes du XVIIIe siècle français*, Paris, 1963, 17 (a volume that contains outstanding historical introductions by the great economic historian, the late Jean Meuvret); and S. Faniel (ed.), *Le XVIIe siècle français*, Paris, 1958, 36. At the end of the *ancien régime*, one-third of Parisian cabinet-makers were of foreign origin.

[16]Faniel, *op cit.* (n. 15), 127.

[17]G. Davies, *The Early Stuarts. 1603–1660*, Oxford, 1945, 378–9.

be sent home. Nevertheless, the enterprise survived and prospered, to become eventually the large multinational company of Saint-Gobain.[18]

This might support a conclusion drawn by Penelope Gouk in 1991: 'that the role of aliens needed careful reappraisal'. Indeed, the part that foreign migrants played in the diffusion of skills must not be overestimated, especially in some trades. From the studies on instrument-making and gun-making in London, it is clear that foreigners were only important when those trades were started.[19] Admittedly, in the late 17th century, under James II and William III, foreign artists and craftsmen were prominent in the fine and decorative arts, particularly because of the arrival of Huguenot refugees after 1685 and Dutch immigrants in the wake of William of Orange's accession to the throne.[20] As Larry Stewart has pointed out, cross-cultural contacts between members of three different nations, for instance in London coffee-houses, must have helped to establish a creative atmosphere.[21]

Still, the contribution of Huguenots to the English luxury industries has been a matter for discussions that have not always been entirely objective, both at the time and among later historians. To start with, a distinction has to be made between refugees who had fled from France and their second- or third-generation descendants, many of whom had been fully anglicized. John Dollond (1706–61) for instance, the inventor of achromatic lenses, had been born in London in a family that had come from Normandy; except during his last years, he was a weaver in Spitalfields.[22] Undoubtedly, the Huguenots did not create the silk industry of Spitalfields. According to Rothstein, they brought to that industry some capital and better organization rather than technical novelties. Indeed, few of them had come from Lyon, though some refugees from Nîmes and Tours had experience in the silk industry. A large majority of Spitalfields weavers were English, and Huguenots never exceeded 20 per cent of the members of the Weavers' Company. On the other hand, some outstanding designers of silks in the 18th century were of Huguenot origin.[23]

---

[18]C. Pris, *Une grande entreprise française sous l'ancien régime. La manufacture royale des glaces de Saint-Gobain (1665–1830)*, 2 vols, New York, 1981, i, 4–6. Many more examples of foreign craftsmen, who were enticed to France by Colbert, could be quoted.

[19]*APNL*, i. 2, 4–5. After the mid-16th century, the gun trade was 'predominantly English'; and although there were Huguenot instrument-makers, they were never a major force in the trade.

[20]From D. Ormrod, 'Assessing achievement in the fine and decorative arts: London, 1660–1730', paper given at the Amsterdam conference of the Achievement Project, March 1994.

[21]'Consuming philosophy: artisans, mechanics, and coffee house philosophers', paper given at the 1992 conference of the Achievement Project; cf. *APNL*, ii. 2, 3–4.

[22]*Cf.* R. Sorrenson, 'Dollond and Son', paper given at the Windsor conference of the Achievement Project, December 1990.

[23]*APNL*, i. 2, 4; R. D. Gwynn, *Huguenot Heritage. The History and Contribution of the Huguenots in Britain*, London, 1985, 67, 69; and Tessa Murdoch, *The Quiet Conquest. The Huguenots 1685 to 1985*, catalogue of an exhibition at the Museum of London, 1985, 289.

In decorative arts, the role of Daniel Marot, who had come to England in 1684, was certainly important. He was William III's architect at Kensington Palace and Hampton Court, and is said to have been the first in England to harmonize the architecture of a building, its internal decoration and its furniture. He introduced new models of chairs and furniture in the Louis XIV style. A book of drawings that he published in The Hague in 1702 is said to have had a strong influence upon English furniture in subsequent decades. Moreover, several Huguenot cabinet-makers worked in London (for instance Jean Pelletier, who made carved and gilded furniture), but in general a French influence upon English furniture is far from obvious.[24]

On the other hand, Huguenot silversmiths (of whom there were several dozen in late 17th-century London) introduced a new technique – casting silver, which replaced embossed work. They also introduced new objects, such as pilgrim-bottles, soup tureens, *écuelles* (shallow bowls with a lid), and sauce-boats. Those innovations were successful, and they were imitated by English silversmiths, who hired Huguenot journeymen. According to Joan Evans, Huguenots were dominant in the crafts of goldsmiths and silversmiths in England from 1680 to 1775. This looks a strong claim: it should not be forgotten that the two major artists, Paul Crespin and Paul de Lamerie, were second-generation men.[25] Huguenot craftsmen are also said to have introduced medallions and small busts made of ivory (two of them had been trained in Dieppe, the centre in France for ivory work), as well as the making of small artefacts in tortoiseshell or in horn. And the pattern-books of drawings and models that were published by Daniel Marot and the ironsmith Jean Tijou are said to have been widely used by English artists and craftsmen.[26]

Nonetheless, I wonder whether the hagiographic propensity, which is so strong in many writings about Huguenot refugees, has not gone somewhat too far.[27] Fortunately, there is a trade – clock- and watch-making – that has been studied in depth, and brilliantly, in David Landes's *Revolution in Time*.[28] Protestants were over-represented among the leading French watchmakers of the 16th and 17th centuries. The persecutions of Huguenots by Louis XIV almost destroyed the French watch industry, as many craftsmen, including some of the most talented, emigrated. The French watch industry was never to recover from that blow. A number of emigrants settled in England, but

---

[24]Gwynn, *op. cit.* (n. 23), 73–4; Murdoch, *op. cit.* (n. 23), 183.

[25]Gwynn, *op. cit.* (n. 23), 72–3; Murdoch, *op. cit.* (n. 23), 229.

[26]Murdoch, *op. cit.* (n. 23), 162, 184, 205, 255. Jewellers and watchmakers also used design books published in London by Simon Gribelin, in the 1680s and 1690s.

[27]This is recognized by Gwynn, *op. cit.* (n. 23), 61, although he is not immune to this inclination.

[28]David S. Landes, *Revolution in Time. Clocks and the Making of the Modern World*, Cambridge, Mass., 1983, 93, 223–7, 230–31; also Murdoch, *op. cit.* (n. 23), 243.

Landes considers that the latter did not need them in order to attain the primacy it enjoyed in horological manufacture, from the late 17th century onwards. For a century England had already possessed every advantage that was necessary for that achievement, from both the technological and the commercial point of view. Moreover, there was an amazing group of inventive makers, whose roots were purely English.

Nevertheless, one crucial invention was made by immigrants. Nicolas Facio, a mathematician from Geneva who was working in London with two refugees from Paris, the Debaufre brothers, 'learned to pierce rubis and used them as bearings and end stones for the balance staff' of watches, which thus kept time much better. They applied for a patent in 1704, but this was refused, because of opposition from the English Clockmakers' Company. The new system was widely adopted by British makers but ignored on the Continent. For a century, England was to enjoy a monopoly of watch jewelling (*empierrement*), and of the improvement in time-keeping that it offered.[29]

Foreign immigrants undoubtedly played an important role in the origins of several luxury trades, both in Paris and in London. But this role, which had a number of variants, was never decisive in the development of those trades. Foreigners were always a minority, and there was no trade in which they remained dominant.

In many cases, immigrant craftsmen (including Huguenot refugees in London) had to face the jealousy and xenophobia of native artisans, and the hostility of guilds. The role of those institutions is an important problem, mentioned by most authors in this volume. However, the guilds' opposition to foreigners was rather ineffective, not only in England – where guilds were a spent force – but also in France. Immigrants settled and worked in places and neighbourhoods that had the privilege of being immune to guild jurisdiction, such as the Temple or the Faubourg St Antoine in Paris, or Soho and Westminster in London. Moreover, craftsmen who worked for the King, in particular those who were housed in the Louvre, from Henri IV onwards, also enjoyed immunity.[30] As far as cabinet-makers were concerned, Jean Meuvret thought that the guild system was strict in semblance, but was made flexible by many exceptions, so that its drawbacks were less serious than has been maintained. He even suggested that the *corps* had a positive role: they imposed standards, controlled the quality of products, and preserved some valuable professional traditions.[31] On the London side, Derek Keene has observed that guilds' records are full of negative responses to innovations,

---

[29] Landes, *op. cit.* (n. 28), 136–9.

[30] R. Mousnier, *Paris, capitale au temps de Richelieu et de Mazarin*, Paris, 1978, 201–2.

[31] In Frégnac, *op. cit.* (n. 15), 17.

but he adds that this is no proof that innovation was prevented.[32] As for the problem of the insertion of new trades into the corporate system, it is only in 1686 that the craft of book-binding and gilding was raised to the status of *métier juré*. But this late recognition was of no importance: earlier, some men were already both book-sellers and binders, while gilders were attached either to the book or to the leather trade.[33] Moreover, although guilds did not admit women, they did not prevent a number of them from being active in the luxury trades, either jointly with their husbands, or on their own. In the 18th century, the rise in prudery created a demand for men and women to have their clothes fitted by tailors of the same sex, creating conditions in which the *couturière* and the *marchande de modes* emerged.[34]

In some cases, however, guilds may have had a negative impact. M. Harris observed that the Stationers' Company was paternalistic and authoritarian; it tried to control the literary material that was printed, with the support of Parliament and the Courts, which were anxious, for political reasons, to restrict the number of master-printers and of their presses.[35] Anthony Turner admits that guild insistence upon specialization, expressed in their efforts to preserve a large number of small competing workshops, was a strategy appropriate to the luxury trades. But he finds an exception with scientific instrument-making in 18th-century Paris. There was then an increase in the aspirations of guilds to control it, to insist upon a strict definition of roles, and to limit the size of workshops and even the choice of materials. This was harmful to a craft that had changed profoundly around 1700, and in which the activities of makers crossed and recrossed the boundaries of different trades; they did not fit the stereotypes that the guilds sought to impose. This contributed to the decline of French instrument-making, which was trapped in traditional structures.[36] In addition, the division of labour, which was characteristic of luxury trades, created constant demarcation conflicts between guilds.

A major function of the guilds was to train young men through apprenticeship. In 1991, however, Derek Keene commented on our

---

[32]*APNL*, i. 2, 4. Also the papers given at the 1991 conference by Gloria Clifton and de Witt Bailey. Guilds did not hamper the development of instrument-making in London. In gun-making at its beginning, several guilds initially fought to gain control; gun-makers acquired their own guild in 1638.

[33]See *supra*, Le Bars, 14–18; also note 35.

[34]*APNL*, iv. 1, 2–3, on the conference 'Skilled women and the gendered economy of early modern England'; also Roche, *supra*, 226. Needless to say, women as consumers were a major influence as agents of changes in fashion.

[35]*APNL*, i. 2, 5. Also *supra*, ch. 3. Giles Barber considers that the French edict of 1686, separating the binders from the other book trades, gave them, of course, a guild, but the latter was of much reduced status.

[36]However, there were some other factors of the British ascendancy in instrument-making. See *infra*.

ignorance of 'the ways in which accumulations of different skills were built up and passed on at an individual level'. As far as the silk trade was concerned, Rothstein added: 'What an apprentice was taught was left to the master, but such training is almost impossible to reconstruct. One method of acquiring skill was by copying a piece of cloth exactly'. In the case of scientific instruments, which is rather special in that a considerable degree of education was necessary, especially for workmen who made the most sophisticated pieces, it is known that some London makers gave lessons in mathematics and the use of the instruments in their shops.[37] We also have evidence that practitioners of a new trade could receive their training in a neighbouring branch; instrument-makers (again), for example, might be trained as engravers or clockmakers. We also do not know much about the transmission of skills by immigrant, foreign craftsmen to 'native' workers. In some cases at least, as with the Venetians who had been imported to make plate-glass in Paris, the former were not keen to teach their art.

Of course, a common means of transmission was from father to son; actually, in many Parisian guilds, masterships were *de facto* the preserve of the sons or sons-in-law of masters. Meuvret mentions that there were 'dynasties' of joiners and much endogamy among Parisian cabinet-makers. In London, close family networks existed in the book-selling and binding trades, and some dynasties of Huguenot silversmiths – such as the Courtaulds – are well known.[38] A special case was that of the Louvre, from the time of Henri IV onwards, which has been described as a 'research centre', a nursery of craftsmen and a repository of sophisticated techniques. This may have contributed to the brilliance of Paris in the decorative arts from the mid-17th century.

This raises the question of innovation, which, whatever obstacles it met, has been a constant trait of the luxury trades (even though some of them, such as the London book trade, were conservative). Admittedly, innovation was far less frequent in production techniques than in the nature of the articles that were manufactured, in the raw materials that were used, and in the favoured 'styles' and decoration. Only hand-saws were used in the furniture trade, for example, power-saws not appearing before the 19th century. On the other hand, Giles Barber mentions the adoption in the binding trade of 18th-century Paris of 'speeding up techniques' – such as presses – which had speed of production as their aim. Large and more complex tools also came into use when, after 1750, the *style dentelle* was introduced. Barber concludes that 'the manual worker begins to give way to a more industrialized process'. Styles points out that in 18th-century England serious attempts were made to improve the quality of design in

[37] *APNL*, i. 2, 4–5.

[38] Meuvret, in Frégnac, *op. cit.* (n. 15), 16; *APNL*, i. 2, 5.

manufacturing, especially of luxury goods. The teaching of drawing to work-people was seen as essential, and designers and pattern-drawers emerged as distinct occupations, in connection with the increased use of two-dimensional paper plans and the publication of printed design source books. Nonetheless, Styles stresses quite rightly that in the 18th century there was no mass production – in the 'fordist' sense, no standardization.[39]

In the furniture trade of Paris a major innovation was the introduction and, eventually, the primacy (under Louis XV) of new woods, which came mainly from tropical countries. With these woods, such as rosewood or violet-wood, outstanding pieces of marquetry could be made. Under Louis XVI, solid mahogany (which had been used in Bordeaux from the beginning of the century) became the dominant raw material, possibly under English influence and in connection with the neo-classical taste for sobriety (it is too hard to be carved easily and is unsuitable for gilding). Cabinet-makers also used lacquered panels, which were imported from the Far East, and after 1730 the Martin brothers developed the famous varnish which bears their name and which was an amazing success. The use, after 1770, of plaques in Sèvres porcelain must also be mentioned.[40]

Another crucial innovation was the creation of new pieces of furniture, which resulted in a wide range of types being available under Louis XVI. The chest of drawers (*commode*) had emerged in the late 17th century and was widespread after 1730; then came the *secrétaire*, with writing flap (c.1730), the *chiffonier*, the easy-chair (*bergère*, c.1725), and bookcases with glass doors (under Louis XVI). Moreover, 18th-century people were very fond of furniture that had secret drawers and/or clever and complicated mechanisms, such as roll-top desks. In such cases, the cooperation of a mechanical engineer was necessary.[41]

Carolyn Sargentson has also stressed the innovative part that was played by the *marchands merciers*, who had the right to embellish the objects they sold. For instance, they had pieces of Chinese export porcelain mounted in brass work, so that an object which had been cheaply mass-produced in China became a work of art, individualized, original and expensive. Sargentson points out, however, that the creative role of the mercers must not be overestimated, as they also sold many copies and reproductions of a given artefact.[42]

---

[39]*Supra*, 52–3; J. Styles, 'Manufacturing, consumption and design in eighteenth-century England', in J. Brewer and R. Porter (eds), *Consumption and the World of Goods*, London and New York, 1993, 529ff., 544–5, 547–8. This paper was first given at the 1992 Achievement Project conference.

[40]Meuvret, in Frégnac, *op. cit.* (n. 15), 52–3, 180, 324. In England, jasper plaques, made by Josiah Wedgwood, were also used.

[41]*Ibid.*, 24–5, 54, 145, 178, 325.

[42]Sargentson, *supra*, ch. 5, 118 and 136–7.

Miller has made similar remarks about silks and their designs. There were, of course, many changes in 'fashion', but the most expensive fabrics went out of fashion rather slowly. A design might have a lifespan of 15–20 years, and it was easy to update it; most 'new' designs only embodied minor changes, and a 'fashionable' design was not necessarily original or revolutionary. Merchant-manufacturers in Lyons had their archives of designs (*fond des dessins*), from which they drew old patterns, which they altered and corrected. So replicas were common, and there was a great deal of adaptation, imitation and uncreative work (after all, many consumers had conservative tastes).[43] Miller suggests that similar practices prevailed in other luxury trades too. Designs for all sorts of objects were often modified, recycled and exploited long after their original conception. Cabinet-makers, for instance, also had their 'archives', in the form of models for bronze mounts and other products.[44] By contrast, Roche has stressed that Parisian craftsmen and merchants had a vested interest in promoting changing fashions in clothing, in order to ensure a continuing market, so that there was a strong impetus towards novelty and frequent change, an impetus that the centrality of the King's Court could only strengthen. In both Britain and France, a major innovation in 18th-century dress was the introduction of new fabrics. These included East Indian cottons (*indiennes*), initially imported from Asia, but soon manufactured – or at least printed – in Europe.[45]

Marketing was another field of innovation. Foreign visitors to London were greatly impressed by the number and elegance of the shops, but Paris also had many splendid shops, especially those of mercers in and around the rue Saint-Honoré, often richly fitted and furnished, which attracted an international clientele. Moreover, these shops could supply a wide range of goods: one of them stocked well over a thousand product lines of silks, and a mercer who went bankrupt in 1762 had a stock worth one million livres.[46]

An innovative and original experiment was the *Magasin général*, to which Augarde devotes his chapter. The *Magasin général* was started in 1722, as a store where objects would be deposited and offered for sale, but Noël Gérard, who took it over in 1725, devoted it to the sale of furniture and all objects necessary for decorating a home; certain pieces of furniture were also made on the spot. For some customers, in fact, Gérard acted as a modern decorator. This experiment was short-lived, as Gérard died in 1736, but in the 1780s, Paris had several establishments of *dépôt-vente*.

---

[43]Still, at Spitalfields, silk-makers frequently ordered new designs, in order to pre-empt changes in fashion.

[44]On the other hand, Styles (543) observes that long before Boulton and Wedgwood, it was the practice in the London luxury trades to make products according to original designs.

[45]See *supra*, Roche, 222, 226–7.

[46]Cf. *supra*, Sargentson, 120, 122–3, and 128–9, and Miller, 151.

It has been maintained that consumer manipulation by advertising was an 18th-century innovation. Undoubtedly, advertising in newspapers, the distribution of illustrated trade catalogues and of sample books, the beginnings of fashion periodicals – mainly aimed at women, were interesting developments. However, Styles considers that they must not be overestimated, and that manufacturers, such as Boulton and Wedgwood (also artists such as Chippendale), who resorted to such marketing techniques (to which showrooms in London can be added) were not typical of their age.[47]

The remarks that have been made about guilds and about innovation fully support Sonenscher's view that

> the eighteenth-century reality was far more complex than twentieth-century historians' accounts, which tend to follow the formal titles and statutes of guilds in neatly defining crafts and corporations: the production of luxury goods was marked rather by interdependent clusters of different occupations and trades – bronze founders working for goldsmiths, joiners and saddlers for coach makers and painters, etc.

Sonenscher also observes that

> the susceptibility of the luxury goods market to fluctuations ... encouraged craftsmen to adapt their skills so as to find work in alternative occupations. This engendered a culture in which technical and commercial expertise was continually modified to exploit new materials and products, and perhaps even new markets.[48]

No wonder, therefore, that the organization of work in luxury trades was characterized by an elaborate division of labour. There was also a good deal of subcontracting. Conversely, the variety and concentration of skills that were achieved in London and Paris were one cause of the two capitals' ascendancy and of the rapid growth of their luxury trades.

Although the division of labour probably went farthest in clock- and watch-making, it is also stressed by Gloria Clifton in the case of scientific instrument-making in London, which engaged experts from several crafts,[49] and by Roche, who has discovered it in dress-making in Paris, where at least five guilds were involved. Moreover, there were all kinds of intermediate situations between firms and workers who were in the 'top luxury' trades, and those who made everyday items for customers who did not follow closely the dictates of fashion.[50] Mention must also be made of Rothstein's account of the enormous diversity within the textile industry in London; over 80

---

47 Styles, *op. cit.* (n. 39), 540–2.

48 *APNL*, iii. 1, 9. Also p. 10, where it is observed that the same firm was often importer and exporter, wholesaler and retailer.

49 See Clifton's paper (n. 32).

50 See Roche, *supra*, 225.

different textile trades were located in Spitalfields, and within each of them there was specialization and subdivision of work.[51]

Furniture-making has been characterized by Meuvret as collective work, at the junction of several techniques, that demanded the collaboration of many *corps de métiers*. Among them, joiners and cabinet-makers (who belonged to two different guilds), founders and chisellers, carvers and gilders, experts in inlaid work and in passementerie, upholsterers, sculptors, and painters.[52] Similarly, as Sargentson has demonstrated, the furniture market in the 18th century depended upon a network of specialized traders, the *marchands merciers* (referred to above). 'Makers of nothing, sellers of everything', some of them had a large capital and they epitomized the complexity of the furniture trade. They supplied artisans with orders, raw materials and semi-finished goods.[53] They also created articles to their own design by combining products from various craftsmen. They sold the goods that had been made for them to order, but also articles that came from the provinces or had been imported from abroad, for instance porcelain from Saxony or China. They certainly had an important role in the evolution of French furniture, by diffusing a taste for novelty and exoticism, helping to make Paris a centre of the international luxury trade. Moreover, Meuvret considers that, with the widening of the market in the late 18th century, merchant-mercers were introducing 'commercial capitalism', that is the putting-out system in furniture-making. Artisans, even famous ones, had little or no capital, so that they needed advances from mercers, and a number of them at least fell under the control of the latter. On the other hand, mercers often had cash-flow problems, as their customers, however wealthy, demanded long credit and were rarely punctual in their payments. Hence failures were not rare among mercers, who, nonetheless, were the co-ordinators of the furniture industry.[54]

On the whole, however, the luxury trades were not penetrated by the Verlag system, which prevailed in the textile industries (strictly speaking). They were also immune to the delocalization towards the countryside and its low wages.[55] Indeed, the two capitals had a pivotal role in a nationwide system of industry and trade, as a financial clearing house, an entrepot for all kinds of merchandise, and the place for the finishing of luxury goods that had

[51]*APNL*, i. 2, p. 4. She observes that, as a consequence, there were considerable variations in the levels of practical and theoretical skills required.

[52]Meuvret, in Frégnac, *op. cit.* (n. 15), 9, 15–16.

[53]During the Paris conference, Augarde mentioned one mercer who, from 1739 to 1763, gave orders to 66 different workshops.

[54]Sargentson, *supra*, 104 and 107; Meuvret, in Frégnac, *op. cit.* (n. 15), 19.

[55]But with some exceptions, such as the London gun trade. As early as the 17th century, locks, barrels and other parts were made in Birmingham, and then assembled and sold in London; see *APNL*, i. 2, 4. Likewise, from the mid-17th century, watch parts were made in Southwest Lancashire, and then sent to London, to be assembled and put in their cases.

been made in the provinces.[56] Miller demonstrates, however, that the relations between the merchant-mercers of Paris and the merchant-manufacturers of silks in Lyon were far more complex than some writers have maintained. Paris was not the dictator to whose tune Lyon danced, and the Lyonnais were not passive executors of orders sent from Paris, in accordance with the whims of fashion. Lyon manufacturers employed designers (*dessinateurs*) who visited Paris to gather information and new ideas and to discover new patterns. All of them – mercers, manufacturers and designers – had their say in the design of silks. Between the two cities, information circulated easily and quickly: there was a constant exchange of people, ideas and products.

Anyhow, the luxury trades remained the preserve of small, even very small undertakings and workshops. Such dispersion permitted a great diversity of goods and styles to be produced in relatively small quantities. It also gave the flexibility necessary to modify products according to changes in fashion and taste – and also to adapt 'luxury goods' in order to bring them within the reach of the middle classes.[57] Even so, some London instrument-makers had large workshops, where up to 50 workmen were employed,[58] and in Paris, some outstanding cabinet-makers became quite wealthy, as did a few great horologers, who left estates worth between £13,000 and £16,000.[59]

The dispersion of production units was on a par with a geographical concentration of luxury trades within the cities, in particular districts or even streets, which brought about external economies. This was obvious in London for gun- and instrument-making and for the book trade (around St Paul's for booksellers); still, during the 18th century, there was some movement westwards, to Fleet Street, the Strand and Holborn.[60] In Paris, printers and booksellers concentrated along the rue Saint-Jacques, merchant-mercers on the rue Saint-Honoré, and the many trades involved in furniture in the Faubourg Saint-Antoine. Other trades, however, were scattered in several parts of the city.

We have known since Adam Smith that the division of labour is a function of market size, and this leads to the problems of consumption and consumerism, which form one of the two poles of this book. All available evidence suggests that the market for luxury goods enjoyed strong growth from the early 16th to the late 18th century. It has been suggested – with good reason – that an acceleration or 'critical take off' occurred in England

[56] *Cf.* Sonenscher, in *APNL*, iii. 1, 9.

[57] *APNL*, ii. 2, 3.

[58] Clifton's paper (n. 32).

[59] While the average estate in that trade was about £1000 (20,000–30,000 l.t.). See the paper by J.-D. Augarde at the Achievement Project's April 1993 conference in Paris.

[60] *APNL*, i. 2, 4–5.

around 1700,[61] while a similar development is likely to have taken place later in France, because of the difficult period at the end of Louis XIV's reign. It is tempting to try to quantify this expansion, but Roche observes that neither the extent of the Parisian market for clothing nor the volume of the employment it generated can be measured. One can only say that millions of yards of fabrics were needed each year in order to clothe a population which, from the reign of Louis XIV to that of Louis XVI, rose from 400,000 to 600,000, while its expenditure on clothes, *per capita* and at constant prices, increased markedly (much more than the corresponding expenditure on articles for everyday use, and almost as much with wage-earners as with noblemen). This was part of a 'revolution in appearances', which promoted the frequent renewal of clothes and was related to the transition from the moral economy of a traditional society to the principles of a modern consumer society.

On the other hand, some data are available on the supply side – about the number of people engaged in a few luxury trades. According to Clifton, the number of known makers and sellers of scientific instruments in London was only a dozen in the 1590s; a century later, it had risen to 183, and it reached 233 for the decade 1741–50. Although there is a likely bias in favour of the figures for the later period, the increase remains striking.[62] It has also been noticed that the number of industrial and commercial occupations that appear in London tax documents rose from 125 in the 1520s to 440 in the 1690s.[63] This confirms the view that there was a considerable accumulation of human capital in London between the 16th and 18th centuries. In Paris, when the new guild of book-binders was established in 1686, it had only 45 members, compared with about 250 by 1770.[64]

Relevant data have also been collected by Furet and Daumard, from 2597 Parisian marriage contracts of the year 1749, and by Pardailhé-Galabrun from 2783 probate inventories. The number of artisans – both masters and journeymen – and their percentage relative to the total 'populations' appear high at first sight, but my sense is that those who were involved mainly in luxury trades were a minority, and a tiny one. For instance, in their table of distribution by profession, Furet and Daumard found that 10.3 per cent of the individuals they counted were working in building and furnishing but that only 1.9 per cent were in the latter trade, with 3.9 per cent working in both occupations. On the other hand, the percentage of goldsmiths and

[61] *APNL*, ii. 1, 2.

[62] Clifton's paper (n. 32). In 1966, Taylor counted 1067 practitioners of instrument-making active in London from 1714 to 1800. Quoted from Sorrenson, who considers this count to be incomplete; still it is an impressive figure.

[63] *APNL*, i. 2, 4.

[64] See Barber, *supra*, 44.

jewellers was 3.9 per cent, which is rather high. And 13.9 per cent of the sample were in the clothing trade.[65] In Pardailhé-Galabrun's work, among the deceased in 1665 who had an economic occupation, 141 individuals – 8.5 per cent – are classified as engaged in 'decoration, luxuries'; 96 of these were painters, however, and she only found 15 goldsmiths, 6 clockmakers, 11 upholsterers and 6 glover-perfumers. Also 137 persons (8.2 per cent of the total) were engaged in *occupations d'agrément* (amenities), but almost all of them were musicians. Among the deceased, there were also 121 in the woodworking trades, but these were mainly joiners, who made doors, windows, etc., and only two of them were cabinet-makers. According to this sample, the highly skilled workforce of 18th-century Paris does not appear to have been large, and it can certainly not be asserted that luxury trades were the main prop of the city's economic activity.[66]

On the other hand, *The Birth of Intimacy* (the title of the English translation of Pardailhé-Galabrun's work) contains much evidence that, like London (though probably at a later date), Paris underwent the kind of 'revolution in consumption'[67] that Burke, Weatherill, McKendrick, Thirsk, Brewer and Porter (with the co-authors of *Consumption and the World of Goods*), and others[68] have discovered in England.[69] The corpus of 2783 probate inventories (2306 for the period 1700–90) that Pardailhé-Galabrun built up is biased to the detriment of the poorest Parisians, but it is still reasonably representative. Most of her households were cramped for room in small flats, where there was certainly less space than contemporary Londoners had. The reorganization of domestic space and specialization of rooms, to meet an increasing desire for privacy, which has been observed in 17th-century England, also took place in Paris, but only to the benefit of the well-to-do. On the other hand, Pardailhé stressed the abundance and variety of objects of all kinds that her Parisians, including people in humble circumstances, had

[65]F. Furet and A. Daumard, *Structures et relations sociales à Paris au XVIIIe siècle*, Paris, 1961, 45.

[66]A. Pardailhé-Galabrun, *La Naissance de l'intime. 3.000 foyers parisiens. XVIIe–XVIIIe siècles*, Paris, 1988; English translation (to which references are given): *The Birth of Intimacy. Privacy and Domestic Life in Early Modern Paris*, Cambridge, 1991, Table 4, 27; for details, see the French edition, 83ff.

[67]This expression has been disputed by Styles, in Brewer and Porter, *op. cit.* (n. 39), 535ff.

[68]See for example the summary of Rachel Garrard's paper on Suffolk inventories in *APNL*, ii. 2, 2.

[69]That the demand for luxury or semi-luxury articles spread earlier in England than it did in France appears indisputable. For example, according to F.-J. Ruggiu, *Les Élites et les villes moyennes en France et en Angleterre (XVIIe–XVIIIe siècles)*, Paris, 1997, 200–1, who compares the elites of two English and two French provincial towns, table-services in Chinese or Delft porcelain were not rare in late 17th-century English households, but only appeared in France in the second half of the 18th century. As for Paris, the earliest mention of oriental porcelain in Pardailhé-Galabrun's book (167) is a tea service in Japanese china, inventoried in 1720 in the house of a Canon.

accumulated. There is a sharp contrast between the austere and sober homes of the 17th century, and those of the 18th century, which contained many attractive, and often refined, pieces of furniture and ornamental objects. There was also a contrast with the situation in provincial towns (so far as we can reconstruct it) and, a *fortiori*, in the countryside. In his preface to *The Birth of Intimacy*, Pierre Chaunu estimates that the average number of 'objects' per household had been increased four- or five-fold between the early 17th and the late 18th century.[70]

As for the nature of those objects, tapestries were present in 75 per cent of the households studied, but they were intended to protect against cold and dampness rather than to serve as ornaments. Naturally tapestries from Flanders, Beauvais and the Gobelins were only to be found in the homes of very wealthy people. In the late 18th century, tapestries gave way to wall-covering fabrics. Altogether, the variety of furnishing fabrics that were used and of their colours is striking.[71]

Mirrors, both fixed on walls and those that could be moved about, were also much in evidence. They gave prestige – as they had been rare in the 17th century – as well as more light in rooms that were often dark. From the end of the 17th century, over 70 per cent of households contained mirrors. As the making of plate-glass was one of the few industries in which 18th-century France was more advanced than England, it would be interesting to check whether mirrors were less frequent in London than in Paris households. Rich people had them in profusion, and even wage-earners commonly owned one or two pieces.[72]

Speaking of furniture, Pardailhé-Galabrun describes a super-abundance of both seats and furniture for storage. Moreover, new and more elaborate models were substituted for traditional ones: armchairs displaced common chairs, and wardrobes and chests of drawers took the place of the 'medieval' chest. However, sophisticated pieces – such as *chiffoniers*, corner-cabinets, *secrétaires*, writing desks, bookcases – remained rare, being found only in wealthy homes.[73]

An important novelty of the 18th century was the diffusion of earthenware in Parisian households. Before 1720, objects in earthenware were only used as ornaments, for example on mantelpieces. Later, however, the number and variety of earthenware plates, dishes and other items increased very rapidly, even in humble households. Conversely, pewter became increasingly rare after 1750. However, porcelain services remained the prerogative of the rich, and most Parisians only had a few pieces of china, as ornaments.[74] Actually,

[70]Pardailhé-Galabrun, *op. cit.* (n. 66), xiv.

[71]*Ibid.*, 147–53; 65 per cent of households had window curtains.

[72]*Ibid.*, 164–7.

[73]*Ibid.*, 101–3, 105–12.

knick-knacks and bibelots of all kinds, and other objects for display (vases, snuff-boxes, statuettes, etc.) multiplied during the 18th century. Likewise, clocks – either *pendules* or grandfather clocks – had been rare under Louis XIV, but were to be found in 40 per cent of households after 1750.[75]

In the realm of cultural goods, 42 per cent of 18th-century households contained books, a percentage that rose to 51 per cent after 1750. A quarter of those who owned books had over a hundred of them, that is a 'library'.[76] On the other hand, musical instruments were rare, except in the homes of musicians and instrument-makers; scientific instruments were still more so.[77] However – and this was one of Pardailhé-Galabrun's most important discoveries – Parisians were well supplied with paintings and engravings, which were found in the homes of 67 per cent of the deceased (72 per cent after 1750), with seven or eight of them on average per household. Still, of the pictures whose subject-matter is known, 52 per cent had a religious theme. Moreover, 45 per cent of households contained devotional objects, such as crucifixes and reliquaries. It remains to be seen whether images were as frequent in the non-Popish, Protestant city of London.[78]

Undoubtedly, the accumulation of luxury and semi-luxury goods – which had started in the 17th century among the middle classes of London and even the groups with middling wealth (tradesmen, artisans) that had acquired quantities of such objects as clocks, engravings, earthenware, cutlery, window curtains, etc. – spread to Paris in the 18th. Although population grew more rapidly in London than in Paris, it must be assumed that in both cities there occurred a considerable and increasing production of these various artefacts.

This observation, however, does not square with some received wisdom, which, on both sides of the Channel, deduces – from price and wage indexes – that real wages fell during the 16th and early 17th centuries, and again from the mid-18th century onwards. Needless to say, many people who benefited from the 'revolution in consumption' belonged to the upper and middle classes; their real incomes actually increased because of the sharp rise in rents (in the second half of the 18th century particularly) and in commercial and industrial profits. Nonetheless, Pardailhé-Galabrun's research has shown that wage-earners also benefited from the 'revolution in consumption'. This apparent discrepancy has been explained by Jan de Vries. As he has shown,

---

[74] *Ibid.*, 97–8.

[75] *Ibid.*, 167–70. Objects used for games of all kinds (but mostly parlour games) were found in 22 per cent of the households visited by notaries between 1720 and the 1790s (103–5).

[76] *Ibid.*, 174–88. At the Amsterdam Symposium of the Achievement Project, Pat Rogers quoted a passage from Lorna Weatherill, who had found that 18 per cent of London households (gauged in probate inventories) possessed books in 1675, and 52 per cent in 1725.

[77] *Ibid.*, 188–95.

[78] *Ibid.*, 153–64, 195–212.

before the Industrial Revolution there was an 'industrious revolution' not only in Britain but also on the Continent and in North America.[79] Its characteristics were a higher participation rate, more intense work, less leisure, and a fall in concealed unemployment and under-employment. As a consequence of this effort, which was motivated by the desire to acquire consumer goods, purchasing power increased, despite the fall in real wage-rates. A fall in the prices of some manufactured goods – thanks to the greater division of labour and some use of machinery – helped. Also relevant was the resale by well-to-do people of articles that were somewhat worn out or no longer fashionable, so that people 'in humble circumstances' were able to acquire them cheaply.[80]

Although De Vries's hypothesis is attractive, more research is needed to confirm its validity. The major objection is that, according to all calculations, 18th-century rates of growth for both global and per capita gross domestic product were modest, in Britain as in France.[81] A rapid expansion of demand for consumer goods in large cities such as London and Paris would only have been possible if there had been a massive transfer of purchasing power to their advantage. Actually, it was only during the first half of the 18th century – especially in the 1730s and 1740s in England, that internal terms of exchange moved against agriculture.[82] It should be added that the population of Paris was heavily burdened by high indirect taxes on consumption.

At all events, the role of demand in the 'revolution of consumption' is stressed in de Vries's thesis, as it is in most case studies of luxury trades. For Clifton, the birth of scientific instrument-making in London was an aspect of the Renaissance and of the growing interest in science at the Court and among the very rich. Anthony Turner, on the other hand, considers that instrument-making became an independent and specialized trade thanks to the scientific revolution of the 17th century, which increased both the types of instruments to be made and the demand for them.[83] Several writers, in fact, have stressed the stupendous increase in the trade of London and in activities that were linked to it, such as shipbuilding, insurance, and the like. This enrichment created a huge demand for quality articles. The Court, though smaller than that of Versailles, also created a demand, as did the nobility and gentry, which the Parliamentary session attracted every year to

---

79J. de Vries, 'Between purchasing power and the world of goods: understanding the household economy in early modern Europe', in Brewer and Porter, *op. cit.* (n. 39), 85–132; this paper was first given at the Achievement Project conference of May 1992.

80See Roche, *supra*, 226, on *fripiers*.

81The '18th century' here is taken to end in the 1780s, especially for France, which had a negative rate of growth during the 1790s.

82Rents rose faster than agricultural prices, especially in France, but only part of the national aggregate of rents was being spent in Paris.

83See the paper by Clifton (n. 32), and Turner, *supra*, 75, also Sorrenson paper cited in n. 22.

Westminster, from 1688 onwards.

Writing of Paris, Meuvret stressed, years ago, the leading role played by the sovereigns, their families, and the *grands seigneurs*. These groups were imitated by the Parisian bourgeoisie, which was getting wealthier and bought more and more luxury goods, especially fine furniture. In this way, the market widened very considerably in the 18th century. Moreover, many new country houses (*châteaux*) were built in Ile-de-France, and many *hôtels* (in the sense the term had at the time, i.e. large private town houses) in Paris, so creating a huge demand for quality furniture and other ornaments. Indeed, there was a 'furniture mania', according to Meuvret: among the nobility in particular, both men and women became interested in furniture and decoration. Under Louis XVI, people thronged to cabinet-makers' shops, to view their novelties. The sumptuousness of furniture had become a criterion of social success.[84]

Historians, therefore, have privileged demand as a factor in the development of the market for luxury goods and works of art. But many economists have disagreed and stressed instead the supply side. Joel Mokyr, for whom technological progress was the *primus movens*, is typical of this group, although he concedes that the nature of demand can serve to orient production.[85] It can then be maintained that the structure of demand in the two capitals directed their skilled labour force towards the making of luxury goods, the production of which could hardly be mechanized, and diverted them from the super-highway of technological progress. After all, the Industrial Revolution started neither in Paris, not even in London, but in little-known small towns in the North and Midlands of England. Admittedly, Theo Barker and others have stressed the many links between London and the provinces, which gave to the capital a major, though indirect, role in the Industrial Revolution.[86] Still, it may be argued that an inventor such as Vaucanson spent much time in building automata, instead of perfecting weaving looms for silks – a task that he left to Jacquard, decades later. The importance in France, and especially in Paris, of luxury industries might have been one cause of the French lag behind Britain in the Industrial Revolution.

A last problem that deserves attention is the rivalry between London and Paris as centres for the production of luxury goods.[87] With their usual modesty, French authors writing about *L'Europe française au siècle des lumières*[88]

---

[84]Meuvret, in Frégnac, *op. cit.* (n. 15), 10, 12–13, 18–19, 52, 177.

[85]Abstract of his paper at the 1992 Achievement Project Conference, 'The Industrial Revolution and the Consumer Revolution', in *APNL*, ii. 2, 4. See his earlier article: 'Demand vs. supply in the Industrial Revolution', in J. Mokyr (ed.), *The Economics of the Industrial Revolution*, Totowa, NJ, 1985, 97–118.

[86]T. C. Barker, 'London and the Industrial Revolution', and his earlier 'London and the great leap forward', cited in note 5.

[87]*Cf.* Sonenscher, in *APNL*, iii. 1, 9–10.

assume that French works of art and luxury goods invaded the whole of Europe, without meeting any competition. This is not entirely untrue. Roche points out that Parisian fashions in clothes were taken up all over Europe: at least among the upper classes, as he shows, they determined changes in patterns of consumption, with the result that *costumes à la française*, for both men and women, came to be widely diffused.[89] Similarly, Sargentson considers that Paris was *the* international market for luxury goods. In fact, French exports of furniture did greatly increase, particularly under Louis XVI: in addition to their existing markets in Germany, Poland, Russia and Scandinavia, they penetrated new ones, notably in Holland, Spain and Portugal. Marks of this trade can be seen nowadays in countless great houses and palaces, including many in Britain, where connoisseurs did not wait until the revolutionary sales of Versailles furniture to acquire French *meubles*.[90] In book-binding, according to Barber, the top fashions of Paris were a matter of international interest, and binding designs were copied all over Europe, including in London.[91] Englishmen, in fact, long remained obsessed by the threat of French competition for luxury goods, but the importing of the latter continued, despite prohibitions and campaigns by the 'Association of Anti-Gallicans' and its like. While English tourists often brought back goods they had bought in Paris, it does not seem that Frenchmen did much 'shopping' in London.[92]

On the other hand, although England did not export furniture to Europe (except to Germany), there was a large and growing captive market in the colonies of America, especially in the Thirteen colonies.[93] In watch-making, English makers had been dominant since the end of the 17th century and were probably responsible for half of Europe's total output. Paris had some great *horlogers* – Julien Le Roy and later Abraham Breguet, among them. But the watch industry largely collapsed during the second half of the 18th century, and most of the 'French watches' of that period were in fact made in Geneva.[94] As for the production of elegant and technologically superior fire-

---

88 The title of a book by L. Réau (Paris, 1938).

89 However, at the end of the *ancien régime*, anglomania had some influence upon male clothes in France.

90 Meuvret, in Frégnac, *op. cit.* (n. 15), 19, 176.

91 Likewise, thanks to anglomania, English design gained some influence on French binders; *supra*, Barber, 61–2.

92 In 1784, the marquis de Bombelles wrote to his wife, who belonged to the circle of Louis XVI's sister: 'Je rapporterai épingles, éguilles et tafetas à Mde Elisabeth, mais mandes moi la quantité et la qualité'. This is a limited range. See Marc de Bombelles, *Journal de voyage en Grande Bretagne et en Irlande. 1784*, ed. J. Gury, Oxford, 1989, 338.

93 But even before 1776, colonial craftsmen were able to make elegant and sophisticated 'early American' furniture.

arms, London was to supersede Paris by 1820.[95]

Scientific instruments are a special and most interesting case.[96] Obviously, London enjoyed many advantages in this branch, on both the supply and the demand side. Government needed many instruments, most obviously for the Royal Navy, and many others were bought by the private sector. In contrast with London, which was the base of a large merchant fleet, Paris was not a sea-port and its instrument-makers only worked for a local, and relatively small, clientele. Unlike their London competitors, they did not export. They lacked the broad commercial basis, which was needed to finance innovation and then large-scale production. Turner, however, prefers to stress institutional and social factors. Instrument-makers needed some competence in mathematics and hence close relations with savants. Such collaboration took place in both London and Paris in the late 17th century. It was maintained in London, where in the course of the 18th century the Royal Society was to elect as fellows a dozen or so makers who had contributed to scientific progress. In Paris, on the other hand, the fruitful interaction between makers and members of the Académie des Sciences flagged from the 1710s and had come to an end by 1750, to the detriment of the trade. Turner sees the Académie's attitude as a reflection of an increasingly hierarchical attitude in French society at large.[97] London makers, moreover, enjoyed *de facto* liberty. The apprenticeship system there was loosely controlled, and there was no restriction on workshop size, so that some makers developed large, well-organized establishments, with consequent improvements in quality and price. In Paris, the trade remained rigidly structured by guilds, as was mentioned earlier. Owing to these many handicaps, Parisian makers in the second half of the 18th century failed to capture the growing market for precision instruments, for which capital and large workshops were needed. This failure was already visible in the 1750s and 1760s, and it became blatant in the 1780s, with the result that French scientists (especially astronomers) came to depend on precision instruments from England. Instrument-making in Paris had run into an impasse created by rigid trade and social structures, which made it unable to respond to change.

This example might have more general import. Instrument-making is on the boundary of the 'luxury trades', if not beyond it: sextants, which thousands of sea captains used, are hardly luxury goods. It might as well be

---

[94]See *supra*, 269, and Landes, *op. cit.* (n. 28), 225–7, 230–1.

[95]*APNL*, i, 2, 4.

[96]See Turner, *supra*, 82–7, also 271; also the paper by R. Sorrenson, mentioned earlier (n. 22).

[97]Sorrenson quotes the French Royal astronomer Cassini, who wrote in 1788: 'Les Ramsden, les Dollond sont géomètres et physiciens, nos meilleurs artistes ne sont qu'ouvriers'.

considered as a sophisticated branch of engineering, more mechanical than artistic. That the British surpassed the French in that branch – as they did in watch-making, which is also precision engineering – has some bearing upon their role of pioneers in the Industrial Revolution.[98] And once again, institutional and social factors are related to French shortcomings.

Finally, it is well known that, from the 1780s onwards, British products of the new technology, such as cottons, iron goods and ceramics, invaded Continental markets, including the French market after the treaty of 1786. Earlier, too, a very wide range of English artefacts, which were not really luxury goods, but rather 'articles of comfort' for everyday use, associated with a new way of life *à l'anglaise*, had penetrated in French-speaking Switzerland and in Geneva, despite the distance that separated those regions from England.[99] This suggests that there occurred not one but several 'revolutions in consumption'. The first of them, starting in the 17th century, had diffused luxury and semi-luxury goods mainly among the upper and middle classes: it came to England earlier than in France, but had started in the Low Countries. The second one was concerned with more common, sometimes mass-produced articles, for a wider clientele. Undoubtedly, it originated in England, and England was to be its main beneficiary, even though the French had primacy for many lines of luxury goods, in the 18th, as also in the 19th century. A third one was to spring up in America in the 20th century.

---

[98]See Landes, *op. cit.* (n. 28), 235, where the role of clock- and watch-making in the development of industrial technique is stressed. The machines of clock- and watch-makers were the models for the bigger metal-working machine-tools of the Industrial Revolution, and their craftsmen constituted the biggest pool of skilled mechanics in Britain.

[99]This trade is described at length in the important doctoral thesis of H. Jahier, 'Angleterre et Suisse Romande: étude sur le commerce international au XVIIIe siècle', University of Paris-Sorbonne, 1995.

13

Producers, suppliers, and consumers: reflections on the luxury trades in Paris, *c.*1500–*c.*1800

Gillian Lewis

In October 1749 the Comte de Stainville (better known by his later title of Duc de Choiseul) admitted in a letter to his friend the Duc de Nivernais that he had still not paid for some paintings by Gérard Dou which he had bought some seven or eight years earlier, nor for 'the fittings of my house and the ground at the end of my garden.' He spoke ruefully of 'the unhappy facility of buying without paying' and remarked that 'in sound morality necessities take precedence over superfluities. The superfluities are the pictures; the necessity is to pay the debts. But I should prefer to spend rather more to have something beautiful than to fall into mediocrity.'[1]

In failing to settle his bills promptly, in spending on household furnishings for entertaining and for display as well as on *objets d'art* for pleasure, and in regarding such behaviour as somehow incumbent upon a nobleman of taste anxious to avoid the imputation of 'mediocrity', Stainville was typical of the grander patrons with whom the skilled tradesmen and luxury dealers of 18th-century Paris had to deal. By the late 18th century, however, as recent work in this field has shown, and as the papers in the present volume confirm, the clientele of such tradesmen had grown to include a broad band of consumers who were merely prosperous, and who bought (in shops open to the public) articles which were not only ready-made (as distinct from bespoke) but which had been produced by processes more or less industrial.[2]

---

[1]Rohan Butler, *Choiseul.* Vol. I. *Father and Son 1719–1754*, Oxford, 1980, 475 and 798.

[2]Annik Pardailhé-Galabrun, *La Naissance de l'intime. 3000 foyers parisiens XVIIe–XIXe siècles*, Paris, 1988. An English translation has since been published as *The Birth of Intimacy. Privacy and Domestic Life in Early Modern Paris*, Cambridge, 1991.

None of this was, in principle, new. Printed books, after all, had been manufactured in this way from the beginning, and even ready-made manuscripts had been on display to casual purchasers as long ago as the 15th century. In any case not all the products of skill and of highly organized co-operation were luxuries. It might take the efforts of a whole chain or producers and processors, from Polish farm-hands, via Baltic seamen, Frisian sea-captains, Zeeland warehousemen, Hollander bankers, Rhenish bargees and German bakers to turn Silesian grain into loaves of bread for the inhabitants of Cologne. Some university students had been able to afford globes or musical instruments even in 16th-century Oxford,[3] and many specialized textiles all over Europe had been the product of industrial manufacture long before Oberkampf set up his factory at Jouy.[4]

Even so, in the medieval and the early modern world the principal consumers of luxury goods had been princes and prelates, noblemen and gentlemen, royal officials and judges, merchants and bankers who had public standards to keep up and establishments to maintain in a manner fitting to their station. They had to entertain on a lavish scale and could not afford to ignore the requirements of 'parade'. Such considerations affected the quantity and the character of their outlay on everything: buildings and furnishings, gardens and collections, horses and carriages and saddlery, clothes and jewellery, food and drink. Customers for luxury goods of this kind were almost invariably heads of households, or their wives, or agents or servants acting on their behalf.[5] One might say that it was really the household, as such, that was the real 'customer'. Certainly many such purchases were made on a household scale. Footmen had to be kitted out with livery, libraries furnished with whole shelves of books in fine bindings, gardens planted with hundreds of trees, stables equipped with entire furnishings, of saddlery and tackle, and dining halls with napery and silver. Value was accorded to such objects not only on account of the skill that had gone into their making (for handicraft, although respected, was familiar and banal then as it no longer is) but on account of the refinement of the final product and the richness of the display. This depended in part upon the rarity and beauty (and thus the potency) of the materials used, gold and silver, gemstones, ivory, enamel, silk, coral, the horns of unicorns, the tusks of elephants, sable and ermine, the feathers of exotic birds. To the prudent matron assembling for her daughter linen which would last a lifetime, quality was, no doubt, a matter of durability as well as appearance. But objects of

[3]University of Oxford, Chancellor's Court Inventories, cited in Gillian Lewis, 'The Faculty of Medicine', in James K. McConica (ed.), *The History of the University of Oxford*. Vol. III. *The Collegiate University*, Oxford, 1986, 214.

[4]Lesley Miller, *supra*.

[5]Giles Barmer, *supra*.

parade and of equipage were expected to look special and showy. Only to the most refined of sensibilities, like those chronicled by Castiglione, did the idea occur that an affectation of austerity could be used to trump the ace of grand display. This gambit, in any case, was not cheap: it demanded the whitest of white collars, the blackest of black velvet, and the most exquisite of dulled-steel swords. Minimalism, like other forms of ostentation, has always been turned to advantage by the observant practitioners of the fashion trades.

Much of the demand for manufactured goods was, although more seasonal, as regular as the demand for timber, or for fuel, or for food. The great feasts of the Church, patronal festivals and saints' days came round and round again in the predictable rhythm of the liturgical year. Pulled into the same orbit were the law-terms, and the sessions of universities and schools, and with them came a steady long-term demand for priestly vestments, judicial robes and academic gowns, altar furnishings and processional regalia, as well as a brisk traffic in such ephemera as candles, sugared almonds and scented gloves, associated with baptisms or with the presentations made at the taking of a doctor's degree. The court year also had its rhythm, resting to a surprising extent upon the huntsman's calendar. At Court, Christmas revels and summer fireworks came round each year as usual, and on top of this there were special occasions: coronations, royal weddings and funerals, the arrival of a foreign envoy, or the celebration of a distant victory. All of these created extra (and sometimes sudden) demand for catering and provision on a lavish scale. For noblemen and city notables also such family and communal ceremony was (in appropriate measure) an integral part of social life. To this large and voracious market the skilled tradesmen and the purveyors were expected to respond.

How far they could do so in practice depended on the interaction of a number of variables which economic historians can identify with some confidence – availability of materials and of skilled labour, of entrepreneurial facilities and of credit – but for which they have only begun to search out the surviving evidence to measure and to assess. The elasticity, or lack of it, in these markets has still not been properly observed or charted, let alone analysed or understood. One might expect, for example, that scarcity of materials would be more rapidly and more obviously translated into an increase in cost to the consumer than would scarcity of labour in areas of demanded skill. But can this be shown, in any (let alone in all) instances to have been so? None of the papers in this volume focuses, as it happens, on this specific point, but what most of them demonstrate clearly is that credit was the one functionally crucial element in a market for non-staple goods: the whole edifice functioned, shakily, on the basis of 'take now, pay later'. Much of the evidence so far available suggests that in this situation it was rarely the consumer who went to the wall.

The matrix in which these 'luxury' markets developed is in part, but only in part understood. How did cities before 1800 become significant centres for the manufacture, retail, and consumption of luxury goods? What enabled them to provide a suitable environment for practitioners of the skilled and luxury trades? Could their commercial infrastructure develop sufficiently only where it was built upon a flourishing trade in basic commodities like bread and salt and fish and meat, fodder and fuel, timber, iron and stone? Were these invariably the trades in which entrepreneurial skills were learned and private mercantile fortunes made? Did such a city need to be large and hungry before it could become rich? This does not seem to have been the case with Rome: the presence of a court became a sufficient motor. When the papal monarchy returned there in the 15th century, its presence soon began to create conditions of this kind. Within a hundred years Rome had become a voracious market for consumer goods.[6] Something similar happened in Madrid, which was neither a populous city nor the centre of a thriving region at the time when the Castilian monarchy moved there, deserting and ruining Valladolid. Once the Court had come, however, Madrid began to make unsupportable demands upon its vicinity, and to draw upon a more distant hinterland, devouring supplies of every kind, many of them from overseas. It acted as a magnet drawing in capital from rural rents. Neighbouring urban centres were drained of their commerce, Madrid's developing labour market being especially thirsty for workers with skills.[7] Conversely, examples can be found of cities which became important centres for the processing, finishing, manufacturing, and transmitting of luxury goods, but which remained, or became, only relatively modest centres of consumption of these goods in their own right. Lyon and perhaps Milan were entrepôt cities of this kind.[8]

More characteristic of late medieval and early modern developments, however, is the case of Paris. Paris had everything: a strategic geographical site with several bridges over an interlocking system of navigable rivers not too far distant from the open sea, good communications with other centres of population and hence with other markets, and a large and prosperous population of its own. This population included rich merchants, bankers, royal officials and magistrates. The city was the seat of an archbishopric, of a university, and of the royal Parlement. If had fortifications, municipal liberties and jurisdictions, and an elaborate protective system of *métiers jurés* for the longest established crafts and trades. Already by 1400 Paris was a thriving commercial exchange, transmitting goods in all directions, as well as being a centre of production and of consumption in its own right. It was a

[6]Jean Delumeau, *Vie économique et sociale à Rome dans la seconde moitié du XVIe siècle*, Paris, 1957.

[7]David Ringrose, *Madrid and the Spanish Economy 1560–1850*, Berkeley, CA, 1983.

[8]Richard Gascon, *Grand Commerce et vie urbaine au XVIe siècle. Lyon et ses marchands*, 2 vols, Paris, 1971.

focus for provincials and foreigners who came to trade, to study or to act as envoys and diplomats at the monarch's court. There was old money in Paris already in the 14th century, as well as opportunities for new money to be made. Credit was readily available also to lubricate the mechanisms of exchange.

This matter of credit seems to have been crucial. Throughout the period with which the papers in this volume are concerned it looks as if much of the traditional commercial activity of Paris – trading in raw materials, manufacture, finishing, distribution, retail – was based on not having to pay in cash down, or perhaps never having to pay in cash at all. While some purchasers of luxury goods (or of their components) seem to have been able to postpone payment almost indefinitely, there is evidence that some participants in the chain of exchange did go out of business, presumably because there came a point when they could no longer fend off their own creditors, and when no one would any longer extend to them the credit they needed to acquire the commodities necessary for the practice of their trade. Craftsmen in this situation would find themselves unable to acquire the precious metal, or the rare wood, or the silks and velvets which by their skill they turned into silver table servers, or inlaid commodes, or grand costumes for ladies and gentlemen. Business failures among skilled craftsmen would have repercussions in the world of retailers. Why do we hear so little in this volume about such failures? Is it because they were rare events? Or merely because there is still so much work to be done on those sources which will in the end give us a fuller picture of the anatomy and physiology of the commercial world? As several essays in the volume show, exploration of such sources is now regarded as indispenable, and in individual and collective research projects is steadily gathering speed. Probate inventories of individuals, lists of goods in stock, business and household account books, contracts and bargains, bankruptcy proceedings, documents recording royal concessions, monopolies and other trading privileges, letters, even literary anecdotes and satire, are now being brought into play. It is beginning to be possible to see the outlines of the task. It will call upon all the riches of judicial, fiscal and institutional records and upon the vast store of notarial material listed in the *Minutier central* of the notaries of Paris.

How did credit operate in this world of family businesses, subcontracting, and sharing of the burden? Have studies been done of other and comparable worlds of closely interrelated business dependence? Did little workshops survive in part by being outside the money economy altogether, relying upon *quid pro quo* deals with kinsmen and neighbours who possessed related skills? Could this work well only in a market that was fairly static and predictable? How did such a world meet the challenge of sudden expansion in demand? Did it all rest on familiarity and trust and on a tacit assumption that there were no fortunes to be made? The activities of the wheeler-dealer sharks in the sea (who got themselves paid in leases or furnaces in forests, or who opportunistically bought up whole shiploads of ebony, borrowing huge sums from bankers)[9] rested not only on the skill and reliability of their supplier-craftsmen but also, perhaps, on the modesty of these craftsmens' ambitions, their readiness to do no more than make a living. The papers here presented suggest that in the 17th and 18th centuries, as in the days of Jacques Coeur, it was the promoters and the dealers, not the men and women with the manufacturing skills, who seized their chances and grew rich.

Why did Paris, despite its wealth and sophistication, its long tradition of skilled trades, and its thriving commerce in luxury goods, steadily fall behind London and Amsterdam in the 18th century? Why did Parisian businessmen fail to extend their activities into the new mass markets then beginning to emerge?[10]

This question is not difficult to answer if one assumes that the Paris world was still in the late 18th century an old-fashioned one consisting almost entirely of modestly capitalized family-owned workshops, relying upon mutual interdependence, sheltered from competition, and working principally for princely, ecclesiastical, noble and merchant households, by whom (just like family lawyers, physicians, stewards, land-agents, chaplains, tutors, librarians, music-masters and cooks) they were to all intents and purposes retained. The successful inhabitants of such a world had little reason to want to change their ways. They had a prestigious reputation and they were doing very nicely as they were. Cosy co-operation between the Crown and the old privileged trades served the Crown, the Court, the Church, and the tradesmen well enough for more than two hundred years. It perpetuated, though it did not stimulate, a thriving and sophisticated commercial world in which there was an ample supply of consumer goods across a broad market. Paris trades flourished, and the social prestige of their practitioners moved up by leaps and bounds. Such a reading is not inconsistent with the picture given by the essays before us here, although not all the contributors are concerned to explore the implications of such a line.

In a recent book one writer who is so concerned, Hinton Root, has adopted an avowedly theoretical approach and has arrived at conclusions very much of this kind.[11] However, he is able to do so because he assumes throughout the expected conservatism, protectionism and stagnation of the Parisian business community in the late 18th century, and finds confirmation for his belief that its outlook and its structure militated against innovation. He develops a case that these characteristics were the direct result of years of government

---

[9]Jean-Dominique Augarde, *supra.*

[10]Anthony Turner, *supra.*

[11]Hilton L. Root, *The Fountain of Privilege. Political Foundations of Markets in Old Regime France and England*, Berkeley, CA and London, 1994.

tutelage. Like Alexis de Tocqueville before him, he points out that the royal administration in its permanent fiscal straits simply could not afford to stop its long-established practice of selling privilege. Over the long term, enterprise had been discouraged, he believes, as place-seeking, monopolies, and restrictive practices became the norm. He draws attention to three main features of the situation, as he sees it: first, to the unhealthily close financial relationship that had grown up over the previous century between the Crown and the *métiers jurés*; second, to the equally unhealthy protection afforded to lame-duck *manufactures royales*; third, to the concerted effort made by an alliance of Crown and *métiers jurés* to stifle competition from the unregulated sector of the skilled and luxury trades.

He shows how the first practice went back to the early days of the organized *métiers*. Their original intention had been to offer the security of collective credit to their members and quality assurance to consumers. However, they soon began to develop restrictive practices and to seek the advantage of monopolies, early enlisting the co-operation of the civil power in the enforcement of their regulations. They proved willing to pay through the nose for government support. Gradually they slipped into becoming revenue-providers for the royal administration. In the process not only did the *métiers* became dependent on the Crown, but – more seriously – the Crown became fiscally dependent upon them. Root maintains that no one at the time realized just how far the Crown had become dependent upon funds milked or borrowed from the guilds. Turgot was hostile to the privilages of the *métiers jurés* on the grounds that they hampered competition and were bad for trade, but even he seems not to have understood the problem of the dangerous fiscal interdependence of privileged bodies and the Crown. A decree to abolish the corporate guilds was published in March 1776. But so deeply were they embedded in the fiscal structure of France that even the threat of their abolition provoked a financial crisis. In August 1776 the decree was rescinded and the abolition of the guilds was reversed.

The second factor which Root believes to have hampered the healthy development of innovative trade, especially in luxury goods, was the privileged and protected status of the *manufactures royales*. But is he right? It is one of the few weaknesses of the present volume that it includes no essay or essays dealing directly and at length with one or more of these enterprises. Despite deficiencies in the surviving evidence, there is almost certainly scope for bringing the Gobelins tapestry business, or the porcelain factory at Sèvres. for example, more closely into the picture of the Parisian commercial world. Such a study might corroborate, or for that matter might challenge the view put forward by Root. Were all the royal manufactures really lame ducks, running at a loss and needing government intervention and support? And did the support they obtained make life impossible for their potential competitors? Would further research modify this picture? Would it support or undermine Root's view that *ancien régime* paternalism contributed to a business ethos in which inventors clung to the skirts of the Crown, timidly avoiding risk, and in which 'a potential investor would not venture his capital without assurances of protection or special concession'? Can this be shown to have been the case, even among the privileged tradesmen of Paris? Somehow so gloomy a picture does not quite square with the humming business world which the essays in this volume reveal. Noel Gérard, despite his traditional-style 'rent-seeking' and 'cronyism',[12] was no shrinking flower. He positively revelled in capturing other people's capacity for innovation, as had the 16th century Parisian jewellers exploiting the 'illegal' Flemmings working away in their attics,[13] and he clearly knew how to turn to his own commercial advantage his cabinet-making kinsmen and his son-in-law who had a line in fancy imports.[14]

Did the *métiers* invariably put obstacles in the way of innovation? Certainly stories abound in which the attempt to introduce some commercial novelty produced a terrible outbreak of bluster and of fuss. Root gives two striking examples: first, that of 'Ravillon, the inventor of wallpaper, [who] was harrassed by several corporations for illegal competition' and whose 'opponents included *imprimeurs*, *graveurs* and *tapissiers*.'[15] And second, that of the ban on printed cottons, technically in force since 1686 and, although only partly effective, not done away with until 1762, because of the long and 'concerted opposition of the ... guilds'.[16]

These instances are adduced as examples of obstruction, but it is worth noticing that both stories end in victory for the innovators and for the market. In pre-revolutionary Paris some trades seem to have succeeded in their dog-in-the-manger campaign 'to prevent other producers from supplying the public with the simpler, cheaper, more colourful items it wanted' but, equally, some do not. In the fashion trade, for example, regulatory controls on patterned textiles were especially difficult to enforce. Licensing restrictions and excises and sales taxes could be evaded by the introduction of subtle modifications in existing designs.[17] It was easy to persuade fashion-conscious consumers that good taste demanded the discarding of last year's pattern as *démodé*. Novelty was fun, and snobbery, especially feminine snobbery, was good for trade.

By and large, the essays in *Luxury Trades and Consumerism in Ancien Régime Paris* do bear out Root's honest admission (which runs against the grain of the

---

[12]Root's explanation of these terms is given *op. cit.* (n. 11), xii.

[13]Michèle Bimbenet-Privat, *supra*.

[14]Jean-Dominique Augarde, *supra*.

[15]Root, *op. cit.* (n. 11), 119, n. 19.

[16]Root, *op. cit.* (n. 11), 133, n. 61. Edgar Depitre, *La Toile peinte en France au XVIIIe siècle*, Paris, 1912.

[17]Lesley Miller, *supra*.

main thesis of his book) that, despite the fortress edifice of privilege, 'unfair' competition from producers and retailers in the unregulated part of the market was in the end unstoppable, at least if demand was close to home.[18] In the end, the old-fashioned companies had to 'come to terms with changing tastes and with market-driven demand'. But this did not necessarily mean that they themselves would be adaptable enough to join in. The trade in mathematical instruments[19] is a clear example of the way in which some of the old regulated trades were, as Root surmised, 'unable to adapt to the new demand for mass-produced, standardized, less expensive goods'.

Root's approach, as I have indicated, is explicitly theoretical. He confesses himself embarrassed by the overwhelming bulk of 'a literature rich in empirical cases ... an overabundance ... an embarrassment of riches'. 'How', he asks, 'does one sift through this empirical work to reach conceptual or theoretical conclusions?' He replies 'We need an encounter with deductive theory that can help to bring the disparate literature together'. 'One of the book's missions,' he says, 'is to test the accuracy of the social historians' paradigm, based on macrosociology, against the economists' paradigm, based on microeconomics, for predicting the motivations for institutional innovation'. In this way, he hopes 'to improve our understanding of the transition from a premodern mercantilist economy to a more modern and open one'.[20] The same important question cannot fail to engage the attention of all social and economic historians of the early industrial era. It is a question given a central place in the framework of enquiry drawn up by the current collaborative project devoted to the investigation of the growth of a skilled workforce in London between 1500 and 1750.[21] Many of the essays in the present volume confront it also, although their writers almost unanimously display a noticeable reluctance to rely on any kind of paradigm, whether economic or sociological. Some of their conclusions (on present evidence) are by no means likely to prove incompatible with those of Root, but their intellectual approach is, in general, very different from his. Much of their material comes from documents that up to now have not been easily accessible, or even if accessible, have been very little studied. Understandably, therefore, their conclusions have been drawn from their analysis of the rich empirical data available to them. Tacitly, they seem to believe that for bold synthesis, let alone for secure theoretical formulation, the time is not yet ripe.

In this they would surely find an ally in Richard Grassby, whose

---

18Root, *op. cit.* (n. 11), 132.

19Anthony Turner, *supra*.

20Root, *op. cit.* (n. 11), xiv.

21Undertaken by the Centre for Metropolitan History at the Institute of Historical Research, London.

extradordinarily comprehensive and innovative study of the business community of 17th-century England[22] is resolutely (even aggressively) empirical. The author is no enemy of abstraction as such. He relishes the evaluation (and sometimes the demolition) of explanatory concepts, and tells us that 'a future book' upon which he is engaged 'will address' the large question of 'the use and abuse of theory in explaining how the social and economic structure evolved'. 'The principal aim' in his present book, however, is to 'describe how the system actually functioned' and not to produce 'a model of development from thin air'. 'In a perfect world it would be mandatory for any theorist to sweat over a ledger for six months before he could pontificate about capitalism'. Grassby himself has sweated over early modern ledgers and accounts and contracts and inventories for more than thirty years. He has personally unearthed many of them and brought scores if not hundreds of others back into the light. His analysis of his finds is full of interest, but not the least of the achievements of his work is its revelation of the sheer number, bulk, diversity and scope of the surviving primary sources for 17th-century English business history, and of the untapped riches they have to offer to future generations of social and economic historians. If this is the situation for England, how much more must there be yet to be identified and exploited in the public and private archives and the manuscript collections of France? In common with much of the current work being done in this field,[23] the studies in the present volume give us an exciting glimpse of what is yet to come.

The way lies open, perhaps, for an alternative interpretation of the Parisian commercial scene, a picture far removed from the conventional one, perhaps as far removed as the conjectural sketch which follows here: obstinate traditionalism was by no means universal, and significant sectors of the Parisian business community did indeed innovate or adapt. By no means all its members were arrogant, set in their ways, old-fashioned, or unresponsive to new market demands. Industrialization was far advanced in the immediate Paris region and enough credit was available to facilitate speculation enterprise. The 'political market' in privilege certainly existed but failed to prevent the growth of unregulated activity. If this was not yet a mass consumer economy, it nevertheless catered for a broad market, importing and exporting on a large scale. The contrast between the commercial climates of France and of England (and for that matter of Paris and London) was less

---

[22]Richard Grassby, *The Business Community of Seventeenth-Century England*, Cambridge, 1995.

[23]The breadth and variety of this work can be seen in the relevant sections of the *Bibliographie annuelle de l'histoire de France* as well as in the references given by the contributors to the present volume. Studies based on material of this kind include, for example: Malou Hainu, *Les Facteurs d'instruments de musique à Paris au XIXe siècle. Des artisans face à l'industrialisation*, Brussels, 1985; Ernst Ulrich Leben, *Bernard Molitor (1775–1833). Leben und Werk einer Pariser Junstlichlers*, Bonn, 1989; Michèle Bimbenet-Privat, *Les Orfèvres parisiens de la Renaissance 1500–1620*, Paris, 1992; Régime de Plinval de Guillebon, *Faïence et porcelaine de Paris. XVIIIe et XIXe siècles*, Dijon, 1995.

dramatic than has often been supposed.

If this (or any other) interpretation is to stand up to scrutiny, it will need to rest upon solid documentary evidence as well as upon a reassessment of the way in which pre-industrial markets worked. Already in this volume there are signs that such evidence is coming to light. Long before the French Revolution, the silk looms of Lyon and the interior decorators of Paris were kept busier than they might have been by the decisive firmness with which retailers and distributors declared last year's patterns and colours to be *démodé*. Already in the 17th century, virtuosi were competing to keep pace with novelty in their purchase of clocks, watches, calculating machines and microscopes, and the tradesmen at that stage obliged, even if later they came to rely too much on old products for a familiar clientele. Where taste and fashioned reigned, innovation in the range and style of products made good business sense. The well-documented *métiers jurés* were undoubtedly arteriosclerotic; they certainly missed market opportunities.[24] It seems, nevertheless, that they were in the end unsuccessful in their attempts to hamper innovation and to prevent change.

Most people throughout history, given the chance, have turned into greedy consumers at the drop of a hat. Whole populations have abandoned immemorial habits of frugality in their eagerness to embrace the pleasures of life and to show off their possession of desirable goods. Thrift itself turns out to have been more often the product of caution than of abstinence, weakening markedly when times of feast have succeeded times of famine, and when the availability of credit has created the illusion that times of feast are here to stay.

Throughout history, however, most human beings have never had this choice. It is only relatively recently that consumer goods have been within reach of the many. Historians have usually maintained that the indispensable prerequisite for the development of a mass market in consumer goods was industrialization. On this view, it was not until the processes of production significantly improved in the 19th century that the supply of manufactured goods came as a matter of course to exceed demand; this in turn reduced the price of many goods, making them affordable to a larger number of people. Mass appetites were aroused. Consumers began to expect to see in perpetuity an increasing flow of diverse and attractive non-essential goods. The old mercantilist assumption that there was a limited amount of wealth in the world gave place to an understanding that there was such a thing as economic growth. Progress seemed to be an established fact. Such an interpretation makes a mass consumer society unimaginable before the second half of the 19th century, and then only in a handful of industrialized nations in Europe. Its worldwide spread is a phenomenon of the 20th century.

---

[24] Anthony Turner, *supra*.

Where we think we see mass consumption earlier, we are mistaken.

At first reading, the essays in the present volume seem to cast doubt upon this picture, so rich and bourgeois was 18th-century, and 17th-century Parisian society, so exotic its imports, so luxurious its domestic accoutrements, so skilled its tradesmen, so enterprising its retailers, and so flexible the mechanisms of credit which facilitated its commerce and its conspicuous consumption. The essays seem, at first sight, to disclose in pre-revolutionary Paris a surprisingly modern commercial world.

When one looks more closely, the impression of modernity does not entirely fade. True, alongside this new-style prosperity there persisted the age-old world of bespoke commissions, where grandee customers acted with lordly insouciance still. But there was a difference: in the skilled trades in the Paris region this was no longer the business norm. More pervasive – and far more significant in terms of capital involved – were large-scale manufacture, wholesale distribution, innovative retailing, a larger market generally, and the beginnings of the firm.

Age-old commercial patterns were, in their way, still useful. Even in the 19th-century, the older economic world did not disappear overnight. Arguably, it did not disappear at all, although in the new-style industrialized economy it played a shrunken part. Because of the attention paid all over 19th-century Europe to the triumphs of modern science, techniques, and manufacture as the great industrial exhibitions presented them, the unobtrusive survival of an old-style trade in hand-crafted goods came to be eclipsed from sight. Overtaken, eclipsed, but not entirely superseded, it had no difficulty in outliving the traditional hierarchical societies whose ceremonials and protocol and demarcations it had once served. It now served the pleasures and the social pretensions of an urbanized bourgeoisie for whose needs it had already begun to cater before the revolution and before the onset of industrialization. Even at the end of the mass-consumers' 20th century, when most trade is truly international and when former Third World economies are outpacing their predecessors in Europe, North America and Japan, traditionally organized luxury trades have not entirely disappeared: on a minature scale they still exist, tiny pockets of specialized exchange inside the great industrialized mass-consumer economies, conducted in much the same way as they were inside the bustling pre-industrial commerce of the period this volume reviews.

Index

Académie de Saint-Luc: 252
Académie Royale des Sciences: 79, 81, 83, 86, 285
Achievement Project: vii–viii, xvi, xvii, 263–86
Al-Bîrûnî: 91n
Alba, Duke of: 35
Alleaume: 74
Aldine, Maison: 10
Alps: 228
Amandiers, Rue des: 46
America, North (*see also the names of individual towns*): 282, 284, 286, 298
Amsterdam: 144n, 252, 292
Anjou, Rue d': 152n
Antwerp: 31, 32, 42, 67
Apprenticeship: 17–18, 45, 101
Arabic science: 91n
Archimedes: 92
Archives de la Ville de Paris: 152n
Archives Départementales: *see under the name of the department*
Archives Municipales, Lyon: 145–6n, 162n
Archives Nationales, Paris: 33, 38–9
Ardiot, clockmaker: 118
Argenson, Comte d': 173
Ariosto, Orazio: 193, 208
Armanac, Duc d': 213
Armenonville, Jean-Baptiste Fleuriau d': 172
Armies as customers: 223–4
Arnouville, Jean-Baptiste Machault d': 178, 182
Arsenal, Bibliothèque de l': 79
Artois, Comte and Comtesse d': 123–4
Assada, manufacturer: 163
Astrolabes: 62, 66, 67, 68, 70, 89, 90, 91–3
Aubert, Claude Camille: 156
Auctions: 50
Augarde, Jean-Dominique: 169–88, 274, 276n
Automata: 77
Auvergne: 228
Aveline, engraver: 111
Baecler, Gaspard: 37n
Baeclet, Baudouin: 39–40
Baeclet, Gilles: 39–40
Baïf, Jean Antoine de: 72
Balances: 63–4
Balthazar, Noel: 118n
Bandello, Matteo: 56
Barbançon-Cany, Marie de: 26
Baradelle, instrument-maker: 85
Barber, Giles: xi, 43–54, 271n, 272, 284
Barbier, Jean-François: 110–11, 151, 160
Barometers: 78, 81
Barker, T.C.: 264, 283
Barometers: 78, 81
Barre, Wolkart Van: 39
Batting, Rudolph: 89
Bayerisches Nationalmuseum, Munich: 181n
Bayle, Pierre: 248
Beaular, milliner: 133
Beckendorf family: 131
Béjart, Armande: 204
Bellaigue, Geoffrey de: 116
Bénard, Eugène Balthazar Crescent: 252
Benserade, Isaac de: 192
Bentabole, mercer: 156n, 157n
Bergeon, designer and manufacturer: 165
Bergerac: 77
Berlin: 134
Berthoud, Ferdinand: xviii
Bertin, Rose: 130, 133, 134
Bertin, Mademoiselle de: 133
Bertrand, manufaacturer: 163
Beuriot, clockmaker: 79n
Bezodit, commissionaire: 156
Bibliothèque Municipale de Lyon: 159n, 162–3n, 165–6n
Bibliothèque Nationale, Paris: xv, 9, 11, 21n, 26, 37n, 90, 113n, 162n
Bidault, Claude: 88
Bimbenet-Privat, Michèle: 31–42, 260, 266
Bion family: 79, 82–3, 180
Birmingham: 276n

Blakey, Madame: 111–12
Blois: 6, 8n, 66
Blondeau family: 74, 88
Bodleian Library, Oxford: 70n
Boileau, Etienne: 100
Bois, Bonaventure du: 111
Boisset, Randon de: 177
Boissières, Claude de: 93n
Book binding: 3–26, 43–54, 258, 266, 271, 278
Booksellers: 14–20, 24n, 25, 48, 70, 272, 277
Borda circle: 84
Bordeaux: 144n
Bordes, Guillaume de: 69
Bossuet, Jacques-Benigné: 238–41
Boucher, François: 125, 175n
Boucher, François Léon Louis: 219
Boulle, Pierre: 267
Boulle furniture: 54, 136, 164–5, 176, 181, 267
Boulogne: 32–3
Boulton, Matthew: 130, 274n, 275
Bourbon-Condé, Louis de, Comte de Clermont: 177, 189
Bourges: 79
Bourjol, mercer: 145, 152–3
Bourjot, Jacques: 252
Bowes Museum: 115n
Bradel family: 46
Brail, merchant: 163
Breguet, Abraham: 284
Bretagne, Anne de: 106n
Breton, Richard: 18, 20, 23, 27, 69
Brétonne, Rétif de la: 224, 226
British Museum, London: 68n
Broque, commissionaire: 149, 162
Broughton House, Northamptonshire: 115n
Bruant: 108
Bruges: 37
Bruges, Louis de: 6, 7n
Brumert, Thomas: 70
Brun, Jean: 77
Bruneau, Pierre: 70n
Bruno, Giordano: 54
Bruslons, Savary des: 102–3
Budé, Guillaume: 3
Buffault, Jean-Baptiste: 129
Buffault, Jean-François: 150n
Burelle, merchant: 163
Burnham, Dorothy: 152n
Butterfield, Michael: 78–83, 95–6

Cabinet-making: *see* Furniture-making
Cafés: 122
Caffieri, clockmaker: 119n
Calendar, Gregorian: 70, 73, 90
Capital: 151
Cardinal, Catherine: 68
Cards, Playing: 258
Carelu, Claude: 125
Carl, Ernst Ludwig: 237–50
Carlin, Martin: 114
Carnavalet, Musée, Paris: 120
Carrache, Annibal: 203
Carré, Paul: 88
Carret, merchant: 147n, 152n, 159, 167
Cassini family: 79, 84, 285
Cassot, Guillaume: 67
Cassot, Jeanne: 25
Castel, Claude-Irénée, abbé de Saint-Pierre: 236
Castelar, Marquis de: 176
Catherine of Aragon: 258
Cavellat, Guillaume: 93n
Cazel, Jacques-Philippe: 184
Cellini, Benvenuto: 32
Centre for Metropolitan History, London: 295n
Cerceau, Jacques Androuet de: 29
Chaillot: 264
Chandeliers: 113n
Chapotot, Jean: 82
Chappuis, Claude: 20
Charbonnier, Philippe: 88
Charles I, Kinf of England: 251
Charles VIII: 5, 6
Charles IX: 18, 20, 106n, 109
Charles X: 100n
Charlottenburg, Schloss, Berlin: 134
Charon, Annie: 3n
Charrenton, Anthony: 67
Chartres: 222
Chasigné, correspondent of Huet: 82
Châtelet, Court of the: 226
Châtelet, Madame du: 121
Chaunu, Pierre: 280
Chauvet, Jacques: 70–1, 93n
Chesnaie, Deume de la: 55
Chippendale furniture: 275
Choffard, engraver: 125
Choiseul, Duc de: 282
Chorez, Daniel: 75–7, 88
Chrétien, Jean: 171, 178n
Chrétien, Jean-Baptiste 169
Chrétien, René: 169
Christie's, London and Monaco: 116n, 118n, 181n, 182n
Chronometers: xviii
Cicero: 92n
Clairambault collection: 21
Clepsydrae: 65, 81, 92
Cleret, J.: 100, 104n, 144n
Clermont, Comte de: 177
Clifton, Gloria: 266, 275–6, 278, 282
Clock and watch making: xviii, 64–6, 77, 92n, 113n, 118–19, 123, 182–5, 269–70, 272, 284–6, 297

Clothing: 139–67, 219–29, 231–54, 258–60
Coaslin, Duc de: 213
Cochin, Nicolas: 50
Codoré, Olivier: 20
Coeur, Jacques: 292
Colbert, Jean-Baptiste: 99, 105, 109, 135, 232–4, 265
Cole, William: 129, 131–2
Colin, Marie: 171, 178–9n
Collège Royal [de France]: 3–4, 46, 65, 68
Cologne: 251, 288
Comiers, Abbé: 81
Compasses: 72, 93n
Compassier, Pierre le: 69, 88
Compiègne: 100n
Comptes, Chambre des: 18n
Conrade brothers: 265
Conseil d'Etat: 173
Coronelli globes: 79
Corporations and companies (*see also* Guilds): 15, 39, 78–80, 85, 100–10, 117, 118, 127–8, 268
Cotte, De, intendant de commerce: 151
Covent Garden: 111
Coypel: 175n
Craw, Mr: 111
Crespin, Paul: 269
Cressent, cabinet-maker: 164
Croix, Saint: 109
Crosne, David: 171–4, 186
Crouzet, François: 263–86
Cutlers: 78

Daguerre, Dominique: 113–17, 128
Dandyism: 227
Danfrie, Philippe: 22–3, 69–73, 88, 93n
Daumard, Adéline: 278–9
Daumas, Maurice: 84
Dauphin, The: 157
Deffand, Madame du: 132
Defoe, Daniel: 128–9
Delafosse, fayencier: 127
Delahoguette, Simon-Henri: 118–19
Delaître, Louis: 186
Delaware, weaver: 149
Delure, Jean-Baptiste: 82
Demand and supply-led models: 137, 281–3
Demontigny, designer: 146
Denorry, Milles: 72–3, 93n
Derome family: 46, 59, 61
Derscrollières, Adrian: 67
Descartes, René: 81
Desfontaines, Pierre François Guyot: 245
Desportes, Painter: 175n
Deufle, Cornelis: 39–40
Deutsch, Hans Rudolf: 29
DeVitry et Gayet: 167
Devon: 261–2
Diderot, Denis: 221
Dieppe: 180
Dollond, John: 268
Don Quixote: 209, 211
Dou, Gérard: 282
Dresden: 61
Drobet, Georges: 27
Drouot, Hôtel, Paris: 124n
Dubois, Jacques: 169–70
Dubois, Louis: 169–70
Dubois, René: 121
Dubuisson, Pierre Paul: 61
Dujardin family: 88
Dulac, mercer: 116, 132
Dunkirk, Archives muncipales: 123n
Duodo , Pietro: 18
Dupin, Claude: 172
Duplessis, designer and founder: 117
Dupré, Denis: 20
Dutillieu et Cie: 163n
Duval, Jean: 27
Duvaux, Lazare: 114n, 115n, 117, 119n
Dux, Nicolas: 6n
Dyers and dyeing: 174–5

East India Company: 251
Ecole Royale Gratuite de Dessin: 110–11
Ecouen, Musée National de la Renaissance: 36
Egypte, Hôtel d': 251
Electrical apparatus: 74–5
Elias, Norbert: 50
Elizabeth I, Queen of England: 259, 266
Eloffe, Madame: 130
Encyclopédie: 46–50, 52, 127
Enghien, Duc d': 213, 214
England (*see also the names of individual towns*): 50, 61–2, 78–83, 111–12, 128, 136, 176, 222, 243, 253, 257–62, 264–86, 296–7
Engraving and engravers: 22–3, 111, 124, 125, 281, 294
Erasmus, Desiderius: 56
Eriksen, Svend: 115n
Esmerion Collection: 119–20
Estienne, Gomer: 10
Evans, Joan: 269
Eve, Clovis: 18, 21–2, 28
Eve, Nicolas: 11, 18, 21, 25, 28

Facio, Nicolas: 270
Fan-makers: 113n
Faubourg Saint-Germain: 79
Fayet: 147n, 152n
Fenart, François: 135n
Feodorovna, Grand Duchess Maria: 114, 131
Fernel, Jean; 89

Ferrier family: 74, 81, 88
Fiard, Marin: 149, 152n, 156, 160–3, 167
Fine, Oronce: 65–6, 89, 92n
Flanders: 31–42, 258, 280
Flantin, Etienne: 74, 88
Flemish craftsmen: 31–42, 262, 266, 294
Florence: 100n
Focard, Jacques: 89
Foix, Duc de: 213
Fontaine, François-Philibert Parseval de: 170
Fontaine, Pierre: 231
Fontainebleau: 10, 11, 116, 195
Forfait, Nicholas: 88
Foullon, Abel: 69
Founders' Corporation: 79–80, 84
Fouquet, shopkeeper: 120
Fox, Robert: viii, xi, xvii–xix
Francisque, painter: 175n
François I: 3, 4, 5, 7, 8, 10, 18, 20, 32, 65, 258
François II: 18
Franklin, A.: 107n
Frederick William, King of Prussia: 170
Freminville, Christophe de: 154n
Frisius, gemma: 93n
Fronde, The: 43
Fugger, Marcus: 18
Fuhring, Peter: 141
Furet, François: 278–9
Furetière, Antoine: 223
Furniture-making: 16–17, 104, 113–17, 119–20, 164–5, 169–86, 266–7, 273–4, 276, 277
Fusoris, Jean: 64–6

Galerie Koller, Zurich: 181n
Galle, Philippe: 42
Garde, Jacques de la: 66
Garden, Maurice: 145
Gaudron, Pierre: 185
Gautier, Jean-Jacques: 191–209, 267n
Geneva: 61, 144n, 270, 286
Gérard, Marie-Anne: 169–70
Gérard, Noël: xviii, 169–86, 274, 294
Germany (*see also the names of individual towns*): 43, 165, 237, 286
Gersaint, marchand mercier: 125
Gertrude Hamilton Collection: 81n
Getty, John Paul, Museum: 185n
Giffard family: 18
Gilders and gilding: 3–26, 43–62, 63, 117, 119n, 129, 232, 271, 273
Giraumont: 64
Giros, Jean: 252
Gissey, Henri: 192, 197, 207, 208
Globes: 74, 78, 79, 80, 92
Gobelins factory and tapestries: 73, 134, 209–11, 267, 280, 293
Godard, Guillaume: 3n, 24n
Goldsmiths and silversmiths: 31–42, 105, 232, 266
Gondi family: 42
Gonse Collection: 70n
Gosselin, Jean: 72–3
Gouk, Penelope: vii–viii, xi, 268
Gournay, De: 147–8
Granchez, Charles Raymond: 120–5, 128, 135, 150n
Granvelle, Cardinal de: 18
Graphometer: 63, 72
Grassby, Richard: 295–6
Gregorian calendar: 70, 73, 90
Grenaisie, Jean: 6n
Grenier-saint-Lazare, Rue: 178
Gribelin, Simon: 269n
Griffin, Rosamund: 50n
Grolier, Jean: 8–10, 13n, 18
Grotius, Hugo: 239, 247
Gueneau, Louis: 139, 140n, 152
Guibert, Honoré: 128
Guignard, Nicolas: 117n
Guilds (*see also* Corporations and companies): 44–6, 74, 84, 252, 260, 270–2
Guise, Duc de: 213
Gun-making: 266, 268, 277, 284–5

Hague, The: 269
Halle aux Draps, Paris: 105
Hamburg: 165
Hamon, Pierre: 69
Hampton Court Palace: 66, 269
Harpe, Rue de la: 134n
Hartlib, Samuel: 77
Hartsoeker, Nicolas: 80
Hebert, Thomas Joachim: 115n
Hennebert, Martin: 117
Henri II: 4, 10, 11, 18, 20, 37
Henri III: 11, 18, 21, 22–3, 28, 266
Henri IV: 5, 39, 44, 91, 128, 265, 270, 272
Henrion, Denis: 75
Henry VIII, King of England: 32, 66, 258–9, 265–6
Heuqueville, Jean: 25, 27, 28
Heuqueville, Noëlle: 28
Hiberderie, Nicolas Joubert de l': 111, 145, 152–8
Hilliard, Nicolas: 32
Hipparchus: 92n
Hobbes, Thomas: 247–8
Hobson, Anthony: 7, 10
Hodometer: 79n
Holland (*see also* Low Countries *and the names of individual towns*): 50, 100n, 165, 179, 243–4, 258, 260–1, 267, 288
Holy Cross, Order of the: 67
Honiton: 261–2

Hospitals: 127
Houdart, Hubert: 171, 173–4, 186
Hubin, instrument-maker: 81–3
Huet, Pierre Daniel: 82
Hugot, Michel: 125
Huguenot refugees and influences: 260–1, 268–72
Huntington Art Gallery, San Marino: 115n
Huygens, Christiaan: 79

Ibn az-Zarquellu: 93n
Illumination: 14, 23
Illustrators, Book: 50
Industrial Revolution: 233–4, 263, 281–3, 286
Instruments, Scientific and mathematical: 63–96, 271–2, 275–6, 278, 285–6
Italy (*see also the names of individual towns*): 100, 258–9, 264–8

Jabach, Hôtel: 169–88, 250–3
Jabach, Evrard: 250–1
Jack and Belle Linsky Collection: 115n
Jacquemart, Pierre: 252
Jacquinot, Dominicq: 89
James I, King of England: 266
James II, King of England: 268
Jamnitzer, Wenzel: 32
Jansen, Cornelius: 247
Japanese lacquer: 114–15, 136
Jaubert, Nicolas-Jean-Baptiste: 154n
Jestaz, Bertrand: 40
Jewellers and jewellery-making: 19, 22, 31–42
John Paul Getty Museum: 185n
Jones Collection: 119n
Jouy-en-Josas: 288
Joyeuse, Cardinal François de: 41, 42
Julien, Noel Joseph: 123n
Julliot, Claude-Antoine: 113n, 115–16, 178
Julliot, Claude-François: 117
Julliot, Philippe François: 112

Keene, Derek: xvi, 270–2
Kensington Palace: 269
Koebel, Johan: 89
Koselleck, Reinhardt: 234
Kraus, Hans: 39
Kress Collection, New York: 115n
Kunsthistorisches Museum, Vienna: 34, 36

Lac, Madame du: 132
Lace-making: 261–2
Laeken: 119
Lafaye, Jean: 123n
Laflaîche, René: 134–5
La Fontaine, Jean de: 50, 56
Lair, Joseph: 118
Lajoue, painter: 175n
Lamerie, Paul de: 269
Lamy, Jean Baptiste: 160–1
Lamy, René Marie: 156, 162
Lancashire: 252–3, 276n
Landes, David S.: 269–70
Langerac, Josse de: 39
Langlois family: 74, 82
Langres: 19n
Languigneux, Charles Antoine; 134
Lasalle, Philippe: 142, 163n, 167
Laussedat, Aimé: 71
Law, John: 244
Le Bars, Fabienne: 3–26, 43, 69n, 258, 266
Le Bastier, Charles: 121n, 124
Lebrun, Charles: 108
Le Brun (Lebrun), Jehan: 70n, 88
Lee, William: 260
Lefaucheur, Alexandre: 119n
Le Mans: 70n
Levevre, Baptiste: 159–60
Lefèvre II: 82
Lelibon, Pierre: 170
Lemaire, Pierre: 82
Lenoir, Etienne: 84, 119n, 182
Leperlier, Patriuck: 124n
Leroux, Jean Baptiste: 135
Le Roy family: 83, 284
Lerpine, Jean Michel de: 134
Lespinasse, René de: 102
Leszczynska, Marie: 52
Lewis, Janet: 48
Lewis, R. Gillian: xi, 287–98
Liancourt, Louis: 174–5
Libraries: 3–26, 50
Lignereux, Eloi: 116
Limousin: 228
Lister, Martin: 79, 81, 95–6
Liverpool: 253
Locksmiths: 63
Lodestones: 80, 95–6
London: 61–2, 83, 86, 111–12, 118n, 128, 130, 165, 246, 253, 257–62, 268, 276, 285, 292, 296–7
Longus: 52
Lorraine, Charles, Bishop of: 65
Lorraine, Louise de: 28
Louis, Saint: 107, 108, 109
Louis VII: 100n
Louis XII: 5, 6, 7, 8, 9
Louis XIV: 79, 80n, 106n, 109, 182, 191–218, 232–3, 235, 238–40, 244, 267, 269, 278
Louis XV: 61, 121, 177, 182, 273
Louis XVI: 86, 112n, 121, 273, 278, 283, 284
Louis de Bruges: 6, 7n
Louvre, Palais du: 73, 74, 78n, 251, 270, 272
Louvre, Musée du: 121n

Low Countries (*see also* Holland): 50, 165, 264, 266
Lucretius: 54
Lully, Jean Baptiste de: 192
Luxembourg Palace: 73
Lyon: 8, 31, 66, 68, 72, 110–11, 139–67, 222, 232n, 235, 268, 274, 277, 290, 297

McConnell, Anita: 77n
Madrid: 290
Magasin Général, Hôtel Jabach: 169–86, 274
Magistrates: 107
Mahieu, Thomas: 18
Maine, Duc du: 238
Maine, Duchesse du: 58
Manchester: 252–3
Mandeville, Bernard: 228, 246–7
Mansfeld, Pierre Ernest de: 18
Mantua: 67, 259
Manufactures royales, 293–4
Maps: 74
Marais, Joseph Alexandre Sarazin de: 252
Marchands d'eau: 99–100
Marchands drapiers: 99–100
Marchands merciers: 99–137, 277
Mari Christina, Archduchess: 119
Marie-Antoinette, Queen: 121, 130, 224
Marie-Thérèse, Queen: 193, 202
Marigny: 100n
Marigny, Carpentier de: 192–3, 202
Marivaux: 223
Marot, Daniel: 269
Marriete, Pierre: 70n
Marsillac, Prince de: 213
Martin, Henri-Jean: 3n, 13
Masson, clockmaker: 119n
Mathematical instruments: *see* Scientific instruments
Mathurins, Eglise des: 15
Mauss, Marcel: 219
Mazarin, Cardinal: 251, 265
Meaux: 222
Medicis, Catherine de: 18, 20, 28, 265, 267
Medicis, Marie de: 265
Medicis, Grand Duke Côme de: 42
Mercantilism: 234, 262, 297
Mercier, L. Sébastien: 121–4, 130, 132–3, 224
Mersenne, Marin: 77
Mesmes, Pierre de: 91n
Metalworking: 31–42, 70, 78, 116–17, 135, 164–5, 231–2, 266, 269, 276n
Metropolitan Museum of Art, New York: 115n, 119n, 128
Metz: 172
Meurthe-et-Moselle, Archives Départementales de: 143n
Meuvret, Jean: 267n, 276, 283
Mezebrinck, Herman: 39
Microscopes: 74–7, 78, 80, 85
Migeon, Pierre II: 187
Milan: 10, 290
Militaire, Café: 122
Miller, Lesley Ellis: xi, 110n, 136, 139–67, 274, 277
Mirabeau, Victor Riquetti, Marquis de: 249–50
Mitchell, David: xvi
Mobilier National: 143
Moisy clock movement: 119n
Mokyr, Joel: 283
Molière, Jean Baptiste: 192–6, 204, 210
Montmartre, Rue: 122
Montmorency, Anne de: 18
Moreau, Jean: 70
Morice family: 18
Morley, Wiliam Hook: 91n
Mortlake: 267
Muittens, Jean: 39–40
Muralt, Béat Louis de: 245–6
Musée Carnavalet, Paris: 120
Musée des Tissus, Lyon: 142–3
Musée le Secq de Tournelles, Rouen: 125n
Musée National de la Renaissance, Ecouen: 36
Musée National des Arts et Métiers, CNAM, Paris: 70n
Museum of the History of Science, Oxford: 70n, 93n
Mydorge, Claude: 81

Nantes: 31
Naples: 5, 6, 7, 165
National Maritime Museum, Greenwich: 68, 70n, 90
National Museum of American History, Smithsonian Institution, Washington: 90
Navarre, Collège de: 65
Navicula: 65
Naze, Jean: 66
Neuchâtel: 267
Neuve Saint-Merri, Rue: 173, 250–1
Nevers: 265
Nevers, Duc de: 265
New York: 119n, 128
Nîmes: 168, 268
Nissim de Camondo, Musée, Paris: 115n
Nivernais, Duc de: 287
Noailles, Duc de: 176, 213–14
Noel, Marie Therese: 123n
Nollet, Jean-Antoine: 80n, 87
Normand, Le, mercer: 165
Normandy: 268
Notre Dame, Cathedral of, Paris: 64
Nuremberg: 31
Nyon family: 18, 27–9

Oberkampf, Christophe Philippe: 252, 288
Oberkirch, Madame d': 120, 122, 131, 133
Observatories: 84, 86, 92n
Oppenordt, Alexandre-Jean: 170
Oriental goods and materials: 25, 114–15, 118, 135, 175–6, 273, 276, 279n
Orléans family: 6
Oudry, Jean Baptiste: 50
Oursian, Nicolas: 66
Ozanam, Jacques: 82

Padeloup family: 45, 61
'Pagode, A La': 125
Palais Royal, Paris: 134, 135n, 225
Palissy, Bernard: 91n
Paper and papermaking: 15, 104
Papin, Denys: 81
Pappus: 92n
Parchment: 14, 24–5
Pardailhé-Galabrun, Annik: 278–80, 287n
Parlement de Paris: 18n, 39, 43, 73, 101, 107, 173n, 290
Pascal, Blaise: 225
Patel, painter: 175n
Paul I, Czar: 114
Pavia: 5, 6
Pavlovsk: 114
Payne, Roger: 62
Peiresc, Nicolas Claude Fabri de: 75
Pellegrino, Francisco: 29
Périer brothers: 264
Pernon, Camille: 165
Pernon, Claude: 156
Pernon, Etienne: 156
Peter the Great of Russia: 80
Petit, Guillaume: 6n
'Petit Dunkerque': 121–5
'Petite Pologne': 124
Peyrot, Jean: 143
Philadelphia: 61
Philip II of Spain: 73n
Physiocracy: 249
Picard, Jean: 10
Pichon, Jérôme Frédéric: 12
Picques, Claude: 10, 18, 20, 27
Picquet, Claude: 70, 88
Piroux, designer and manufacturer: 165
Pil, Jacques: 39
Pillement, Jean: 142
Piquer, Michael: 67, 88, 90
Pitten, Andri: 40
Pluche, Abbé Antoine: 248–9
Poblacion, Juan Martinez: 68, 89
Poirier, Simon-Philippe: 112, 114n, 117, 129–32
Poitiers: 222
Poland and Polish styles: 21, 22–3, 37n, 116, 224, 284, 288
Pompadour, Madame de: 60
Pontoise: 170n
Porcelain: 104, 114n, 115–16, 118, 150, 175–6, 265, 273, 279n, 280
Porhel, M.: 123n
Portuguese craftsmen: 39
Possessions, Domestic: 263–86
Potor, André: 169–70, 178, 182
Pradère, Alexandre: 181
Prelle et Cie: 163n
Printing: 13, 154n
Ptolemy: 92n
Pucelle, Madame: 130
Pufendorf, Samuel: 247
Pyrenees: 228

Quadrants: 93n
Quenif, Jehan: 68–9, 88
Quicherat, Jules Etienne Joseph: 219
Quincampoix, Rue: 108

Raulin, Estienne: 74, 88
Razuret, mercer: 149
Reeve, Richard: 81
Refugees: 259–66
Régence, Café de la: 122
Reims: 100n, 123n
Renouard, Philippe: 12
Revel, Jean: 142, 167
Revolution, French: 62, 86–7, 106, 108, 188, 220
Reynard, manufacturer: 163
Rhône, Archives Départementales du: 143, 144, 152n, 156–64n
Ribier, manufacturer: 163
Richardière, Guillaume: 23
Rieux, Bernard de: 176
Rigot, Gabriel: 149
Risamburgh, Bernard II Van: 185
Roche, Daniel: xi, 219–29, 261, 263, 274, 275, 278
Rodge, James: 261–2
Roffet, Etienne: 8, 10n, 18, 19
Roffet, Pierre: 8, 25
Roger, Corneille: 39
Roger: Nicolas: 39
Rogers, Pat: 281
Rohault brothers: 126
Rohaut, commissionaire: 164
Rojas, Juan de: 89
Roland: 156n
Rome: 3, 41, 290
Root, Hilton L.: 292–5
Rotterdam: 179
Roubiliac, Louis François: 112n
Rouen: 125, 127–8

Rousseau, Jean-Jacques: 225, 227, 234–5, 249–50
Roussel, Lieutenant: 135
Roy, owner of the Café de la Régence: 122
Royal Institute of British Architects: 75
Royal Society, London: 81
Royer, Jean le: 69
Russia: 131, 284

Sabeo, Fausto: 29
Sacy, Louis de: 235–7, 247–8
Saint-Aignan, Duc de: 210, 212, 214
Saint-Antoine, Faubourg: 170–1, 251–2, 267–8, 270, 277
Saint Denis, Rue: 108, 128
Saint-Esprit, Ordre du: 21–2, 40–2
Saint-Germain, Faubourgh: 79
Saint-Gobain: 268
Saint-Honoré, Faubourg: 225
Saint-Honoré, Rue: 99, 119n, 122, 125, 128–30, 144, 150, 274, 277
Saint-Jean-l'Evangéliste, Confrérie de: 15
Saint-Luc, Académie de: 252
Saint Michel, Dany et Cie: 166
Saint-Pierre, Abbé de: 240, 247
Saint Sépulchre, Church of: 108
Sainte-Geneviève, Montagne: 46
Saintes: 91
Samuel Verplank Hoffman Collection, New York: 90
Sanson, Jean: 37
Sargentson, Carolyn: 99–137, 261, 273, 276
Sautray, Jaen-Guillaume: 80
Sauval: 106
Sauveur, Joseph: 81
Savary, Jacques: 103–4
Savary des Bruslons: 102–3
Saxe-Teschen, Albert, Duke of: 118
Saxony: 276
Scandinavia: 284
Schloss Charlottenburg, Berlin: 134
Schoeser, Mary: 143, 160
Scientific instruments (*see also entries for particular instruments*): 63–96, 180, 266, 272, 275, 277, 278, 285
Seney, Sebastien Le: 66
Seven Years War: 109n
Sevin, Pierre: 81–3
Sèvres: 114–16, 119n, 132n, 136, 150, 293
Sfondrati, Cardinal Paolo Camillo: 42
Shakespeare, William: 229
Sheffield: 111
Shopping: 131–5
Shops, Disposition and location of: 119–37, 150–1, 274
Sick, optician: 126
Siculus, Diodorus: 92n
Signs, Shop: 125–7, 129–30, 134
Silks: xviii, 110, 111, 139–67, 232n, 252, 272, 276, 297
Silversmiths and goldsmiths: 31–42, 232, 266
Simonnet, Georges Antoine: 146
Smith, Adam: 277
Snuff boxes: 114n, 124, 251
Société des Arts: 87
Sonenscher, Michael: 231–54, 262, 263, 275
Sorbonne: 4, 45
Sorel, Charles: 223
Sornier, Guillaume Joseph: 127
Sotheby's, London and Monaco: 180n, 181n
Soyecourt, Marquis de: 214
Spain (*see also the names of individual towns*): 146, 165, 176, 258
Spheres: 78
Spitalfields: 268, 274n, 275–6
Stewart, Larry: 268
Stoeffler, Johann: 89, 91n
Stoefler, Jean: 91n
Strasbourg: 61
Styles, John: 272–3, 275
Suberville, Henry de: 91–4
Sun-dial: 66, 67
Supply- and demand-led models: 137
Sutton, Henry: 81
Swedish Royal Collection: 112
Switzerland (*see also the names of individual towns*): 61, 144, 270, 286
Syonneau, Jean: 3n, 19

Tableware: 124
Tapestries: 73, 103–4, 134, 150, 209–11, 265, 267, 280, 293
Tarare: 146
Tardieu, engraver: 111
Tassinari et Chatel: 163n
Tavernier, Jean le: 67
Tavernier, Melchior: 70, 88
Taxes and tax rolls: 145–6, 151n
Teaching, Mathematical: 72–4, 77
Telescopes: 78, 85
Textiles: 99–137, 139–67
Thermometers: 74–5, 78, 81
Thevillon et Vingtain: 166
Theft: 162n
Thirsk, Joan: xi, xviii, 222n, 257–62, 279
Thoinon, E.: 12
Thomas, Julien: 88
Thou, Jacques-Auguste de: 18, 26
Tijou, Jean: 169
Time Museum, Rockford, Ill.: 68n
Tisserand, weaver: 149
Tissot, weaver: 149
Titon family: 251–2
Titon, Folie: 252

Tocqueville, Alexis de: 293
'Toison d'Or, La': 126
Toubas, Nicolas: 37
Toulet, Jean: 3n
Toulouse, Comte de: 238
Tours: 268
Toys: 100, 124, 131, 150
Trade cards: 125
Troyes: 31
Tuileries Palace: 73
Tullio Tomba Collection, Milan: 90
Turner, Anthony J.: viii, xi, xvii–xix, 63–94, 282–3, 285

Universities: 8, 14–15, 46, 67
Upholterers (*tapissiers*): 103–4, 134, 137

Val, Jean Du: 89
Valladolid: 290
Vallière, Louise de: 195, 202
Vatican Library: 41–2
Vauzelles, Thibaut de: 33–6
Venice: 3, 43, 67, 267–8, 272
Verlet, Pierre: 116
Vernet, Joseph: 121, 128
Vernier, A.: 88
Versailles, Court and palace of: 43–4, 56, 149, 166, 183, 191–218, 282–3
Versailles, Peace of: 254
Vervins, Peace of: 73
Vezeler family: 32–4
Viardot, Jean: 50
Vicaire, Georges: 12–13
Victoria and Albert Museum, London: 114–15, 119n, 164
Vienna: 34, 36, 119n
Vigarani, Carlo: 192–3, 204–6
Villequier, Marquis de: 214
Vimont, David de: 39
Vimont, Isaac de: 37–9
Virgil: 200
Visconti–Sforza family: 5
Vitruvius: 92n
Voltaire, François Marie Arouet de: 227, 247
Vosges mountains: 179n
Vostre, Simon: 8
Vries, Jan de: 281–2

Waddesdon Manor: viii, 50n, 51, 53, 54n, 55, 57, 58, 60, 115n, 119n
Wainwright, Clive: 131n
Wallace Collection, London: 115n, 185
Wallpaper: 252–3
Walpole, Horace: 131–2
Watteau, Jean Antoine: 54, 131n, 175
Weatherill, Lorna: 281n
Wedgwood, Josiah: 135, 273n, 274n, 275
Westphalia, Peace of: 254
William III, King of England: 261, 267, 268, 269
Wine merchants: 106n
Wotton, Thomas: 18
Wrigley, Edward Anthony: 264

Yoncre, Hans: 35